当代中国科普精品书系《航天》丛书

奔向月宫

编著◎孙宏金

广西人民出版社

图书在版编目（CIP）数据

奔向月宫 / 孙宏金编著 . -- 南宁: 广西人民出版社, 2011.11
（航天）
ISBN 978-7-219-07669-9

Ⅰ.①奔… Ⅱ.①孙… Ⅲ.①月球探索 – 普及读物 Ⅳ.① V1-49

中国版本图书馆 CIP 数据核字（2011）第 245652 号

出版发行：广西人民出版社
地　　址：广西南宁市桂春路 6 号
邮　　编：530028
网　　址：http : //www.gxpph.cn
电　　话：0771-5523358
传　　真：0771-5523579
印　　刷：柳州五菱新事业发展有限责任公司印刷厂
规　　格：787mm × 1092mm　　1/16
印　　张：16
字　　数：340 千字
版　　次：2011 年 11 月第 1 版
印　　次：2011 年 11 月第 1 次印刷

ISBN 978-7-219-07669-9/V·8
定　　价：50.00 元

总 序

刘嘉麒

以胡锦涛为总书记的党中央提出科学发展观，以人为本，建设和谐社会的治国方略，是对建设有中国特色社会主义国家理论的又一创新和发展。实践这一大政方针是长期而艰巨的历史重任，其根本举措是普及教育，普及科学，提高全民的科学文化素质，这是强国福民的百年大计，千年大计。

为深入贯彻科学发展观和科学技术普及法，提高全民的科学文化素质，中国科普作家协会以繁荣科普创作为己任，发扬茅以升、高士其、董纯才、温济泽、叶至善等老一辈科普大师的优良传统和创作精神，团结全国科普作家和科普工作者，充分发挥人才与智力资源优势，采取科普作家与科学家相结合的途径，努力为全民创作出更多更好高水平无污染的精神食粮。在中国科协领导的支持下，众多科普作家和科学家经过一年多的精心策划，确定编撰《当代中国科普精品书系》。这套丛书坚持原创，推陈出新，力求反映当代科学发展的最新气息，传播科学知识，提高科学素养，弘扬科学精神和倡导科学道德，具有明显的时代感和人文色彩。书系由13套丛书构成，共120余册，达2000余万字。内容涵盖自然科学的方方面面，既包括《航天》、《军事科技》、《迈向现代农业》等有关航天、航空、军事、农业等方面的高科技丛书；也有《应对自然灾害》、《紧急救援》、《再难见到的动物》等涉及自然灾害及应急办法、生态平衡及保护措施；还有《奇妙的大自然》、《山石水土文化》等系列读本；《读古诗学科学》让你从诗情画意中感受科学的内涵和中华民族文化的博大精深；《科学乐翻天——十万个为什么创新版》则以轻松、幽默、赋予情趣的方式，讲述和传播科学知识，倡导科学思维、创新思维，提高少年儿童的综合素质和科学文化素养，引导少年儿童热爱科学，以科学的眼光观察世界，《孩子们脑中的问号》、《科普童话绘本馆》和《科学幻想之窗》，展示了天真活泼的少年一代对科学的渴望和对周围世界的异想天开，是启蒙科学的生动画卷；《老年人十万个怎么办》丛书以科学的思想、方法、精神、知识答疑解难，祝福老年人老有所乐、老有所为、老有所学、老有所养。

科学是奥妙的，科学是美好的，万物皆有道，科学最重要。一个人对社会的贡献大小，很大程度上取决于对科学技术掌握运用的程度；一个国家、一个民族的先进与落后，很大程度上取决于科学技术的发展程度。科学技术是第一生产力这是颠扑不破的真理。哪里的科学技术被人们掌握得越广泛深入，那里的经济、社会就发展得快，文明程度就高。普及和提高，学习与创新，是相辅相成的，没有广袤肥沃的土壤，没有优良的品种，哪有禾苗茁壮成长？哪能培育出参天大树？科学普及是建设创新型国家的基础，是培育创新型人才的摇篮，待到全民科学普及时，我们就不用再怕别人欺负，不用再愁没有诺贝尔奖获得者。我希望，我们的《当代中国科普精品书系》就像一片沃土，为滋养勤劳智慧的中华民族，培育聪明奋进的青年一代，提供丰富的营养。

序

田如森

半个世纪以前，自从人类进入太空活动以来，航天科技日新月异，迅速发展。航天科技的进步，使世界发生了巨大变化。航天，已成为一个国家科技进步，综合国力的象征，开启了一个新的时代。

1957年10月，世界上第一颗人造卫星上天运行，开辟了航天的新纪元。1970年4月，中国成功发射第一颗人造卫星，从而跻身于世界航天大国的行列。1961年4月，世界上第一位航天员乘坐宇宙飞船上天遨游，开创了载人航天的新时代。2003年10月，中国神舟五号载人飞船进入太空飞行，实现了中华民族的千年飞天梦想。1969年7月，美国阿波罗11号飞船把航天员送上月球，把空间探索活动推向一个新阶段。2007年11月，中国第一颗月球探测卫星嫦娥一号飞抵月球轨道拍回月球图片，迈出了中国深空探测的第一步。从突破运载火箭技术，到发射人造卫星、空间探测器和载人飞船、空间站、航天飞机等，航天科技攀登上一个又一个高峰。

目前，已有近6000颗不同功能的卫星挂上苍穹，为人类带来巨大的利益；已有近500人乘载人飞船和航天飞机到太空或进入空间站飞行，开创了天上人间的生活；已有近200个空间探测器造访地外星球，探索和揭开宇宙的奥秘。航天活动取得的巨大成就，极大地促进了生产力的发展和社会的进步，对人类生活的各个方面都产生了重大的积极影响。因此，人们也十分关注航天的每一轮新的发射和每一步新的进展。航天，不仅为广大成年人所热议和赞叹，而且更广受青少年的追逐和向往。

航天，已经逐渐为人们所知晓、所了解，但人们对它仍有神秘感，而且也确有一些鲜为人知的情况。《航天》丛书选择航天科技发展中的一些热点问题，分成10册，分别为《宇宙简史》、《走近火箭》、《天河群星》、《神舟巡天》、《到太空去》、《太空医生》、《太空城市》、《奔向月宫》、《火星漫步》、《深空探测》，更加准确、系统地揭示世界航天科技的最新进展和崭新面貌，让广大读者更加清晰地认识航天科技各个领域所取得的成就和发展前景。

浩瀚无垠的太空，正在和将会演绎许多神奇、诱人而造福人类的故事。广大读者会从这些故事中受到启迪，增长知识，吸取力量，创造美好的未来！

前 言

月亮给夜晚赋予了生命,给人类思维提供了飞翔的载体,正是一个又一个对月亮的神话、对月亮的探究和不尽的眷恋,激励着人类上九天揽月的强烈欲望。与月球亲密接触,揭开月球留给人类的一个又一个谜团的强烈愿望,古往今来,从来就没有停止,演绎出一曲又一曲探索月球奥秘的壮歌。

数百年来,人类对月球的探测活动,最为壮怀激烈的莫过于 20 世纪 60 年代至 70 年代由美国人上演的"阿波罗"登月计划。"阿波罗"载人登月,实现了人类从地球踏上另一个星球的梦想,显示了人类征服自然的巨大力量,标志着人类在自然界中地位的巨大变化,充分显示出人类无与伦比的智慧和科学技术的魅力。

1984 年,联合国通过了《指导各国在月球和其它天体上活动的协定》,协定中规定了月球及其自然资源是人类的共同财产,任何国家、集团和个人不得据为己有。中国作为世界主要航天国家和联合国《指导各国在月球和其它天体上活动的协定》的签约国,理应在这一领域占有一席之地。中国在发展人造卫星和载人航天技术后,开展以月球探测为主的深空探测,是航天活动的必然选择,也是中国航天事业持续发展,有所作为,有所创新的重大举措。"上九天揽月",与月球近距离亲密接触,乃至中国人早日踏上月球这片灰色的土地,成为炎黄子孙的期盼。

本书比较全面介绍了月球的奥秘、人类月球探测的历程、月球探测技术的发展和月球探测科学研究取得的成果,展现了人类生生不息探寻月球奥秘的壮丽画卷;对中国开展实施"嫦娥工程"的目的、战略、进展和"嫦娥一号"、"嫦娥二号"月球探测卫星进行了比较权威的解读,同时,还展望了人类月球探测的未来发展趋势,通过阅读本书,读者一定会对人类的月球探险的过去、现在和未来有所了解。

目　录

人类向神秘的月球出发

月亮起源

从18世纪以来，科学家们就对月球起源提出了种种说法。归纳起来可以分为三类，即同源说、分裂说和俘获说。

同源说是人类最早出现的一种关于月球起源的假说，这种假说认为月球和地球的起源是一样的，也就是说，月球与地球是姐妹。

分裂说则认为在太阳系形成初期，地球还处于熔融状态的时候，地球的转速相当高，以致于有一部分物质被甩出去了，后来这部分物质就形成了月球。甚至有人认为太平洋就是月球分出去后留下的一个大疤痕，也就是说，月球与地球是母子。

希腊神话中的月亮女神

继同源说和分裂说之后又有科学家提出了俘获说。这种观点认为，月球和地球是在不同的地方形成的，一次偶然的机会，地球运行到了它的身边，由于地球的引力大，一把就把月球给抓住了，于是，在强大的地球引力的作用下，月球再也跑不掉了，结果就只好成为地球的卫星了，也就是说月球是地球的"俘虏"。

数百年来，关于月球起源的这三种假说争论不休，提出假说的人虽然都号称通过大量的试验，证明了其假说的可信性，但是，又都毫无例外地在某些问题上难以自圆其说，都留下一些无法解答的问题。这些问题主要有：

嫦娥奔月

一是经过对从月球上采集到的标本进行化验发现，地球和月球的化学成分差别非常大。这就带来一个问题，如果"同源说"的说法成立，地球和月球二者都同时从一个快速旋转的尘埃云团中产生出来，那么，它们的化学成分应该是一样或者是非常相近的。但是，通过对月球的考察，科学家发现，地球和月球的化学成分相差很大，这是"同源说"所无法解释的。

二是有些科学家认为，地球没有足以把月球抛出去那么大的离心力。按照分裂说的说法认为，最初月球只是地球赤道隆起的部分，在太阳的引力和地球的快速自转作用下，月球"飞"了出去，分裂为地球的卫星。但是，科学家认为，地球的惯性离心力要达到把月球抛出去的程度是不可能的，又何况两者的化学构成也有很大差别。因此，月球不可能是从地球中分离出去的一部分。

三是如果按照俘获说的说法认为，月球原先是太阳系里的一颗普通的小行星，在一次偶然的机会当它走到距离地球很近的时候，一下子被地球"俘虏"了，而成为地球的卫星，它的轨道问题却无法解释。因为如果小行星从地球旁经过，它只能略微改变一下轨道，无论如何也是不可能被地球"俘虏"过来的。

到了上世纪80年代中期，一位美国天文学家又提出了一个崭新的假说，这个假说摆脱了上述三种假说的框框，认为，在太阳系形成早期，大约在相当目前地球到月球系统存在的空间范围内，形成了一个原始地球和火星般大小的天体，它们在各自的演化过程中，均形成了以铁为主的金属核和以硅酸盐组成的幔和壳。一个偶然的机会这两个天体撞在了一起，地球被撞出了轨道，火星大小的天体也碎裂了。飞离的气体、尘埃受地球的引力作用"落"在地球的周围，它们相互吸收和沉积，先形成几个小天体，以后像滚雪球似地越滚越大，最后形成了月球。这种假说在某种程度上兼容了三种经典假说的优点，并得到了一些地质化学、地质物理学实验的支持。尽管如此，这种说法还没有最终得到科学界的广泛确认。

在月球起源研究中，被广泛接受的理论仍然认为，月球是由地球和一颗类似火星的天体相撞而产生的，在这场"天地大冲撞"中，两个天体的部分岩石熔化并飞出地球表面，其中一些熔岩在冷却后就成为现在的月球。

人类对月球的探索经历了千百年漫长的历程。

从古至今，人们在对月球寄予了强烈的好奇和遐想的同时，开展了一系列对月球的探测活动，从使用简陋工具观测，到发射探测器造访月宫，直至宇航员登上月球……茫茫宇宙，浩瀚太空，充满着神秘，寄托着人类的无限向往。与月球亲密接触，深入了解月球这个离地球最近的地球卫星，揭开月球留给人类的一个又一个谜团，是千百年来人类共同的向往。古往今来，人们从来没有停止过向月球进军的脚步，演绎着一曲又一曲生生不息探索月球奥秘的壮歌。

伽利略眼中的月球

人类认识月球，经过了千百年漫长的岁月。

在科学技术不发达的远古时期，由于没有精密的观测仪器，人们只能通过肉眼或借助一些非常简陋的工具，依靠已有的科学成果来观察月球，测定月球的位置，了解月球的运动规律。依靠这些"土办法"，通过长期的观察积累和研究，充满智慧的人类已经对遥远的月球有了惊人的了解，取得了叹为观止的成果。

公元前3世纪至公元前1世纪，古希腊的科学家阿利斯塔克第一次用几何学的方法，测定日、月、地之间的相对距离和大小。阿利斯塔克《关于日月的距离和大小》的科学推断一直流传至今。

1609年9月，意大利科学家伽利略把自己制作的一个直径4.4厘米的简陋望远镜对准了月球。这根像管子一样的东西一头嵌凸透镜，另一头嵌上凹透镜，放大倍数只有32倍，看起来做工非常粗糙，样子实在算不上好看。

别看这个望远镜简陋，可是相当管用。在伽利略把望远镜对准月球的一瞬间，月面山上山谷、平原、河流、丘陵和坑洞，一幅幅动人的画面在他的眼中出现了。此时，面对着一幅幅人类从来没有看到的神奇的图画，伽利略的手在微微颤抖，心脏在剧烈的撞击着胸腔。他兴奋地跳了起来：我的天呐，原来月亮上的一切与地球这么相像，真是太美了！伽利略凭着记忆，把刚才看到的景色一一绘制了出来，于是，便产生了人类的第一幅月面图。

伽利略把看到的月球表面上暗的区域叫做"月海"，把亮的区域叫做"大陆"。直到今天，人们还是用地球上的山脉为月球上的山脉命名。还是用"月海"和"大陆"称呼月亮上的暗的区域和亮的区域。就在伽利略用自制的望远镜观测月球的第二年，他撰写的《星空使者》一书正式出版了，书中收录了他所绘制的5幅月面图。由于这些月面图的出现，使更多人第一次看清了月球的靓丽面孔，更多的人知道了月球的山脉、"海洋"和"河流"。虽然从科学的角度看，这个时候伽利略绘制的月面图还不准确，但是，月面上的平原和环形山脉却都是那样的清晰可见。

在月面图中，他标明了月亮上的322个地形物，他还给月亮上的山脉用地球上山脉的名称命名。比如，他将月亮上的两条大山用意大利的两座大山命名，一座叫亚平宁山脉，另一座叫阿尔卑斯山脉。他还将一座山留下了自己的名字。

1647年，波兰天文学家赫维留斯经过10年辛勤观测，出版了《月面图谱》一书，发表了第一张月面详细图。在这张图上，他也同样给月面的环形山一一取了名字。

中国、埃及、印度和古巴比伦这四大文明古国在公元前的二三千年就测定出月相变化的周期，并把这个周期叫做"朔望月"，其周期是29天多，还测定出年的长度约365.25日。

中国是世界上最早对月球进行观测和记录的国家之一，像在其他领域有过领先于世界的重大科学发现一样，在中国古代，我们的祖先在对月球的研究中，同样取得了一系列领先于世界的伟大发现。

在河南安阳出土的甲骨文中发现，在公元前 14 世纪，中国就有对日食和月食的常规记录了。

在汉宣帝的时代，一个叫耿寿昌的人曾经通过简陋的工具，测定出月球的运动有快慢之分。到了后汉时期，李梵、苏统又发现月亮走的快慢的原因是由于"月道有远近"，就是月亮在离地球近的时候就走得快，远的时候就走的慢，还测定出近点月的长度为 27.55 日，这在当时的条件下，是一个非常惊人的发现。

东汉科学家张衡对天文学和地震学的研究也取得了领先于世界的成果。他发明了世界上第一个地震仪——候风地动仪，用这个地震仪可以测定地震发生的方位和强度。他还再次测定了王充等人的见解，认为月光是太阳光的反射，月食是由于地球遮住太阳光而发生的。与此同时，他还测出了月亮和太阳的视角径约为半度。

月球上的哥白尼环形山

射电望远镜

投向月球的科技之光

　　光学技术的发展，使人们可以借助天文望远镜来观测月球，人类通过望远镜获得了大量的关于月球的数据，从而大大推动了月球研究的速度，揭开了月亮神秘面纱的一角。可以说，天文望远镜的发展，加深了人类对月球的整体认识，随着望远镜性能的不断改进，对月球的观测越来越精细，特别是射电望远镜的出现，为观测月亮起到了非常关键的作用。

　　除了用光学和射电望远镜观测月球外，人们对月亮还进行了包括红外观测、紫外观测、埃克斯射线观测等。由于这种观测受地球大气的影响更大，因此，人们往往在高山上建立天文观测站，还把望远镜安装在飞机上，或用热气球带到空中。

　　中国科学院国家天文台就建设在河北省北部燕山主峰南麓、长城北侧的一座海拔960米的高山上，上边设有远东地区最大的2.16米光学望远镜、1.26米红外望远镜等先进设备。多年来，我国天文科学工作者利用这个天文台进行月球观测，取得了大量的成果和数据，进一步确认和丰富了对月球的认知。

　　在航天技术诞生前，人类只能在地面借助天文望远镜等工具观测月球，而踏上月球神秘的土地，进行零距离亲密接触，成为千百年来众多科学家的渴望。

苏联开启了人类的月球首航

苏联"月球1号"探测器

航天技术的诞生和发展为人类近距离观测月球提供了手段和可能,使人类在破解月球奥秘上迈出了可喜的脚步,有了许多重大的科学发现,人类对月球科学研究工作进入了一个全新的境地。

1957年,苏联成功发射人类第一颗人造地球卫星后,便开始了发射月球探测卫星,近距离"触摸"月球的探索。苏联在发射了第一颗人造卫星后,就制定了《关于研制大推力运载火箭、卫星、宇宙飞船和开发宇宙空间的决定》这一庞大的航天计划,在这个计划中,包括决定在N1运载火箭的基础上,开展载人登月考察。

然而,在当时的情况下,月球探测到底怎样进行,谁也不知道。在一段时间内,苏联科学家们对此展开了一场激烈的争论,争论的焦点主要集中在月球表面上到底是什么样的,月球陆地是软的还是硬的,探测器在哪里降落最合适,月球表面能不能承受住探测器的压力?人能不能在上面行走?人到月球上是否安全等问题上。面对着这些困惑,科学家们最后逐渐形成了一致的意见,就是先发射探测器去探个究竟。于是,苏联启动了研制月球探测器和运载火箭的工程,迈开了发射探测器进行月球探测的脚步。

苏联研制发射的月球探测主要有"月球"系列和"探测器"系列。

1959年1月2日,西伯利亚的寒风在咆哮,皑皑白雪覆盖着大地,在这个冰雪的冬日,随着一声天崩地裂般的巨响,人类的第一颗月球探测器"月球1号"向遥远的月球飞去。按照苏联科学家的设计,"月球1号"的使命是直接击中月球,在探测器下降的途中,特别是击中月球的一瞬间进行探测。

"月球1号"探测器在升空后最初的一段时间里,按照科学家预先的设计,挣脱地球的引力,行进在奔赴月球的途中。但是,十分不幸的是当"月球1号"飞临月球时,由于速度太快,来不及转过弯来瞄准月球,就在距离月球7500千米的地方与月球擦肩而过,结果,"月球1号"非但没有击中月球,而是成为太阳系里的第一颗人造行星。尽管"月球1号"的成果仅仅是标志性的,但它仍然不失为人类发射的距离月球最近的一颗探测器了。

在总结了"月球1号"失败的原因后，苏联人对探测器的结构和技术进行了大量的改进。在8个月后的9月12日，又发射了"月球2号"探测器。这颗探测器不负众望，经过了两天的飞行，在莫斯科时间9月14日上午零时2分24秒，准确地命中月球上一个叫"澄海"的奥托利克环形山上，特别值得称道的是，探测器命中月球的时间只比预先设计的时间晚了1分24秒，可见苏联科学家的计算和设计是多么的精确。"月球2号"探测器在即将撞击月球的一刹那，打开了携带的各种探测器，发回了月球周围没有强磁场等重要的信息。"月球2号"是人类到达月球的第一个探测器，实现了人类从地球飞往另一个天体的历史性跨越。

紧接着，在"月球2号"探测器成功发射后的第22天，1959年10月4日，也就是苏联发射成功人类第一颗人造卫星两周年纪念日，苏联又成功发射"月球3号"探测器。"月球3号"探测器重250千克，任务是环绕月球飞行，进行照相探测。3天后，"月球3号"探测器顺利地进入了环月飞行轨道，第一次发回了首批月球图片，特别是第一次发回了月球背面的图片，使人类第一次看清了月球的全貌。从它拍摄的月球背面的照片看，月球背面并没有什么大海，也没有什么可怕的深沟峡谷，只有绵延起伏的山脉，与月球的正面几乎没有什么两样。

"月球3号"拍摄的照片在探测器里自动进行冲洗，并通过无线电波将照片拍摄到的信息传回地球。正是通过这些照片，使人类加深了对月球的进一步了解。后来，苏联科学家利用"月球3号"拍摄的图片资料，绘制出世界上第一张利用航天技术获取的非常详细的月面图。由于此前人们只是通过在地面上探测，给月球正面的山脉取了名字，因此，在这张月面图上，苏联人对月亮背面的山脉用苏联人的名字命名，如莫斯科海、齐奥尔科夫斯基环形山等。

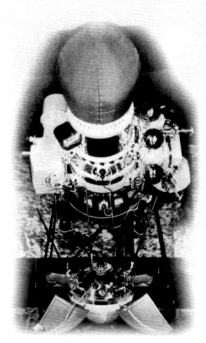

苏联"月球9号"探测器

1964年4月，苏联又研制成功一种新型的功能比较齐全的探测器——"探测器"号。"探测器"1号～3号的重量为890千克，"探测器"4号～8号的重量为5600千克。

1965年7月20日，"探测器"3号在距离月面11600千米处掠过月球，进入月球轨道。在它飞过月球期间，拍摄了25万张月球照片，图像清晰逼真，弥补了"月球3号"探测器没有拍摄到的大部分区域，从而获得了月球背面完整的概貌图，通过图像，人们认清了3500多

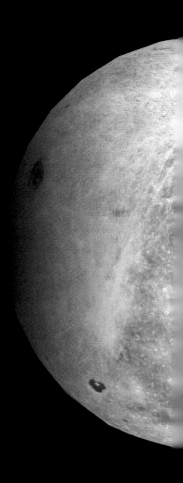

个月球上不同区域的地形。

虽然这些探测器实现了与月球的近距离接触，但是，要么是在探测器围绕月球轨道上照相探测，要么，就是探测器在月球上硬着陆，即一头扎进月球里，进行"自杀式"探测。把探测器送到月球上，实现探测器软着陆零距离探测，一直成为苏联科学家的梦想。

这一天终于来到了。1966 年 1 月 31 日，苏联发射的"月球 9 号"探测器，首次实现了在月球上的软着陆。

此后，苏联又发射成功了"月球"10 号、11 号、12 号、13 号、14 号等探测器，都实现了环月飞行。其中，"月球 13 号"在实现了月面软着陆的同时，还将一个金属棒插入月面，测定了月面的强度。

1970 年 9 月 12 日，苏联发射"月球 16 号"探测器，这个重约 1.88 千克的探测器于 9 月 17 日进入环月轨道，进行了一系列拍摄后，于 9 月 20 日在月面上着陆。"月球 16 号"探测器用它自带的小勺采集了约有 1000 克月面上的矿石、土壤等标本后，9 月 21 日，登月的仪器舱飞离月面，返回地球，9 月 24 日，在苏联境内的杰兹卡兹干东南 80 千米的着陆场回收，它使人类首次获得了月球表面的物质标本。

两个月后，1970 年 11 月 10 日，苏联发射"月球 17 号"探测器，17 日，这个探测器在月面的"雨海"平原软着陆。向月球上释放了人类到达月球的第一个月球车。这台月球车被称为"月球车 1 号"，下面安装了 8 个轮子，车体长 2.2 米，宽 1.6 米，重 756 千克，车上安装了电视摄像机、太阳能电池板和各种探测装置，地面操纵人员看着电视遥控指挥月球车在月面上运行。

这台月球车像人一样，白天工作，晚上就进入休息状态。"月球车 1 号"在月球上工作了 10 个多月，行走了 10.5 千米，拍摄到月面 8 万多平方米、2 万多张照片，进行了 200 多次土样测验，并用 X 射线望远镜扫描了天空，获得了大量的资料，开展了一系列月球环境的研究工作。

本来，"月球车 1 号"还可以取得更大的成果，但遗憾的是，由于地球到月球之间距离遥远，通信电波在地球与月球之间传输需要 20 多秒钟的时间，月球车每完成一个动作后，地面工作人员需要等待它将动作结果反馈到地

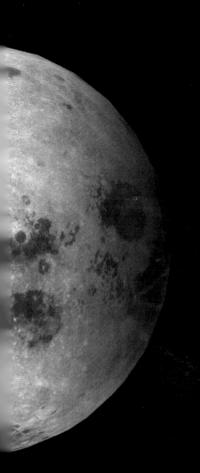

球后才能进行下一个动作，所以操作效率大大降低，使探测成果受到影响。

1972年2月14日，苏联发射成功"月球20号"，成功着陆于月球"丰富海"东北的丘陵地带，于2月25日，携带采集到的月面标本返回地球。

1973年1月8日，苏联又发射成功"月球21号"，1月16日，探测器在月面上着陆，释放了"月球车2号"，"月球车2号"高135厘米，长170厘米，宽160厘米，重量为840千克。它有8个可以独立驱动了轮子，配备了3种电视摄像头，其中一个安放在车的上方用以导航，以3.1秒/张、5.7秒/张、10.9秒/张、21.1秒/张的速度，发送高质量的图像。月球车顶上安装了太阳能电池帆板，用来提供动力，月球车上装备的科学仪器有月壤结构检测器、太阳埃克斯射线探测器、天文摄像仪、磁力计、照相探测器和反射器等，其主要任务是收集月球表面图片，检测月球着陆点周围环境、月球磁场测量和物质分析等。这台月球车在月球上行驶了37千米，进行了一系列科学实验和研究工作，在4个月的时间里，这台月球车发回来86张全景图片，8万多张电视图片。

1976年8月18日，"月球24号"探测器在月球"危海"东南部着陆，它携带的挖掘机从2m深处挖出了1千克岩石，8月22日，回收舱带着岩石安全地降落在苏联西伯利亚地区。"月球24号"探测器的成功着陆，为苏联的月球探测画上了句号。

应该指出的是，从1969年到1976年，苏联发射的"月球15号"～"月球24号"探测器，相对与早期的"月球"号探测器，其设备大大增加，性能大为改进，功能相当齐全，已经演变为月球自动科学站了。

虽然苏联的"月球"号探测器计划没有美国的"阿波罗"计划那样引人注目，但是，苏联人实现了人类第一个向月球发射探测器、第一次获得月球背面的照片、第一次实现探测器月面软着陆、第一辆月球车行进在月球表面上、第一个月面取样返回等多个第一，从取得的科学成果来说，一点也不比"阿波罗"工程逊色。

美国宇航员站在月亮之上

苏联在航天技术上取得的数个第一，使美国感到十分尴尬，作为一个超级大国，怎能容忍苏联人对它的如此羞辱？于是，在苏联大规模开展月球探测的同时，美国也在与苏联暗暗地较劲。

在苏联第一个月球探测器"月球1号"上天两个月后，美国在1959年3月3日，发射了"先锋4号"探测器。然而，"先锋4号"探测器与苏联"月球1号"探测器的命运一样，没有进入环月飞行的轨道，从距离月球59000千米的地方飞过。

这次绕月探测失败后，美国进一步修订了月球探测的计划，制定了"徘徊者"探测器和"勘测者"探测器两个系列月球探测计划。"徘徊者"探测器的任务是在月面上硬着陆探测，"勘测者"探测器的任务是在月面上软着陆。

从1961年8月到1965年3月，美国先后向月球发射了9颗"徘徊者"号探测器。"徘徊者"号探测器上面装备了电视摄像机、发送和传输装置等设备。其主要任务就是命中月面，在月面上硬着陆，在飞近月球的一瞬间拍摄月球表面，测量月球附近的反射和星际等离子体等。

"徘徊者"1号~6号探测器重量约300千克，"徘徊者"7号~9号增加了电视摄像设备，重量增加到370千克。

也许与它不太吉利的名字一样，最初的几颗"徘徊者"探测器一直徘徊在地球和月球之间，在发射第一颗"徘徊者"和第二颗"徘徊者"探测器的时候，运载火箭在把探测器送入地球轨道后，由于上面级不工作，失去推力的探测器没有飞到月球就在中途夭折，坠入大气层烧毁了。第三颗"徘徊者"在发射的时候，虽然上面级火箭点火成功了，但却把探测器送到了远离月球37000千米的太空，成为一个太空游子。第四颗"徘徊者"开始的时候还算顺利，但进入月球轨道后，控制系统突然出现了短路故障，失去控制的探测器在太空徘徊一段时间后，一头撞在月球背面的环形山上，为月球探测而粉身碎骨。第五颗"徘徊者"因为在到达月球前，动力系统出现了故障而失败。第六颗"徘徊者"终于到达月球的"静海"地区，但是却因为电视摄像机失灵，没有获得探测成果。

经过6次失败的徘徊后，美国于1964年7月28日发射了"徘徊者7号"探测器。"徘徊者7号"的模样像只大蜻蜓，身长3米，太阳能电池帆板展开总长4.57米，重量366千克。测量仪器安装在探测器的前面，电视摄像机装在尾部。

这颗探测器不负众望，终于顺利到达月球表面，于7月31日撞击在月球表面的云海上，在撞击前的17分钟里，用它携带的6台电视摄像机拍摄了大量的电视镜图像，向地球发回了4300多幅电视图像，这是历史上第一批月面电视镜头。其中最后的图像是它在离月面只有300米的地方拍摄的，这些镜头可以显示小到1米左右的月球坑洞和直径不到30厘米的岩石。

在此后美国发射的"徘徊者8号"和9号，也都取得了成功。分别在"静海"和"云海"着陆，又向地球发回了13000多幅月球照片，这些照片进一步显示了月球上的许多地方可以降落飞船。随着"徘徊者9号"探测器的发射成功，美国发射探测器在月球上硬着陆探测的飞行结束了。同时，最后三颗"徘徊者"探测器获得的成功，多少为美国人争回来一点面子。

美国徘徊者月球探测器

1964年，由于"徘徊者"计划进展屡屡受挫，美国纳税人对此大为不满，要求彻底追查失败的原因和责任，公布开支情况，迫于国内舆论的压力，美国宇航局决定放弃"徘徊者"计划，并重新修改设计新型探测器"勘测者"号。

经过一年多的努力，"勘测者"探测器于1965年5月正式亮相。从1966年5月到1968年1月，美国总共发射了7颗"勘测者"号探测器。

"勘测者1号"于1966年5月30日发射，探测器重量约为1~1.5千克，相貌酷似一架直升机，它的上部安装了电视摄像机、测定月球承载能力的仪器、月壤分析设备、微流星体探测器等。总跨度为4.3米，高3.7米，重290千克。载有雷达、计算机、自动驾驶仪、姿态控制发动机等。

"勘测者1号"经过63.6小时的飞行后，在月面的"风暴洋"平原西南面软着陆，该探测器共拍摄了11000多张月面照片。

"勘测者2号"探测器由于姿态控制发动机突然失灵坠毁在月面。

"勘测者3号"成功实现了对月面物理、化学成分的观测试验，还发回了6000多幅电视图像。

"勘测者4号"探测器在预定着陆点坠毁。

"勘测者"5号、6号和7号都成功地在月面软着陆，实现了对月面的观测。"勘测者7号"用带偏振滤光片的摄像机第一次对月面进行了摄像，还用摄像机拍摄了发自4个地球站的激光信号，测出了精确的距离。

"勘测者"3号和7号携带的探测器装置中，还增加了一台小型挖土机。这台挖土机在地面的指令下，对着陆地周围的土壤进行了采样分析，并把分析的结果传回了地面。它提供的信息清楚地告诉人们，在探测器着陆区周围，多为玄武岩状的物质，飞船在这些地方降落，是决不可能沉下去的，人在月面上行走也掉不下去。

1968年"勘测者"计划完成了对月球的软着陆，演练了登月的基本技术，此时，"阿波罗"飞船也已研制完毕，可以开始执行载人太空飞行了，于是，"勘测者"计划就结束了。

为了给"阿波罗"登月扫清障碍，美国采取了兵分两路的办法，一方面"勘探者"号对月球进行软着陆的考察，另一方面，从1966年8月到1968年1月进行了"月球轨道环形器"计划。"月球轨道环形器"的任务是在绕月轨道上，拍摄月球表面详细地形照片，绘制0.5米口径的火山口或其他细微部分的月面图，旨在为"阿波罗"飞船选择最安全的着陆地点。

"月球轨道环形器"1号、2号和3号的任务是围绕月球"赤道"的低轨道上飞行。其中2号环形器的轨道最低的时候，达到月球月面的距离394米，它用广角照相机拍摄了许多清晰可见的月面照片，至今有许多照片还被完好无损地保存着。这3颗环形器对40多个预选着陆区进行了详细的拍照，获得了1000多幅高清晰度的月面照片，美国宇航局根据这些资料，挑选出了探测器的10个候选登月点。

由于前3个"月球轨道环形器"高质量地完成了任务，美国宇航局调整了已研制成的"月球轨道环形器"4号和5号的任务，用它们在绕月球南北两极轨道上飞行，拍摄更大面积的月球表面照片，并监视近月空间的微流星体和电离辐射。

5个"月球轨道环形器"在一年的时间里，对整个月面上99％的地区进行了探测，

拍摄了大量高分辨率照片，着重拍摄了月球正面赤道附近区域，依靠这些照片，制作了非常精确的月球表面图，为后来实现载人登月地址的选择提供了依据。同时，还获得了月球表面的放射性和矿物质含量等大量资料以及有关月球引力场等数据。最后，5颗"月球轨道环形器"探测器均通过撞击月面的方式结束了它们的使命。

到了这个时候，美国有了"勘测者"和"月球轨道环形器"的出色表现所获得的月球资料，再加上"双子星座"飞船载人航天飞行的经验，可以说，距离载人登月已为时不晚了。

美国勘探者月球探测器

1969年7月20日，由

巨型"土星5号"发射火箭发射的"阿波罗11号",载着3名宇航员在月球着陆,尼尔·阿姆斯特朗和埃德温·奥尔德林跨出登月舱,踏上月球的陆地,成为人类历史上最早拜访另一个星球的使者。

这次月球之行不仅在月球上留下了人类的脚印,通过实地勘查,人们通过对月球物质进行研究,丰富了对月球的认识。此后,美国曾经7次发射月球载人飞船,6次获得成功。

据不完全统计,1959年1月至1976年8月,苏联和美国共向月球上发射了108个探测器,成功48个。美国7次载人登月,6次成功,向地面带回381.7千克月球土壤和月岩样品。苏联共进行了3次不载人月球自动采样返回,共取得0.3千克月球样品。科学家还从南极冰盖和沙漠中发现了28块确认是来自月球的陨石。

其他航天国家向月球出征

日本"飞天号"月球探测器

在苏联和美国紧锣密鼓上月球的同时，欧洲空间局、日本、中国和印度也纷纷启动并实施了月球探测计划，开展了一系列月球探测活动，取得了丰硕的探测成果。

日本人坐第三把"交椅"

1990 年 1 月 24 日，日本成功发射了一颗被命名为"飞天"号的月球探测器，日本由此成为继苏联和美国后，世界上第三个发射月球探测器的国家。

"飞天"号月球探测器包括重约 197 千克的主航天器和重 12.2 千克的"羽衣"月球轨道器两部分。"飞天"号探测器借助月球的引力，不断提高速度和增加轨道的椭圆度，接近月球，对月球进行探测，这年 3 月 19 日，"飞天"号探测器在飞临月球轨道时，在距离月球 14700 千米时，向月球上释放了一个篮球大小的月球轨道器，而"飞天"号探测器则绕月球轨道飞行，试验了利用月球轨道变轨技术。

日本宣称，通过这次飞行，日本已经掌握了复杂的地球至月球大椭圆轨道飞行技术。据报道，1993 年 4 月 21 日，在月球轨道上工作了两年多的"飞天"探测器的主航天器工作寿命完结，陨落在月球表面上。

1997 年底，日本发射成功"月球 –A"探测器，在离月球 40 千米的时候，3 个穿透器被发射到月球的极地和赤道附近，插入到约 307 厘米深的月壤里，用于探测月震情况和研究月球的地壳构造。

北京时间 2007 年 9 月 14 日上午 9 点 31 分，耗资 4.8 亿美元的日本探月卫星"月亮女神"号从种子岛航天中心发射升空。

"月亮女神"又名"辉夜姬"，名称由日本公众选出，"辉夜姬"是日本古代传说中的月亮女神。在这次探月任务期间，"月亮女神"号将利用 14 套不同的科学仪器从月球表面上对月球进行仔细的研究。"月亮女神"探测器此行的任务有三大目标：研究月球的起源和演变；获得月球表面环境信息；在月球轨道上进行电波学研究。"月亮女神"计划绕月探测一年。

2007 年 10 月 5 日，"月亮女神"号进入环月轨道，10 月 10 日，在成功发射差不多一个月后，开始了它的首项重要行动，即对月球拍照和释放小卫星。"月亮女神"号的使命除了抓拍首批月球照片之外，还释放出了两颗重 50 千克小卫星中的一颗，它们的任务是帮助绘制一幅详尽的月球重力图。

10 月 18 日，"月亮女神"进入大约 100 千米高的月球轨道，并成功地拍摄了地球升起的高清晰照片。11 月 14 日，日本宇宙航空研究开发机构 (JAXA) 和日本广播协会 (NHK) 公开了"月亮女神"探测器拍摄的世界上第一张展现地球升起的高清晰照片。在这张令人印象深刻的照片中，在一片漆黑的太空，蓝色的地球是唯一一个飘浮的物体。该照片拍摄的区域为月球背面北纬 60°~66° 附近、宽约 16 千米、长约 180 千米的范围，从中可见直径约为 60 千米的 "DYSON" 陨石坑，还可看见附近的稍小一陨石坑内侧存在着更多的小型陨石坑。"月亮女神"的杰作是人类在距地球大约 38 万千米的太空拍摄的第一批高清晰地球照片。

"地球升起"是只有绕月球轨道运行的卫星才能看到的天文现象。在人类登上月球之前，人们总是在想站在月球表面上的宇航员看到的地球会是什么样子，人们甚至

为此赋予了很大的传奇和浪漫色彩，但在月球表面，"地球升起"实际上是不可能发生的。由于月球对地球的潮汐作用，它向我们展示的始终是同一面。如果你站在月球表面，地球在太空中的位置是不会发生变化的。也就是说，你永远不会在月球表面上看到地球升起的景观。

欧洲人步伐雄健

2003 年 9 月 27 日，欧洲航天局的第一枚月球探测器"智能 1 号"月球探测器搭乘"阿丽亚娜 –5"型火箭发射升空。

"智能 1 号"月球探测器造价约 1.1 亿欧元，装备了 7 件高科技小型仪器，包括一台高压缩电子照相机、一台用于测定化学成分的 X 射线望远镜和一些高科技通信设备。还搭载了一件仪器名为压缩成像 X 射线分光计（D-CIXS），它可以记录数小时的 X 射线数据。当太阳光接触月球表面，X 射线就会激发原子，使它们发出荧光和自身的 X 射线。该仪器通过分析接受到能量的不同，

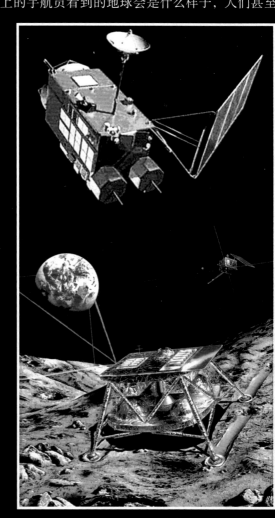

日本将发射的月球探测器

测定发出能量的是什么元素，含量有多少。

"智能 1 号"探测器肩负了三大使命：一是分析月球起源。科学家决定在它完成探测活动后，用它来撞击月球表面，试图"撞"出更多的物质，以利于天文学家对月球表面的物质做进一步观测研究。据欧洲航天局科学家估计，"智能 1 号"探测器在撞击月球的一刹那，将形成高达 19 千米的尘埃团，这个"烟团"将会被地面反射的太阳光照亮，通过观察，科学家将进一步了解这些尘埃的成分，从中可以研究分析月球的起源。二是检验新技术。"智能 1 号"上共装备了 6 种高科技小型仪器，此次奔月之旅的另外一项使命就是测试这些新科技和装备。其中，检验在航天史上首次应用的太阳能"离子驱动"引擎的性能是重中之重。三是近距离观察。负责"智能 1 号"探险任务的科学家富万说，"智能 1 号"上携带的 X 射线分光计和红外线可以帮助科学家第一次获得月球表面钙和镁等化学元素的含量数据，描绘出了月球元素和矿物分布的最详细地图。他说，"智能 1 号"还将观察神秘的月球极点，如果月球极点像一些科学家所希望的那样存在固态水的话，那么人类未来开发月球将拥有极端重要的生存条件。

2004 年 11 月 15 日，"智能 1 号"抵达近月轨道，并在距月球表面 470~2900 千米的轨道上进行了大量科学试验，不断传回月球表面的高清晰度图片以及采集有关月球的化学成分等重要信息。欧洲航天局表示，"智能 1 号"探测器已测出月球岩石的主要成分为铝、硅、镁和钙。然而，由于各元素在月球内部并不是均匀分布的，科学家们还需要大量的数据来绘出一张三维月球成分图。欧空局科学家宣布，在月球北极附

欧洲"智能 1 号"月球探测器

近发现了一个地方，这里"终年阳光普照，温度适宜"，有望成为建设人类月球定居点的理想场所。

欧洲"智能1号"月球探测器拍摄的月球照片

参与"智能1号"的项目的科学家格兰德表示："目前我们已经获得了月球表面铁元素的分布图，我们还将进行进一步测量，获得其他元素的分布图。"据了解，详细结果将公布在《行星与空间科学》期刊上。

按照原来的计划，"智能1号"本应在2005年8月就结束它的探月旅程，由于它表现出色，欧洲航天局的专家一致决定，将它的服役时间延长一年。就在这一年的超期服役结束时，"智能1号"号将用所有剩余的燃料完成自己的最后一项任务：将直接撞击月球的"卓越湖"地区，科学家之所以选择了这个地区，是因为据了解，"卓越湖"地区是一块四周被丘陵包围着的火山岩平地，但是它的成分与地面的矿物有差异，而人们将根据这次撞击后得到的数据，来验证月球是不是地球与大天体撞击后的产物。

2006年9月3日下午1点41分，"智能1号"月球探测器以每小时7000千米的速度撞向月球西南面的"卓越湖"火山平原，最终完成自己的探月使命。"智能1号"撞击月球的特点在于它以相对于月面很小的角度数次撞击月表，就像打水漂似的，使撞击坑中深度1米以内的各种物质被抛向空中，地面上的天文学家通过观察撞击"溅"起的十几千米高的月球"尘埃"，研究月球表面的化学成分、月球的起源和演化、撞击抛射物中的铁、铝等元素。

据欧空局科学家表示，"智能1号"在近3年的使命中实现两大技术突破：

第一，进行了新型推进器技术验证。月球与地球的直线距离约为38万千米，美国"阿波罗"飞船从发射到抵达月球轨道只用了3天时间。但是"智能1号"却花费14个月时间，行程上亿千米才抵达月球轨道。这种"舍近求远"其实主要是为了验证其搭载的新型太阳能离子发动机的性能，解决日后星际旅行的动力问题。

与传统的航天器化学燃料发动机不同，太阳能离子发动机可将太阳能转化为电能，再通过电能电离惰性气体原子，喷射出高速氙离子流，为探测器提供主要动力。它利用燃料的效率比普通化学燃料发动机高10倍，因此新发动机所需燃料不多，这使得装备它的航天器有更多的空间装载其他设备。这种发动机主要利用太阳能，在宇宙无重力状况下能够连续运转几年。

欧洲深空1号SMART-1月球探测探测月球模拟图

虽然目前太阳能离子发动机的总体推力仍然不是很大，但"智能1号"在太空中遨游近3年只消耗了60升燃料，创造了太空探险的奇迹。正是由于新型离子发动机表现优异，"智能1号"进入月球轨道的时间比预定计划还提前了近两个月。

第二，进行了激光通信技术演示。"智能1号"在飞行过程中以激光束作为信息载体，成功实现了空间激光通信联络。这证明了该技术在探测器高速度、远距离飞行时也同样可靠。与传统微波通信相比，空间激光通信使用的波长比微波波长明显短，具有高度相干性和空间定向性，这决定空间激光通信具有通信容量大、器材重量轻、功耗和体积小、保密性高等优点。这种技术以往只用于卫星与地球的联络，在太空探测器与地球间的联络中则是首次使用。

印度闪亮登场

印度在应用卫星研制领域，取得了引人注目的成就。印度的7颗地球观测卫星群也是世界上同类卫星群中最强大的组合之一。印度发射成功的各类卫星在通信、电视转播、地球观测、天气预报、远程教育和医疗卫生等领域提供了良好的服务，创造了可观的经济效益。

在积极开展应用卫星研制的同时，印度还积极开展了深空探测方面的研究。上世纪90年代末，在重返月球的呼声里，印度科学界也开始了对月球探测的研究和论证工作。然而，在当时的情况下，印度国内很多人对印度实施探月计划持怀疑甚至反对态度，他们认为，苏联和美国在上世纪60~70年代的探月计划中，已经收集了关于月球足够多的信息，因此，印度没有必要再搞探月计划，在这个有一半人口还处于贫困线以下的国家，政府是否有必要花大把的钱，去探测一个那样遥远的星球值得怀疑，许多人认为应把经费用于修建学校和医院等，以提高国民的文化和生活水平。但是，1999年10月举行的印度科学学会年会却改变了这种情况。在这次年会上，印度太空研究机构负责人从学术上阐明了人类对月球认识上还存在着许多空白，同时，开展月球探测计划有助于促进印度的航天事业，这次讨论赢得了印度科学界对探月的广泛支持。随后，印度太空探索机构成立专门的探月计划小组，并于2001年出台了第一份探月计划报告，印度正式向外界宣布了其登月计划。根据印度空间研究组织的计划，印度的月球探测计划主要分三个阶段进行。首先是向月球发射"月船1号"无人探测器，然后发射登月机器人，对月球进行多项科学研究，并最终帮助印度宇航员登上月球。2003年，印度政府批准了这份报告，至此，印度的月球探测计划浮出水面。

一直以来，印度太空研究组织积极与很多国家合作，包括与以色列合作在印度人造卫星上携带紫外线望远镜，与法国合作建设热带天气卫星，与日本合作共同研发太空灾难预警机制，并开发新的重型卫星发射平台，希望到2010年发射更重的人造卫星。现在，印度试图通过发射第一颗无人月球探测器"月船一号"，展现它的科研实力，想让世界看到，作为一个国家它正在不断进步，也有能力参与太空竞争。如果"月船一号"无人探测器发射成功，印度将成为世界上第六个具备月球探测能力的国家。

在进行了 7 年的规划和准备后，2008 年 10 月 22 日上午 8 点 50 分，印度空间研究组织在南部的斯里赫里戈达岛的萨蒂什达万航天中心用一枚极地卫星运载火箭将印度首颗月球探测器"月船 1 号"发射升空。

按照印度太空研究机构的计划，"月球1号"将在发射升空后以每秒10千米的速度进入地球轨道，用五天半时间围绕地球飞行35万千米。随后卫星速度减慢为每秒8千米，在距离地球3.6万千米的远地点，挣脱地球引力，奔向月球，在距月球100千米的轨道，正式开始长达两年的绕月飞行。

"月船 1 号"造价约 8300 万美元，设计寿命为 2 年。该探测器携带了一个 700 瓦的电池板以及其余 11 项设备，其中 5 项设备为印度自行研制，另外 6 项中 3 台由欧洲航天局提供，即 CIXS-2 爱克斯射线光谱仪、SARA 次千伏原子反射分析仪以及 SIR-2 近红外线光谱仪，此外，欧航局还为探测器上的高能 X 射线测绘照相机提供硬件，两台由美国提供，还有一台来自保加利亚。

据印度媒体报道，"月船 1 号"月球探测器以轻盈为特点，发射重量约 1.5 千克，比日本发射的"月亮女神"月球探测器和中国发射的"嫦娥一号"月球探测器都要轻，且燃料占了探测器重量的一半。

"月船 1 号"此行的任务是，利用携带的 11 台探月仪器收集月球地理结构、化学构成及矿藏等数据，科学家将根据收集到的月球地理数据绘制高精度的三维月球地图，

另一个重要任务是，在"月船 1 号"进入绕月轨道后，释放月球撞击探测器，该探测器将以每秒 75 米的速度从"月船 1 号"上弹出，向月球表面撞去。在接近月球的过程中探测器将会不断对月球进行拍摄，这些拍摄数据将有助于印度空间研究组织未来选择月球车的着陆位置，同时，计划将印度国旗留在月面上。

2008 年 11 月 14 日晚间 20 时31 分，在飞行了 38.6 万千米之后，

"月船 1 号"模型

"月船1号"所携带的重35千克、宽375毫米、高47毫米，带有印度国旗标志的月球撞击探测器成功撞击月球，在接近月球的过程中，探测器上的照相机不断对月球进行拍摄，使印度成为继美、俄和欧洲联盟之后，第四个国旗图案出现在月球表面的国家。

在撞击月球表面之前约25分钟的接近过程中，装在探测器上的雷达高度计、摄影系统和质谱仪仍继续运作，不断对月球进行测量和传回相关数据。

印度空间研究组织主席奈尔在随后的新闻发布会上说："月球撞击探测器上的照相机已传回了探测器飞向月球过程中的月球图片，画面非常清晰。"他表示，印度科学家很快将启动对图片等有关数据的分析工作，以进一步了解月球表面物质构成。

印度太空研究组织主席奈尔还表示，印度把国旗放在月球上，其目的是展示印度在月球上的"存在"。奈尔说："根据国际宪章，月球属于整个国际社会，但我们无法预测形势将会如何发展，我们在月球的存在将通过这次使命来实现。"根据印度专家的设想，印度国旗由撞击探测器携带，将在冲撞的过程中留在月球表面。对此，有关专家们指出，国旗留在月球上的可能性十分小。印度要想把国旗留在月球上，除非撞击器损坏得并不厉害，且国旗采用了特殊的材质，做得很小很牢固，但这种可能性微乎其微。如果撞击的同时产生爆炸，旗帜将跟着探测器一起"粉身碎骨"。但是如果以"爆竹"的形式将旗帜放置在内，探测器四分五裂的时候，旗帜从里面迸射出来，也不失为一种可能性。

美国航空航天局2008年12月25日表示，印度月球探测器上由该局提供的"月球矿物学测绘仪"(M3)在月面上发现了含铁矿物。该探测器还发回了东海盆地区域的图像，表明那里有丰富的辉石等含铁矿物。利用不同的波长，该仪器还首次揭示了岩石和矿物成分的变化。来自这台7千克重的仪器的数据使空间科学家首次有机会以很高的空间和光谱分辨率来研究月球矿物学。

印度"月船1号"发射

人类在月球上留下脚印

月亮别名

　　关于月亮的美丽传说丰富多彩，月亮形状的变化多种多样，关于月亮的诗篇数不胜数，于是，在勤劳的人们眼中，在诗人的笔下，月亮便拥有数以百计的别名，这些别名，极富想象力、充满着智慧和文采，抒发了人们对月亮的美好向往，寄托了对遥远月宫的不泯情思。

　　人们常常用漂亮而且多少带有神秘色彩的名字来称呼月亮。在故罗马的神话中，月亮称狄安娜；在希腊神话中，月亮称阿尔忒弥斯。在中国，关于月亮的雅号就更多了。这些雅号无不表达了人们对月球的赞扬、歌颂、怀念、依恋和憧憬。

　　在许多古诗文中，关于月亮的别名数以百计，比如：宝镜、白轮、白兔、玉兔、银兔、阴兔、冰兔、金兔、玄兔、兔月、月兔、兔影、白玉盘、半轮、婵娟、嫦娥、月娥、素娥、烟挂、皓彩、素影、素月、圆景、清晖、玉轮、玉壶、玉蟾、玉环、玉弓、玉蟾、玉京、玉镜、玉钩、银钩、太阴、月阴、阴魄、丹桂、月桂、桂宫、冰壶、冰鉴、冰镜、水镜、冰轮、冰盘、冰魄、蟾蜍、寒蟾、素蟾、蟾宫、蟾光、蟾盘、方晖、飞镜、飞轮、顾菟、挂镜、广寒、桂魄、桂宫、恒娥、金波、金镜、金盆、飞镜、天镜、金鉴、明镜、清光、琼阙、秋影、悬钩、瑶台镜、夜光、银盘、幽阳等。

　　在一首作品里，同时给月亮赋予多种称呼的要数诗仙李白了，大诗人李白在《古朗月行》中写道：小时不识月，呼着白玉盘。又疑瑶台镜，飞在青云端。仙人垂两足，桂树何团圆。白兔捣药成，问言与谁餐？蟾蜍蚀圆影，大明夜已残。弈昔落九乌，天人清且安。阴精此沦惑，去去不足观。忧来其如何？凄怆摧心肝。李白在短短的诗句中，先后用白玉盘、瑶台镜、仙人、桂树、白兔、蟾蜍、圆影等，表达了对月亮的青睐和情怀。

嫦娥奔月图

2009年7月20日，是一个再平常不过的日子。但是，就在40年前的这一天，世界发生了一件对于人类来说是一个最伟大的壮举——人类第一次站在另一个星球之上。

在"阿波罗"载人登月40年周年之际，全美国举行了各种形式的庆祝活动，隐居多年第一次登上月球两名宇航员再度成为各大媒体争相追逐的对象。他们充满激情的回忆与对人类奔向其他更为遥远星球的祝愿，把人们的思绪拉回到40多年前在太空中演绎的那一场登月大战之中，同时，全世界的目光又一次聚焦在月球那片银灰色的土地上。

"阿波罗"载人登月飞行的伟大意义不仅在于实现了人类千百年来的登月梦想，更为重要的是充分显示了人类征服自然的巨大力量，标志着人类在自然界中地位的巨大变化，充分显示出人类无与伦比的智慧和科学技术的巨大魅力。

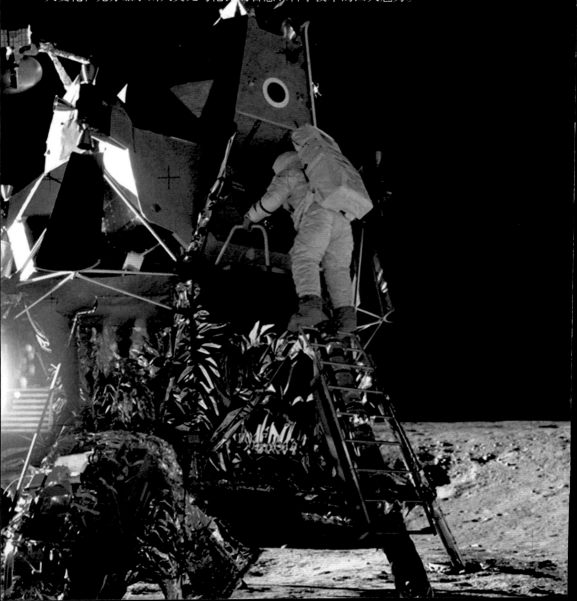

用 "阿波罗" 为美国雪耻

1961 年 4 月 12 日，苏联成功地发射了载人航天飞船，将宇航员加加林送到了太空，在世界上首次实现了载人航天飞行的伟大壮举。

听到这个消息后，起初，美国总统肯尼迪不知所措，他先是一愣，接着，抹了一把睡眼，把手使劲地向床上一拍："真是奇耻大辱！奇耻大辱！这是继苏联第一颗人造地球卫星上天之后，对美国民族的又一个奇耻大辱！"肯尼迪愤愤地说道。随即，肯尼迪慌忙穿上衣服，三步并着两步地来到白宫椭圆形办公桌前，立即召集宇航局的官员和军方要人研究对策。

实际上，从 1957 年苏联和美国相继发射成功人造地球卫星后，围绕突破月球探测技术，加深对月球的研究，揭开月球神秘的面纱，两个航天大国就在暗暗较劲。可是，较量的结果却是苏联屡屡领先。

肯尼迪在加加林实现太空飞行当天美国举行的记者招待会上说："看到苏联在外太空方面再次比我们领先一步，没有人比我更泄气的了。在情况没有改变之前，不会有好消息的，我们要追上去，还得花一点时间。"尽管美国有的报纸声称"这不过是苏联人心理上的胜利"，但更多的则是批评美国政府。比如《纽约时报》就说："中立国家可能会相信未来的霸主是苏联，即使是我们的朋友和盟国也要离去了。我们的影响力正像赫鲁晓夫总理强烈希望的那样，将变得越来越弱了。"

面对这些压力，肯尼迪不得不采取紧急行动。4 月 14 日，他把宇航局官员召集到白宫，商讨应该采取的对策。他开门见山地问道："我们在什么地方能赶上和超过他们？我们能做些什么？我们能在他们之前实现环月飞行吗？我们能在他们之前把人送到月球上去吗？"宇航局新任局长韦伯报告说，在技术上我们并不比苏联落后，登月计划完全可以先于苏联而获得成功，但必须采用类似于"曼哈顿计划"的措施，而且估计要花掉400亿美元。起初，肯尼迪对这样大的投资感到忧虑，但是权衡各方面的利弊后，他估计国会会批准他的计划的。于是，肯尼迪在4月21日向外界透露："我们正在制定一项重大计划，它将给我们带来最好的希望——如果我们能在苏联人登上月球之前登上月球，我们就会这么做。"为了迎接苏联人在太空领域的挑战，也为了"证明资本主义制度和社会主义制度孰优孰劣"，美国人决心不惜一切代价，重振昔日科技领先和军事强国的雄风。

1961年5月25日，肯尼迪在题为"国家紧急需要"的特别咨文中提出，在10年内将美国人送上月球。他说："如果我们要在自由和暴政正在全世界进行的斗争中获胜，如果我们要在争取人心的斗争中获胜，最近几周在空间方面引人注目的成就，就像1957年人造卫星一样，应该向我们大家表明人类这一冒险事业对各个正在试图应该走那一条路的人思想上的影响……现在是取得更大进展，是美国进行一项新的、巨大的事业，是这个国家在空间成就方面发挥明显的领导作用的时候了……这种成就在许多方面可能成为我们在地球上的前途的关键。"

接着他又补充道："我相信我们应当到月球去……如果我们还没有做好准备，我们就应该在今天决定……整个国家的威望在此一举。"这个讲话极大地刺激了坐在收音机、电视机前美国公众的神经，当天的美国各家大报都在头版头条刊登了这一消息，无疑，这个雄心勃勃的计划，引起了美国人的阵阵亢奋，也激起了美国试图在载人登月上赢得领先的雄心。

由于美国国会在美国争夺航天领先地位、击败苏联的看法上，与美国政府是一致的，因此，肯尼迪雄心勃勃的登月计划和庞大的资金预算几乎没有什么争议就在国会参众两院一致通过了。于是，一项由美国航宇局制定的、对人类产生重大影响、被命名为"阿波罗"登月的宏伟航天计划正式启动，人类航天史上最激动人心的一幕就此拉开了。

作为一项前无古人的庞大航天工程，"阿波罗"登月计划无论是载人登月飞船的研制，登月实施方案的选择，发射中心的建设，还是发射飞船运载火箭的研制，哪一个都是对人类科学技术发展水平的巨大挑战，可以说困难重重，步履维艰。

实际上，美国宇航局研究载人登月问题早在1959年以前就开始了。只是由于在当时条件下把宇航员送到月球并且活着回来，不是轻而易举的事情，面临的技术难题实在是太多太多，因此，尽管当时提出了多种方案，但争论来争论去，一直无法确定下来。现在，到了必须尽快决定的时候了。但是，正如人们预计的那样，在"阿波罗"计划提出后一年多的时间里，各项工作进度缓慢，其中，最主要是登月方案到底怎样选择，一直难以明确，因为它决定着"阿波罗"计划实施的走向。

揭密"大力神"和"巨无霸"

　　研制世界上最大的运载火箭和载人月球飞船,是美国"阿波罗"计划中的重头戏,它不仅需要昂贵的资金做保证,而且需要集中当时最先进的科学技术和最出色的科学家,也就是说要举全国之力。正是由于"土星5号"和"阿波罗"飞船的出色表现,才使人类登月的梦想变成了现实。即使是时间已经过去40年后的今天,"土星5号"和"阿波罗"飞船仍保持运载能力最大和飞离地球最重的航天器的纪录,无愧为当代运载火箭中的"大力神"和飞船中的"巨无霸"。"土星5号"和"阿波罗"飞船在人类航天的历史上,永远地留下了浓墨重彩的一笔。

　　在20世纪60年代,"阿波罗"登月计划是美国的一项"天"字号任务。为了使"阿波罗"登月计划顺利进行,美国总统肯尼迪亲自过问此事,在人力、物力和财力上给予充分的保障,真可谓要人给人,要物给物,要钱给钱,全国上上下下一路绿灯。同时,肯尼迪还任命空军中将菲利浦为"阿波罗"计划的负责人,国家宇航局执行局长乔治·哈格被派作他的助手。

　　为了实现人类第一个登上月球的宏伟计划,美国国家航宇局的科学家和工程师,不仅要设计制造出像火车头一样大的"阿波罗"飞船,制造出一个长达一百多米的"土星"运载火箭,还要建起一座大型的太空中心,它要拥有车间、试验室和办公室,并且在全世界建立一系列的跟踪站。同时,他们还要为宇航员们建立训练中心,依靠"登月模拟装置"等设备,对宇航员进行有关登月训练。

　　研制"阿波罗"飞船和"土星5号"运载火箭是一项十分艰巨的工程,仅制造所需各个部件的工厂就有数百个。各个工厂制造完毕后,通过陆路和水路陆续把飞船的各个部分送到了位于卡纳维拉尔角太空中心——月球港,在那里有世界上最大的车间,技术人员在100多米高的平台上,垂直地将火箭和飞船的各个部件一一装配起来。

　　飞船和火箭研制装配完成后,把这些庞然大物从车间运到7千米外的发射场,也是一件不容易的事。起重架和飞船大约重8000吨,并且还要在保持垂直和平稳的状况下运送它,为此,科学家们建造了2辆44米长、38米宽的大型运输车。为了能忍受巨大的压力,还专门修建了一条又宽又结实的路,路面铺了2米多厚的混凝土。但是,当履带式的运输车将飞船和火箭运到发射场后,混凝土路面还是被压陷了将近3厘米深。

1969年7月16日,一枚"土星5号"运载火箭将"阿波罗"11号送入太空。4天之后,人类首次登上月球。巨大的"土星5号"运载火箭由三级推动火箭和"阿波罗"登月舱、指令服务舱组成。火箭将"阿波罗"太空船送入月球轨道,随后登月舱与指令服务舱分离,登月舱在月球表面着陆,而指令服务舱仍留在轨道上运行。在完成探险任务后宇航员乘登月舱上升段,离开月球,与轨道上的指令服务舱对接,宇航员进入指令服务舱,而登月舱被抛弃。宇航员将乘指令服务舱返回地球。

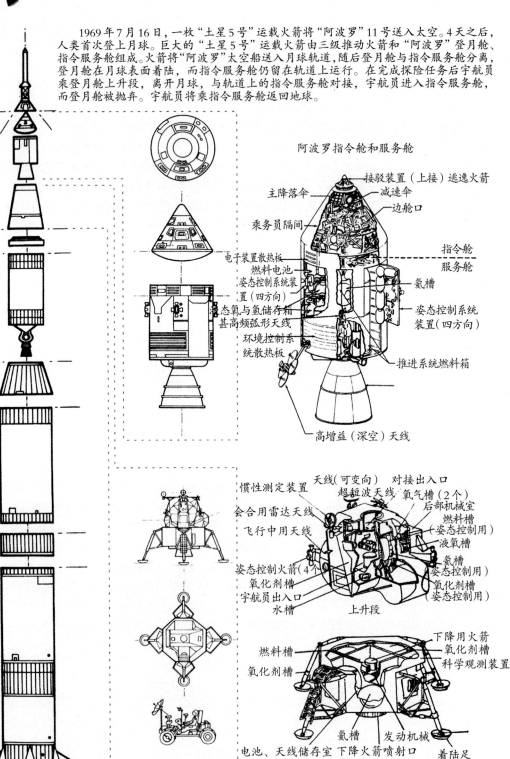

阿波罗指令舱和服务舱

接驳装置(上接)逃逸火箭
主降落伞　　减速伞
乘务员隔间　　边舱口
指令舱
服务舱
电子装置散热板
燃料电池
姿态控制系统装置(四方向)　　氦槽
态氧与氢储存箱　　姿态控制系统装置(四方向)
甚高频弧形天线
环境控制系统散热板
推进系统燃料箱
高增益(深空)天线

惯性测定装置　天线(可变向)　对接出入口
超短波天线　氧气槽(2个)
会合用雷达天线　　后部机械室
飞行中用天线　　燃料槽(姿态控制用)
液氧槽
姿态控制火箭(4个)　　氦槽(姿态控制用)
氧化剂槽　　氧化剂槽(姿态控制用)
宇航员出入口
水槽　　上升段

下降用火箭
燃料槽　　氧化剂槽
科学观测装置
氧化剂槽
氦槽　　发动机械
着陆足
电池、天线储存室　下降火箭喷射口
下降段
"土星5号"运载火箭　　阿波罗登月舱

"土星 5 号"运载火箭的组成

　　运载火箭的研制，是"阿波罗"计划中的重头戏，直接决定了登月方案的确定，因此，在"阿波罗"计划的制定和登月方案的选择中，运载火箭始终是起决定作用的因素之一。"阿波罗"计划确定后，科学家经过权衡，确定"土星"火箭作为"阿波罗"计划的运载工具，之后，"土星"火箭得到了迅速的发展。可以说，"土星"火箭的研制，代表了航天发展的新阶段。

　　"土星 5 号"火箭是美国专门为"阿波罗"登月飞船而量身订做的巨型运载火箭，由著名火箭专家冯·布劳恩主持研制。

　　为了研制"土星 5 号"火箭，美国先研制了"土星 1 号"和 1 号 B 火箭。

土星 1 号

　　"土星 1 号"火箭是二级火箭，主要用于技术试验，为研制"土星 1 号"B 服务和用来对研制"土星 5 号"有关技术进行演示验证的。"土星 1 号"在不包括有效载荷的情况下全长 38.5 米，直径 6.55 米，可把 8 吨重的有效载荷送入 500 千米的圆轨道，先后发射了 10 次。1964 年 1 月 29 日，第一枚"土星 1 号"进行了首次全程飞行试验。这项试验主要是检验第二级 RL-10 发动机的工作情况。在此后的飞行中，试验了"阿波罗"飞船模型的结构和气动设计，完成了控制惯导平台的飞行试验。最后的 3 次飞行发射了 3 颗"毕加索"卫星，进行了近地空间的流星体研究。所有这些工作都为后来"土星"运载火箭的研制和"阿波罗"计划的实施提供了宝贵的资料，打下了重要的技术基础。

　　"土星 1 号"B 火箭也是二级火箭，它和"土星 1 号"一道，直接为"阿波罗"计划服务和应用。这种火箭全长 44 米，直径 6.55 米，可把 18 吨有效载荷送入近地轨道。其第一级与"土星 1 号"相同，但是大大改进了设计，减轻了质量，发动机的性能也得到了改善。第二级改用 J-2 大推力液氢液氧发动机，推力大大增加，它多次用于"阿波罗"飞船的分系统试验。从 1966 年 2 月首次发射到 1975 年 7 月 15 日共发射了 10 次，主要用于"阿波罗"飞船近地空间轨道飞行训练。最后一次用于发射"阿波罗"飞船与苏联"联盟"号飞船联合飞行，从未失败过。

　　"土星 5 号"运载火箭是一种三级液体火箭，第一级推力 34029 千牛，燃料为煤

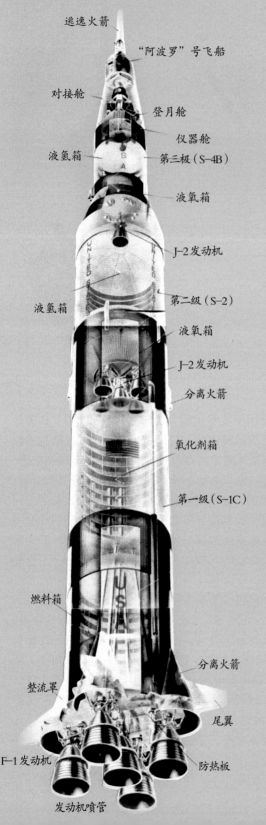

逃逸火箭

"阿波罗"号飞船

对接舱

登月舱

仪器舱

液氢箱

第三极（S-4B）

液氧箱

J-2 发动机

第二级（S-2）

液氢箱

液氧箱

J-2 发动机

分离火箭

氧化剂箱

第一级（S-1C）

燃料箱

分离火箭

整流罩

尾翼

F-1 发动机

防热板

发动机喷管

油和液氧，装 5 台 F-1 液体火箭发动机。即中间 1 台，四周 4 台；第二级推力为 5145 千牛，采用液氧液氢为推进剂，装 5 台 J-2 氢氧发动机，也是中间 1 台，四周 4 台；第三级也采用液氢液氧为推进剂，装 1 台 J-2 氢氧发动机，推力为 901.6 千牛。"土星 5 号"火箭自长为 85.6 米，加上"阿波罗"飞船，总高度 110.64 米，相当于 36 层楼房高。火箭第一级 42.1 米，第二级 24.8 米，第三级 18.1 米，仪器舱 0.9 米。直径：10.1 米，第二级 10.1 米，第三级和仪器舱 6.6 米。起飞质量 2870.9 吨，第一级 130.8 吨，第二级 36.16 吨，第三级 11.4 吨，中间级 4.5 吨，仪器舱 2.04 吨，推进剂总量 2868 吨，是迄今为止飞离地球最重的物体，近地轨道运载能力为 104.3 吨，地球逃逸轨道运载能力为 43.09 吨。即使是过了 40 多年后的今天，这一运载能力仍然是世界一流的。

从 1967 年 11 月 9 日到 1973 年 5 月 14 日，"土星 5 号"火箭共发射了 13 次，其中 2 次不载人发射，2 次环月轨道飞行，1 次地球轨道试验飞行，7 次"阿波罗"载人登月飞行，1 次发射天空实验室，创造了发射成功率 100% 的好成绩。

"阿波罗"飞船的组成

美国用于执行载人登月计划的飞船被命名为"阿波罗"号飞船。"阿波罗"飞船由指令舱、服务舱和登月舱三部分组成。在发射过程中，它的上边还安装了逃逸火箭。从地球上发射的时候，这些舱体的排列次序从上往下分别是：指令舱、服务舱和登月舱。

指令舱是宇航员在飞行途中生活和工作的地方，也是整个飞船的控制中心。指令舱呈圆锥形，高3.23米，底面直径3.1米，像一辆旅行汽车大小，包括3名宇航员在内，发射重量约为5.9吨。返回地面时要丢弃辅助降落伞等物，这时重量为5.3吨。指令舱壳体结构分为三层：内层为铝合金蜂窝夹层结构，中层为不锈钢夹层隔热结构，外层为环氧－酚醛树脂烧蚀放热层。舱内充以34.3千帕压强的纯氧，温度保持在

阿波罗飞船指令服务舱

21℃~24℃。整个指令舱分为前舱、乘员舱和后舱三部分。前舱内放置着陆部件、回收设备和姿态控制发动机等。乘员舱为密闭舱，存有供宇航员生活14天的必需品和救生设备。后舱内装有姿态控制发动机及各种仪器和飞船燃料储箱，还有姿态控制、制导导航系统以及船载计算机和无线电分系统。

服务舱在指令舱下部，前端与指令舱相连接，后端有推进系统主发动机喷管。服务舱呈圆筒形，直径3.9米，高7.37米，总重约25吨。服务舱采用轻金属蜂窝结构，周围分为6个隔舱，容纳主发动机、推进剂储箱和增压、姿态控制、电气等系统。舱内安装了12台火箭发动机，推力为95.6千牛，舱外还有姿态控制发动机，这些发动机由计算机控制，用于在飞行途中修正飞船的轨道、在飞船接近月面的时候，反推减速、使飞船进入环月轨道等，在飞船脱离月球的时候，推动其脱离月球轨道，与在轨道上飞行等待的飞船会合。

登月舱是"阿波罗"飞船系统的重要组成部分。由于登月舱承担着特殊使命，因

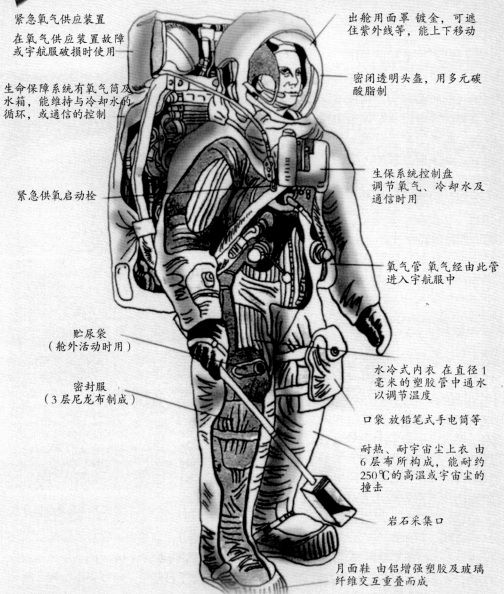

紧急氧气供应装置
在氧气供应装置故障
或宇航服破损时使用

生命保障系统有氧气筒及
水箱，能维持与冷却水的
循环，或通信的控制

紧急供氧启动栓

贮尿袋
（舱外活动时用）

密封服
（3层尼龙布制成）

出舱用面罩 镀金，可遮
住紫外线等，能上下移动

密闭透明头盔，用多元碳
酸脂制

生保系统控制盘
调节氧气、冷却水及
通信时用

氧气管 氧气经由此管
进入宇航服中

水冷式内衣 在直径1
毫米的塑胶管中通水
以调节温度

口袋 放铅笔式手电筒等

耐热、耐宇宙尘上衣 由
6层布所构成，能耐约
250℃的高温或宇宙尘的
撞击

岩石采集口

月面鞋 由铝增强塑胶及玻璃
纤维交互重叠而成

阿波罗登月航天服结构

而美国宇航局对登月舱的设计要求是：与飞船指令舱分离和对接都比较容易，在月面着陆的可靠性高，从月面上可以安全地起飞。因为登月舱几乎是在真空条件下飞行，因而不必考虑外形因素。

登月舱对接于服务舱下面和第三级火箭顶部的金属罩内，它分为下降舱和上升舱两部分，分别装有上升发动机和下降发动机，下降发动机用于减速，以便在月面上软着陆。主体呈两个棱柱体，由四根悬臂式支柱支撑着。飞行期间，四个腿收拢起来。登月舱直径为4.3米，高6.98米，四只底脚延伸时直径为9.45米，重4.1吨，如果包括燃料则起飞时重 14.7 吨。下降舱还装有考察月面的科学仪器，装有着陆发动机、4 条着陆腿和 4 隔仪器舱组成，着陆发动机推力可以在 4.67~67.7 千牛之间调整，发动机摆动范围为 6 度。着陆腿末端有底盘，上面装有着陆传感器。下降级内部还装有着陆交会雷达和 4 组容量为 400 安时的银锌蓄电池。其作用是给登月舱一个反作用，使其缓缓地在月球上软着陆。下降舱在宇航员工作完后，又承担着发射架的作用。完成任务后，只有上升舱返回地球，而下降舱则留在月面上。上升舱为登月舱的主体。宇航员完成月面工作后，坐在上升舱里，驾驶上升舱返回环月轨道与"阿波罗"会合。上升舱由宇航员座舱、返回发动机、推进剂储箱、仪器舱和姿态控制系统组成。座舱可以容纳 2 名宇航员，有导航、控制、通信、生命保障和电源等设备。座舱前方有舱门，门口小平台外接登月小梯。

登月舱的研制关键是发动机，这主要是因为下降发动机要求在 0.476~4.535 吨之间，推力可以大范围调整。登月舱的下降和上升发动机采用四氧化二氮和偏二甲肼作为推进剂，最大推力分别为 4.77 吨和 1.59 吨。上升舱内部直径为 2.35 米，高 1.07 米，容积约为 4.5 立方米。仪器舱装有两组容量为 296 安时、互为备份的银锌蓄电池。

"阿波罗"飞船的导航系统为全惯性导航。它有两种工作方式，第一，经常性地进行导航测量，以改变飞船的位置和速度参量；第二，周期性进行轨道测量，以便在飞船脱离指定的航向时，利用动力系统对运动速度和方向进行小量的修正。它除了一般惯导设备那样在开始时进行精确对准外，在飞行过程中，还利用天文敏感元件为导航系统提供天文导航参数。测量值与期望值定期比较，提供参数修正值，达到精确控制飞船航迹的目的。

飞船的指令舱和服务舱控制系统执行机构包括：一台服务舱主发动机，采用四氧化二氮和偏二甲肼作为推进剂，推力为 7.8 吨。它可以快速启动和关机，能多次启动，推力也可以在较大范围内进行调节。它主要用于飞船的机动飞行，如中途修正、进入月球轨道，以及返回地球的推进等。反作用控制系统用于姿态的控制与保持，中途进行微量的修正，交会及停泊机动以及在主推进系统出现故障时作为应急辅助推进系统。整个系统共有 32 台小发动机，其中登月舱 16 台，服务舱 16 台，采用四氧化二氮和偏二甲肼作为推进剂，推力均在 45 千克左右，这些小发动机可以连续工作 290 秒。也可以脉冲工作，工作频率可达 40 次／秒，在一次正常任务期间，该系统机动和修正次数达 200 次，这要求每一台发动机要进行 6000~8000 次机动，32 台发动机一共要启动 10 万次以上。

"阿波罗"飞船的救生系统采用了"水星"飞船的发射救生系统。它的目的是在运载火箭工作前 20 秒内，如果发生紧急事故，该系统可以将指令舱弹出并安全回收。它由 3 台固体火箭发动机和发射救生塔组成，一台发动机用于弹出飞船，一台发动机用于俯仰控制，一台用于抛掉救生塔，如果起飞后 220 秒工作正常，则该系统将被抛掉。

艰难的登月之路

为了确保"阿波罗"计划的实现,美国在研制"土星5号"运载火箭和"阿波罗"飞船的同时,还进行了一系列的载人航天飞行等细致准备工作,反复演练登月相关技术。据有关资料显示,1961~1969年,美国宇航员为登月旅行进行了20次试验性的预备飞行。

实际上,美国的载人登月演练可以说早在"水星"计划和"双子座"载人航天工程的时候就已经开始了。1962年,美国发射升空了小型"水星"号宇宙飞船飞行,这种飞船约有3米长,起飞重量为1.35吨,只能乘一个人。当约翰·格伦驾驶飞船即将结束美国人首次太空飞行的时候,自动控制系统突然失灵,但约翰·格伦沉着冷静,用手操纵飞船,终于平安地将飞船驶回了地球。这次飞行表明人可以在太空中生存很多小时,太空环境对于人的健康和精神都没有损害,如果自动控制系统失灵,飞船可以由宇航员自己来操纵。在"水星"号进行的最后一次飞行中,戈登·古柏绕着地球航行了22圈,他完成了一些太空试验项目:在一条轨道上,他抛出了一颗玻璃球,那上面有明亮的信号灯,然后,他在第二条轨道上又找到了信号灯发出来的光芒,而且看得很清楚。这是按计划对人的视觉所进行试验的内容。接着,从地面南美某一个城市发出了一束很强的闪光信号,古柏也看到了这束光线,并且在地图上标出了它的位置。

1965年,美国宇航员乘坐"双子星座"号飞船进行了更长时间、更大胆的太空飞行,这些飞船无论是体积还是重量都比"水星"号飞船大2倍左右,每艘飞船可载两名宇航员。在"双子星座"飞行过程中,宇航员们试验并实际操作了"阿波罗"计划中的各种技术。接着,又进行了"阿波罗"宇宙飞船变换轨道的实验,约翰·扬和弗吉特·格里森首次掌握了这种技术。在另一次飞行中,宇航员爱德华·怀特身系一根长绳子,另一头系在飞船上,身带着一种特殊的仪器来给他引路,在太空中居然浮荡

"双子星座"号飞船

了20分钟。这次实验说明，不但人能够离开飞船，而且还能安全地返回飞船。

"双子星座"号的飞行于1966年11月结束，美国宇航员们学习和实践了所有登月航行的复杂技术，他们的实验结果回答了很多使科学家们和医生们为宇航员登月而感到烦恼的身体和生理问题。

1966年底，在进行一系列不载人登月飞船连续发射成功后，美国宇航局决定在1967年2月21日进行"阿波罗"飞船首次载人登月试验飞行，这次发射的代号为AS-204，即"阿波罗1号"。

通过严格的选拔，美国宇航局从众多宇航员中选出了三名宇航员，将在"阿波罗1号"中出征太空。他们是空军中校格里索姆、海军少校罗杰·查菲和空军中校爱德华·怀特。他们三人中，指令长格里索姆中校曾经在"水星"和"双子星座"计划中两次飞向太空，爱德华·怀特曾经乘"双子星座"4号飞船升空，并进行了美国宇航员首次太空行走，只有罗杰·查菲还没有进入过太空。人选确定后，他们接受了严格的登月技术训练。

正当美国人信心十足地为登月计划做准备的时候，一件令人悲伤的事情发生了。1967年1月27日，星期五。下午1时，按照计划，"阿波罗1号"的三名宇航员将进行模拟发射试验，由于纯氧座舱突然起火，等救援人员赶到的时候，大火已经把座舱烧成了火球，美国由此失去了三名最为优秀的宇航员。事后调查发现，由于座舱左侧的一根导线短路，出现了一个小火花，而当时飞船已经做了加压试验，舱内充满了纯氧，纯氧遇到火花后起火，点燃了舱内的塑料制品，结果将船舱变成了一片火海。

这一事故的发生，给美国"阿波罗"登月计划当头一棒。在这一致命的打击面前，"阿波罗"计划被迫推迟了一年多的时间。在这段时间里，美国宇航局对飞船进行了很多设计上的改动，把舱内易燃的材料换成耐火材料，所有非金属材料遇到火后都不会被破坏，并对宇航员的安全问题给予了更多的考虑，特别是对舱门、防火和生命保障系统等都进行了改进，舱门改成迅速开闭形式的，如果舱内发生危险，宇航员可以在2~3秒钟内自动打开舱门。同时，还决定再发射几艘无人飞船，以对飞船的质量进行更为广泛、严格的考验。只是为了早日实现登月的梦想，美国宇航局把载人发射试验的次数限制到了最低点。

1967年11月9日，美国发射了"阿波罗4号"飞船，验证飞船指令舱的发动机；1968年1月22日，发射了"阿波罗5号"飞船试验了登月舱下降和上升推进系统；同年4月4日，"阿波罗6号"飞船又对整个飞行器所有功能进行了全面试验。

1968年10月11日，"阿波罗7号"飞船由"土星1号"B两级火箭发射升空。这是"阿波罗"计划首次载人轨道飞行试验，三名宇航员是：指令长沃尔特·希拉、指令舱驾驶员唐·艾西尔和登月舱驾驶员沃尔特·昆宁翰。与"阿波罗1号"飞船相比，"阿波罗7号"飞船做了重大的改进，采用了新的结构和试验方法，安装了新的测试设备。"阿波罗7号"此行的任务是在地球轨道上检验飞船的数据系统，演练安全交会对接等。

沃尔特·希拉、唐·艾西尔和沃尔特·昆宁翰乘坐"阿波罗7号"飞船在太空中

遇难的三名航天员

度过了将近 11 天，在"阿波罗"飞船里，他们心情十分愉快，不时地同控制中心开着玩笑。在这次飞行中，共绕地球飞行了 163 圈，没有发生任何故障。宇航员们还在环绕地球的轨道中练习了定点会合与衔接技术，共进行了两次这样的试验，都获得了成功。飞行中，宇航员还按计划进行了电视直播。

两个月后，1968 年 12 月 21~27 日，弗兰克·博尔曼、詹姆斯·洛费尔和威廉·安德斯乘"阿波罗 8 号"飞船首次进行了载人绕月飞行，他们在圣诞节前夕进入绕月飞行的轨道。并进行了有推力的轨道变换试验飞行，反复查看月球地形，以便选择合适的登陆地点，同时，对月球表面的环境做了进一步考查。这次绕月飞行共进行了 10 圈，离月球最近的距离达 100 千米。1968 年 12 月 27 日，"阿波罗 8 号"完成了太空之旅，在太平洋中着陆。此举标志着在载人登月大战中，美国已经把苏联甩在了后边。

1969 年 3 月 3 日发射的"阿波罗 9 号"也成功地进行了载人环月飞行和载人登月舱试验。"阿波罗 9 号"绕月飞行了 9 天，绕地球飞行 151 圈后，后安全降落在大西洋的海面上。

1969 年 5 月 18 日发射的"阿波罗 10 号"被用来综合演练除登月以外的全过程，被誉为"阿波罗"登月最后的彩排。当"阿波罗"飞船围绕着月球飞行时，宇航员们试验了着陆系统——登月舱，尤金·赛尔南、托姆·斯塔福德进入登月舱，降到了离月球仅有 14.3 千米的地方，约翰·扬则留在了指令舱中。

最后，在脱离指令舱 8 小时以后，登月舱又飞了回来，再次与"阿波罗"对接。至此，科学家们已收集了有关月面的必要的资料，测试了月面的强度。他们发现，在测试过的每个地区，月面都十分结实，足以承受"阿波罗"登月舱着陆系统的重量。探测器还拍摄了几千张月球的照片，并把它们送回了地球，这些照片反映出月球上的丘陵、山脉、平原和深而危险的环形山的位置。"阿波罗 10 号"完美完成了历时 8 天 03 分的旅行，指令舱在降落伞的保护下，溅落在太平洋上，这次试验的成功，为"阿波罗 11 号"载人登月奠定了基础。

在进行 10 艘"阿波罗"飞船不载人、载人的近地轨道飞行试验和登月预演后，美国宇航局宣布"阿波罗 11 号"将执行载人登月任务。具体任务目标只是简单的两句话：完成载人登月并安全返回；完成月球考察和取样。

人类在月球之巅漫步

1969 年 7 月 16 日清晨，美国佛罗里达洲卡纳维拉尔角肯尼迪航天中心，烈日炎炎，在晴朗的天幕下，有 36 层大楼高的第 39 号 A 发射台上，矗立着一柄高度为 110 米的利箭——"土星 5 号"运载火箭，它的上部举托着"阿波罗 11 号"宇宙飞船，经过 8 年的艰苦努力，"阿波罗"载人登月计划终于迎来了激动人心的时刻——人类第一次载人登月就要开始了。

在离发射塔 5 千米远的地方，汇集着大约 100 万人，把这里围得水泄不通，他们中不少人都是头天晚上就来到这里，他们将在此亲眼见证人类这一最伟大的神圣时刻。美国的各个家庭的电视机都打开着，在地球上，将近有 20 亿人正在热切地注视着电视荧光屏，等待着这一令人激动时刻的到来。

担负这次具有历史意义的登月之旅的宇航员是：指令长尼尔·阿姆斯特朗、指令舱驾驶员米切尔·科林斯和登月舱驾驶员埃德温·奥尔德林。他们 3 人当时都是 39 岁，是经过反复筛选最后确定下来的，他们个个技术熟练，经验丰富，遇事冷静。

阿姆斯特朗学生时代学习成绩非常好，毕业后，曾为美国空军的一名歼击机驾驶员，飞行技术娴熟，胆量过人。奥尔德林毕业于著名的西点军校，也是一名歼击机驾驶员，后来又获得了麻省理工学院航空博士学位，他永远都知道自己的目标是什么，并知道怎样才能实现目标，被认为是到太空中执行任务最有科学头脑的人。科林斯性格活泼，精力充沛，充满热情，同时又沉着冷静，深知分工的意义。按计划，阿姆斯特朗和奥尔德林将乘登月舱登上月球进行考察，而科林斯则需要驾驶指令舱留在月球轨道上。

大约当地时间 6 时 30 分，阿姆斯特朗、奥

"土星 5 号"运载火箭发射

"阿波罗 11 号"机组成员

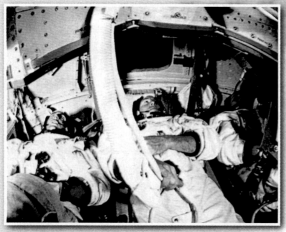

"阿波罗 11 号"飞船的三名航天员正在待命起航

尔德林、科林斯来到了太空中心，健步登上了可动式发射台，在向人们招收致意后，从容地走进了船舱。

发射倒计时开始了：10、9、8、7、6、5、4、3、2、1，点火！当地时间 9 时 30 分，格林尼治时间下午 13 时 32 分，巨大的"土星 5 号"火箭载着"阿波罗 11 号"飞船，在火山爆发般的滚滚浓烟中，拖着 500 多米长的橙色火焰和浓烟缓缓离开了发射架，然后，这个庞然大物努力克服着地球的重力，慢吞吞地沿着预先设置的弧形轨道飞往大西洋上空，最后，消失在人们的视野，向着月球缓缓飞去。

当发射场指挥员宣布"发射成功了"的时候，等了一夜的人们挥着手欢呼跳跃着："上去了！上去了！"

　　坐在华盛顿办公室内电视机旁观看"阿波罗11号"飞船发射的尼克松总统也激动万分，此时，他立刻发表电视讲话，宣布4天之后为月球探险的全国共庆日，主张美国人那天放假一天。他说："在过去的时代，探险是一种孤独的事业，可是现在太空旅行的奇迹配上了太空通信的奇迹，即使和月球相隔非常遥远，电视还是能够将发现的片刻传进我们家里，使我们全体都能身临其境。由于宇航员前往人类从没到过的地方，他们尝试的是人类从没试过的，我们在地球上的人像一家人一样，必须精神上同他们一起，共享光荣和奇迹，以祷告祝他们一切顺利。"

　　1969年7月20日，当起飞100小时后，阿姆斯特朗和奥尔德林就要进行人类登月的尝试了，他们笑着对科林斯说道："喂，我们要走了，马上就会回来的，等着我们，别离开。"科林斯也笑了，他祝他们好运。阿姆斯特朗和奥尔德林用拇指和食指做了个"V"形，随后就进入了代号为"鹰"的登月舱，当一切都准备完毕的时候，他们关闭了通往指令舱的舱门。然后，在启动了服务舱发动机减速，降低轨道后，登月舱与指令舱和服务舱顺利分离。

"阿波罗11号"的航天员在月球上行走

　　"鹰"飞到距离月面15千米的高度后，启动了计算机来控制其下降过程，在接近月面的时候，登月舱制动火箭开始点火，以减缓登月舱降落的速度。

　　美国东部时间1967年7月20日，当飞船飞行109小时7分33秒后，登月舱门打开了，阿姆斯特朗首先走上舱门平台，一步三停地走下5m高的9级台阶，面对陌生的月球世界凝视几分钟后，他的左脚小心翼翼地触及月面，而右脚仍然停留在台阶上，这段路他整整花了3分钟！

人类在月球上留下的足迹

　　这时的阿姆斯特朗感慨万千："对一个人来说这是一小步，但对人类来说却是一个飞跃！"就是这句感慨万分时说的一句极富哲理的话，后来成为广为流传的经典。

　　18分钟后，奥尔德林也踏上月面，阿姆斯特朗用特制的70毫米照相机拍摄了奥尔德林踏上月球表面的情形。奥尔德林高兴得在月球和扶梯上跳上跳下，他喊道："啊，美啊，太美了！"

他们在月球上架起了一部电视摄像机，在登月舱旁举行了一个小小的仪式。他们在月球上安放了一块金属纪念牌，然后，在登月舱附近插上一面用尼龙丝编织而成、长1.5米，宽0.9米的美国国旗。为了使星条旗在无风的月面看上去也像迎风招展，他们特地在周围固定了金属丝，使它舒展开来。当这面旗子一扯开时，美国总统尼克松就通过电话和月球上的他们通了话，尼克松向宇航员表示祝贺，阿姆斯特朗回答说："我们能来到这里，是我们的莫大荣幸。"

登上月球后，阿姆斯特朗和奥尔德林开始试着在月球上行走，他们的第一个很小的尝试是很有意思的。由于几乎处于失重状态，所以他们失去了平衡的感觉，他们摇摇晃晃，

宇航员从登月舱走下来

像是喝得酩酊大醉。但是，在模拟器中的训练帮助他们很快就克服了困难，他们信心十足地浮游起来。他们捡起了一些小石块，把它们扔得很远，观察它们会怎么样，没

人类在月球上

想到石块竟像球一样跳到空中，两个人放声大笑，"真有意思。"阿姆斯特朗和奥尔德林穿着太空服在月面上幽灵似地"游动"、跳跃，拍摄月面景色，收集月球上的岸石和浮土的试样，他们用一把特制的工具，不用弯腰就能拾取岩石。他们在给每块岩石照相后，就放进特制的袋子里，然后再都装在一个铝制的箱子里。

航天员正在月面采集月球岩石

在体味完月球漫步的滋味和收集了大量月球标本后，阿姆斯特朗和奥尔德林取出了要做的 3 项科学实验的装置，他们装起了一台"测震仪"、一台"激光反射器"，用于监测月球可能受到的陨星撞击和月震等任何物理干扰，并通过无线电送回地球，这些物理扰动将会帮助科学家们来认识月球是由什么物质构成的；激光反射器把一束光线反射到地球上去，借助这束光线，科学家们可以测量出地球和月球之间距离的极小的变化；他们还竖起了一块薄铝板，来捕捉从太阳飞来的微粒子，然后把它带回地球，这样，科学家就可以进行分析，其结果有可能说明太阳和行星形成的原因。

航天员在月面上安装了一台仪器

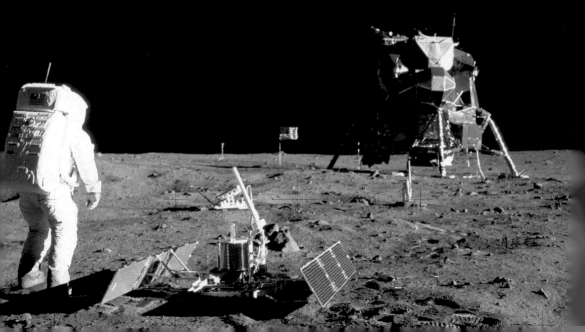

　　当两名宇航员在月球上工作的时候，在离月球 110 千米的高空，科林斯正独自地乘坐飞船主体绕月球一圈圈地飞行。

　　7 月 21 日，阿姆斯特朗和奥尔德林终于完成了在月球上的工作，具有历史意义的月球之旅就要结束了。此时，他们没有忘记给这次具有历史意义的月球之行留下一个永久的纪念。他们拿出一个小牌子，固定在登月舱的着陆腿上，牌子上还有世界地图。于是，在以后登上月球这个地区的人就会看到这样的场面：在一片荒凉、全无生气的月球上，一架奇形怪状的飞行器，在耀眼的阳光照射下静静地停放着，在它的细长的支脚上，镶有一块不锈钢的小牌，上边写着：

　　公元一九六九年七月，来自地球行星上的人类首次踏上月球，我们代表的是全人类，我们为和平而来。

　　做完这些工作后，他们收起吸收了太阳风的铝板和采集的月球标本装进包里。在向四周环顾了一会儿后，向月球挥手告别，恋恋不舍地爬进了登月舱，关上了舱门。

　　为减轻重量，阿姆斯特朗和奥尔德林扔掉了所有多余的工具和设备，进行了飞离月球的准备工作。在他们进行完坐舱增压，要点燃发动机的时候，却发生了意外：不知是谁不小心，碰断了一个手动开关，这意味着他们有可能无法启动发动机。幸好，奥尔德林突然灵机一动，把为他们配备的太空笔的笔尖缩回，用笔管的前端掰开开关杆，仪表板的灯光随即亮了起来，电路被接通了。

　　阿姆斯特朗按了一下电钮，发动机点燃了，登月舱的上升段顷刻间就载着两名宇航员离开了月球。登月舱越飞越快，进入了环月轨道，奥尔德林喊道："棒极了！很平稳，飞得太好了！"地面指挥员擦去了脸上的汗水，松了一口气，兴奋地说："全世界为你们感到骄傲！"

进入环月轨道后，阿姆斯特朗和奥尔德林与正在轨道上的科林斯驾驶的飞船两个舱对接起来，重新组成了"阿波罗11号"宇宙飞船，3名宇航员重聚在一起，他们完成了神圣的使命，进入返回地球的航程。

7月24日中午，"阿波罗11号"飞船按照精心设计的航线和精确计算的角度，穿越大气层。7月24日16时39分，"阿波罗11号"飞船安全降落在美国檀香山西南1500千米太平洋湛蓝的海面上，回到地球的时间只比预定的时间晚了10秒钟！

在溅落点20千米外的美国海军"大黄蜂"号航空母舰上，美国总统尼克松正等待着宇航员们归来。2架直升机飞临溅落点，将宇航员们带到了航空母舰上，尼克松向宇航员们表示了热烈的祝贺："这是创世以来世界史上最伟大的一周，由于你们尽力的结果，世人从没有像现在这么接近过。"空前的登月壮举划上了圆满的句号。

从发射开始到降落，"阿波罗11号"总共飞行了近100万千米，历时195小时18分35秒，阿姆斯特朗和奥尔德林在月球上停留了151分钟，收集了22千克的土壤和岩石标本。这次月球之行不仅在月球上留下了人类的脚印，同时，在月面上8个不同的地点进行勘查。人们通过对月球物质进行研究，丰富了对月球的认识。

最近，曝光的美国一份30年前的文件揭露：如果当年第一批登月宇航员遇上技术故障而无法飞离月球，他们将会悄无声息地在月球死去。美太空总署当时曾发出"秘密警报"和应作出的善后措施，由于没有任何救援计划，如果确认阿姆斯特朗和奥尔德林不能返回地球时，二人与地球的通信届时将会被切断，而他们所能做的只是等死或者自杀。尼克松总统甚至已经拟定了一份讣文，准备在阿姆斯特朗和奥尔德林未能成功离开月球时发表演讲。讣文中说到："命运已作出安排，这两位登上月球打破其平静的人将在平静中安息。这两位勇敢的人，会清楚他们已失去返回地球的希望，但更清楚他们的牺牲将为人类带来希望。"两位宇航员在40年后的今天，坚持表明他们当时对此灾难性计划一无所知。

从1969年至1972年底，美国共发射了9艘"阿波罗"载人月球飞船，7艘正式进行登月飞行，6艘成功，18名宇航员参加登月活动，12名宇航员登上月球，在月面开展了一系列实地考察工作。包括采集月球土壤和岩石标本，在月面建立核动力科学站，驾驶月球车试验等。他们在月面共停留了302小时，行程90.6千米，带回381.7千克月球土壤和岩石样品，实地拍摄了月面照片，初步揭开了月球的真实面貌，充分展露了人类征服自然的巨大能力。

"阿波罗"计划从1961年5月至1972年12月，历时11年半，据说耗资255亿美元，在当时的情况下，这无疑是天文数字！在"阿波罗"航天工程高峰的时候，有2万多家企业、200多所大学和80多个科研机构参与工作，总人数超过30万人。无论从动用的资金，还是参与的人数，至今世界上还没有哪一个航天工程能与之媲美。

"阿波罗" 登月的不同声音

　　踏上月球的土地，一直是人类的梦想，即使是到今天，许多国家仍然制定了包括载人登月在内的月球计划。几十年来，围绕着"阿波罗"计划的实施，"阿波罗"登月的争论一直在各个角落不时的传出。其焦点：一是许多人质疑，对于工程浩大，技术复杂，耗资巨大，动员全国力量参与而成就的"阿波罗"登月计划，究竟对人类有什么实际意义？二是"阿波罗"计划到底是否成功？也就是说，人类究竟是否真的登上了月球？

　　"阿波罗"计划的提出、决策和批准过程，自始至终都蒙上了一层浓厚的政治色彩，尽管美国的几任总统和宇航局官员多次在不同场合下都宣称，美国发展航天技术主要是为了科学和和平的目的，是为了全人类的利益，但太空竞赛，谋求太空霸权，东西方冷战仍然是美国实施"阿波罗"计划的立足点，这是毋庸置疑的。

　　"阿波罗"登月计划使美国在经济上付出了沉重的代价，在美国有人曾经计算过，巨大的资金使得美国平均每个家庭要担负 472 美元！平均每一艘登月飞船的造价比其用黄金制成的还要贵 15 倍！美国人从月球上带回的岩石和尘土样品，若按重量计算，其价值竟是金刚石的 35 倍。"阿波罗"登月计划的经费几乎占用了航宇局 20 世纪 60 年代全部经费的3/5，严重影响了美国空间科学和空间应用领域的发展，迫使美国不得不重新考虑和规划下一步的航天目标。有些人认为，"阿波罗"计划没有取得什么经济效益，与其花费数百亿美元到月球上去，还不如将这些钱用来发展美国的经济，提高国民的生活水平。

　　在激烈的争论中，与此相反的是多数科学家们认为：决不能单纯地用经济效益来衡量月球探险价值。"阿波罗"登月 壮举，无论对于月球研究、促进航天技术的发展还是带动科学技术的发展，都起了巨大的促进作用。

　　在政治上，"阿波罗"计划的实施，在空间霸权的争夺中，美国最终以胜利而告终，在一定程度上导致了美国和苏联冷战的结束。"阿波罗"计划的成功实施，不仅实现了美国赶超苏联的政治目的，为后来发展空间站、航天飞机和今天的火星考察等打下了牢固的基础，更为重要的是，对美国保持领先于世的航天大国的地位，起了重要的作用。

在科学上，"阿波罗"计划的实施，促进了美国载人航天技术及多项技术的快速发展，其中包括微波雷达、无线电制导、合成材料，电子计算机及生物技术等，这些技术又被推广到民用领域，催生了许多新技术、新材料、新工艺，促进了微电子、微机械、计算机等现代科学技术的发展，这些都有力地带动了美国科学技术特别是推进、制导、结构材料、电子学和管理科学的发展，促进了美国工业的繁荣。

"阿波罗"计划的实施，还带动了上个世纪60~70年代整个世界高技术的发展，包括液体燃料、微波和无线电通信、材料技术、高性能计算机技术等。这些技术在民用领域二次开发利用，产生了巨大的经济和社会效益，产生了3000多项应用科学成果，囊括了所有高新技术，对人类的发展作出了巨大贡献，其中至少1000项用于国民经济，相当于对"阿波罗"技术的消化和二次开发，对经济发展也起到了巨大的推动作用。如气垫鞋、尿不湿、彩超、条形码、笔记本电脑、微波炉等，都跟载人登月有关系，为宇航员开发的重症监护病房，航天食品中的脱水菜也已普及到民用领域。

在经济上，据统计和测算，"阿波罗"计划使美国经济增长率提高了2%，物价指数下降了2%，创造了80万个就业指标。更有报告认为，美国1958年国民收入为4062亿美元，1968年达到8640亿美元，1970年增至9046亿美元，10年翻了一番，这是"阿波罗"计划刺激的结果。经上世纪70年代初的不完全统计，"阿波罗"计划的投入产出比为1：4.5，本世纪初美国Chase研究会测算，投入产出比为1：14。因此，"阿波罗"计划是一项引领科技进步，推动产业繁荣，具有巨大的政治、经济和社会效益的伟大计划。

"阿波罗"登月对现代科技文明的象征性意义不容忽视。自从工业革命以来，人类借助自己发明的机器，不断延展探索的前沿，蒸汽轮船，汽车，飞机……然而，人类与机器的关系却并非一开始就十分融洽：蒸汽火车一度被视为洪水猛兽，科学家发明汽车后却被警察禁止开上街，即便是人类最初的太空之旅，整个过程中宇航员也是被死死"囚禁"在铁罐头一般的太空舱里，是"阿波罗"计划彻底改变了这一切，"阿波罗"宇航员乘坐的太空舱，虽然空间狭小，却能容宇航员自由活动。它尽可能地让宇航员在外太空的陌生环境下，依然保留自在熟悉的感觉，宇航员还能在电脑的协助下，自主操纵飞船；人们还看到，宇航员在太空服和月球车的帮助下，在陌生星球表面探索。

"阿波罗"计划极大地扩大了人类的眼界。人类在太空中第一次见到地球之后，才第一次认识到地球上生物世界的脆弱性。人类到达月球，看到地球只是一颗小行星，人类这种眼界的扩大，必然会对人类自己所能做的事情的概念有所影响。

"阿波罗"计划的实施，使人类对月球的认识产生了巨大的飞跃。通过登月飞行，宇航员在月球上实地考察和获得的大量月球标本，这些资料对于研究月球的年龄、结构等问题都是非常重要的，从而加深了对月球的认识，揭开了月球的许多秘密，大大促进了人类对月球和地月系的起源与演化、月球表面环境、地形地貌、地质构造、化学组成与岩石类型、内部结构以及资源的开发利用前景等形成比较完整而系统的认识，对月球科学新体系的构成起了不可替代的重大作用。"阿波罗"计划推动了月球科学、比较行星学、太阳系起源与演化学、空间科学等多门学科的快速发展和深化完善。

"阿波罗"计划对振奋民族精神，增强民族凝聚力也有着重大意义。在肯尼迪上台之际，苏联在许多方面都走在了美国前面，美国人急需一种激励，以便将能量挥发到正确的领域。而这项令人着迷的计划，则在一定程度上保证了人们的注意力集中在整个空间计划上，并且有一种实现它的迫切感。而这种充满希望的生活态度，对于美国科技与经济的发达起到了关键作用。不仅如此，肯尼迪加速实行的空间探索计划，对美国外交政策也很有助益。由于美国迅速走在了空间技术的发展前列，许多国家都争相与美国合作，并从美国的气象、遥感和通信卫星中得到好处，这不仅刺激了经济合作，也拉近了美国与盟国及其他国家的关系。无疑"阿波罗"计划是人类历史上一项规模最大、涉及领域最广、引领科技发展、促进一系列高新技术的突破与创新、推动产业繁荣、提高管理科学水平、培养宏大的科技人才队伍的伟大科学工程，也集中表现了人类敢于探索、不畏艰险、勇于攀登的科学精神，是一项伟大的壮举。大多数科学家坚定地认为，无论对"阿波罗"计划取得的成就如何评价，单从人类科技进步的角度讲，它也将作为20世纪最伟大的工程和壮举而载入史册。

值得一提的是，肯尼迪总统在1961年向联合国发表的演说中，提出了全世界在一个新的领域——外层空间进行和平的合作的观点，并表示"决不能让宇宙的寒冷地区成为更加寒冷的冷战的新战场"。而在此之后，肯尼迪还号召东西方合作"来创造科学的奇迹而不是使人看到科学的恐怖"，并提出了"让我们一起去探索星球吧"的具有历史意义的口号。虽然美国后来是不是这样做的另当别论，这一理念对于人类和平开发和利用太空仍具有现实意义。应该说，40年前阿姆斯特朗登上月球对他来说，是一小步，而对人类来说，这是一大步。如果人类社会能在太空探索、全球变暖等领域精诚合作的话，那么等待我们的，将不仅仅是一大步的进步了……

月宫奥秘知多少

月亮故事

千百年来，人们演绎出一个个关于月亮动人的故事。比如，在古希腊神话中，流传着月亮女神阿蒂米斯（Artemis）与恋人奥列翁（Orion）的故事。在我国，千百年来，我们的祖先就是讲着"嫦娥奔月"、"吴刚伐桂"、"玉兔捣药"等动人故事，一代又一代走过来的。这些故事和传说给月球赋予了生命，赋予了传奇，赋予了美丽，同时，也诠释着人世间诸多的无奈和局限，充分表达了古人对月宫的向往，寄托和延续着生命的价值与长度。

在敦煌莫高窟壁画上，"嫦娥奔月"的故事，记录着炎黄祖先千年来对美丽月宫的向往。

尽管"嫦娥奔月"的传说有各种各样的版本，但是，其最早的记载，可以追溯到战国初年的《归藏》中。

"嫦娥奔月"的神话故事，说的是在我国尧的时候有十个太阳同时出现在天空中，太阳发出的火焰把大地都烤焦了，河道枯竭，庄稼的叶子干枯，人们热得喘不过气来，倒在地上昏迷不醒。因为天气酷热的缘故，一些怪禽猛兽，也从干涸的江湖和火焰似的森林里跑了出来，在各地残害百姓。

人间的灾难惊动了天上的神，于是，天帝命令善于射箭的后羿下到人间，协助尧消除老百姓的苦难。后羿带着天帝赐给他的一张红色的弓，一口袋白色的箭，还带着他美丽的妻子嫦娥一起来到人间。

后羿立即开始了射日的战斗。他从肩上取下那红色的弓和白色的箭，一支一支地向喷着烈焰的太阳射去，顷刻间，十个太阳被射去了九个，这时候，尧下令停止射击，他认为留下一个太阳对人间有用处，于是，天上只剩下了一个太阳。这就是有名的后羿射日的故事。

后羿射下了八个太阳，为人间立了一个大功后，其他天神非常嫉妒，就到天帝那里去告状诬陷后羿。天帝听信了这些谗言，就把后羿贬到了人间来做苦力，于是，后羿便和妻子嫦娥在人间隐居起来，常年以打猎为生。尽管后羿受到其他天神的嫉妒，但受到老百姓的尊敬和爱戴，在他的周围，每天都聚集着一帮人，甚至有不少人纷纷前来向他学艺。在前来学艺的人群中，也混进来个别奸诈的小人，有一个叫蓬蒙的人，就是这样一个夹杂在求艺的人群中混进来的小人。

相传有一天，后羿到昆仑山访友求道，恰巧遇到路过此地的王母娘娘，便向王母娘娘求来了一包长生不老的仙药，王母娘娘在给他药的时候，告诉他说，吃下这包药后，就能成仙升天。但是，后羿舍不得撇下患难与共的妻子自己一个人得道成仙，于是，他把仙药交给妻子保管了起来，并嘱咐妻子一定要把药藏好。听到丈夫的一番话后，嫦娥就把仙药小心翼翼地藏进了自己的梳妆盒里。谁知道，隔墙有耳，就在后羿与妻子说话的当口，蓬蒙正躲在门外偷听，嫦娥放仙药的过程被他透过门缝看见了。

过了几天，后羿和一大帮徒弟约好了到远处去打猎，而心术不正的蓬蒙却假装生病一个人留在家中。就在后羿率领徒弟们浩浩荡荡地走了后，蓬蒙拿起宝剑，三步两步闯进嫦娥的房间，把剑架在嫦娥的脖子上，逼着她交出长生不老的仙药。嫦娥知道自己不是蓬蒙的对手，又不甘心将仙药交给这个奸贼，在紧急情况下，转身打开梳妆盒，拿出仙药一口吞了下去。就在蓬蒙还没回过神儿来的时候，只见嫦娥轻轻地飘了起来，舞动着长袖子，从窗户口飞了出去。

嫦娥乘着微风，轻飘飘地越飞越高，渐渐地远去。在天上，嫦娥看到了美丽的月宫里琼楼高筑，玉宇飞扬，在动人的音乐声中，一大群仙女们在甩着长袖，翩翩起舞，一片欢乐的景象。由于嫦娥牵挂着丈夫，于是，她就舞动着长袖，飞到了离地球最近的月宫里。

傍晚，后羿回到家里，侍女们哭诉了白天发生的事。后羿既惊又怒，抽剑去杀恶徒蓬蒙，此时，蓬蒙早已逃走了。气得后羿捶胸顿足哇哇大叫。悲痛欲绝的后羿，仰望着夜空呼唤爱妻的名字。这时他惊奇地发现，今天的月亮格外皎洁明亮，而且有个晃动的身影酷似嫦娥。

后羿急忙派人到嫦娥喜爱的后花园里，摆上香案，放上她平时最爱吃的蜜食鲜果，遥祭在月宫里眷恋着自己的嫦娥。

自航天技术诞生后，人类实现了与月球的亲密接触，揭开了月球的许多奥秘，使人类对月球的了解不断加深，人类对月球的形状、大小、近地空间环境、月球轨道参数、月球表面的构造与特征、月球的岩石类型与化学组成、月球的资源与能源、月球的内部构造与演化历史等的研究，取得了一系列突破性进展，对月球的起源和地球与月球之间的相互作用与影响获得了新的认识。

对月球的数字解读

朝向地球的月面

皓月当空,人们不禁要赞美月亮的美丽,其实,月亮本身是不发光的。那么,为什么在有月亮的晚上,人们看到的月球是非常明亮的呢? 这是因为太阳的光芒照到月球上,再反射到地球上,所以,我们看到它是亮的。如果从天文学的角度来说,太阳照到月球上的光芒并不是全部反射到地球上来了,据测定,月亮的反照率只有 0.07,也就是说,太阳照到月球上的光只有 7% 被反射到地球上,其余的 93% 都被月球没收了。我们看到的放着银白色光芒的月亮,它的本来颜色是淡褐、暗灰色的。

与太阳的亮度相比,月亮的平均亮度只有太阳的 1/465000。月亮圆缺变化时,它的亮度有很大的变化,如果以满月时的亮度 1/630000 作为 100,最大和最小时可以相差好几十倍或更多。太阳、月亮、地球这三个天体之间的距离也是在不断变化的,它的变化范围从 1/375000~1/630000。

月球的平均直径约为 3476 千米,地球的直径是月球的 3.6 倍。月球表面面积约有 3800 万平方千米,比亚洲的面积要小一些,大约是我国陆地面积的 4 倍。月球的质量约为 7350 亿吨,大约相当于地球质量的 1/81,也就是说, 81 个月球的重量加在一起才有地球那么重。月球的平均密度为每立方厘米 3.34 克,大致相当于地幔的平均密度。

由于质量小,产生的引力也就小,月球表面的引力只相当于地球引力的 1/6,也就是说,月球表面上的重力差不多相当于地球重力的 1/6,即如果一个人在地球上的重量有 60 千克,那么,他到了月球上就只有 10 千克重了。月球的体积是地球的 1/49,如果把地球比喻为一个西瓜的话,月球就只能算做一个苹果了。

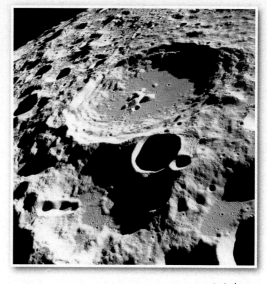

月球表面

月球表面覆盖着一层厚5~10厘米、像灰尘似的细沙组成的土壤，被称为月壤，这些沙粒的直径不到0.03厘米。绝大多数的月壤元素与地球土壤元素一致。月壤是在月球形成后几十亿年的漫长岁月中，月球表面的石头遭受无数次其他天体撞击，形成粉末而形成的。通过科学考察，科学家知道，由于月球高地上的石头被撞击的时间长，形成的粉末就多，大约有10厘米厚，月海里的石头被撞击的时间短，形成的粉末就少，大约有5厘米厚。

月面结构在太阳光斜射下很黑的影子

地球上有春夏秋冬的季节更替，有风霜雨雪的天气现象，有各种生物，而月球上却没有。月球大气非常稀薄，大气密度大约是地球的一万亿分之一，因此，通常以为月球没有大气，是一个超高真空的世界，比地球上实验室里刻意制造的最高级别的真空还要高得多。因为没有大气对光的折射，如果你在月球上行走，即使是在阳光明媚的日子仰望天空，看到的也是漆黑天幕中的满天星斗。由于没有大气，月球上是一个死寂的世界，没有一年四季，没有风雨变幻，除了月球南北极太阳永远照不到的地方可能有水冰外，月球上也没有水，没有生命和活动的有机体、化石，也没有有机体固有的有机化合物。由于月球上没有大气传递热量，所以白天和黑夜的温度变化非常大。白天太阳光照射的地方最高温度可以达到150℃左右，到了晚上没有太阳的时候，温度甚至可以下降到–183℃左右。因为没有大气传递热量，不管白天还是黑夜，在月球上，只要是太阳光照不到的地方，一下子就和晚上一样的寒冷，所以月球上的山峰向阳的一面就像火焰山一样，背面比冰窖还要冷。

月球上的白天和晚上交替非常明显，没有黎明和黄昏，白天是一片刺眼的阳光，太阳落山后，马上就是一片漆黑的世界。由于月球的自转周期长，它的昼夜也比地球上长得多，在经过两个星期的漫漫长夜后，紧接着就是两个星期的烈日当空。

地球上的一天是24小时，月球公转一周的时间是27日7小时43分11.5秒，这个时间长度我们称为一个恒星月。也就是说，月球上的一天相当于地球上的27天多一点，在月球的同一个区域，大约有14天阳光普照，有14天是寒冷的黑夜。

月球以1.02千米/秒的速度，在稍扁的轨道上绕地球公转，离地球有时候近，有时候远，离地球最近时的距离为363300千米，最远时的距离为405500千米，人们现在用激光测距法精确地测出地球到月球的平均距离约为 384401 千米，这个距离相当于绕地球赤道走 10 圈那么远。

月球离地球的距离并不是一直不变的。据科学考察发现，月球每一年都会从地球上吸取一点自转的能量，这个能量使月球在轨道上向外偏离 3.8 厘米，也就是说它每年离地球远 3.8 厘米。当月亮形成的时候，它与地球的距离仅仅是 22530 千米，而现在的平均距离已经到了 384401 千米，而且随着时间的推移，月亮会走得越来越远。

据科学家预测，在月球刚形成不久的时候，月球内部曾经释放出大量的气体，形成了浓密的大气层，但是由于月球的质量太小，产生的引力很小，没有办法把这些大气保持住，因此，只能眼睁睁地看着这些大气跑掉了。

由于月球上没有大气层对宇宙射线、太阳风和太阳耀斑进行遮挡和过滤，这些射线可以长驱直入，使得月球上这些射线的强度远远大于地球，所以，在月球上擦防晒霜就不管用了，需要用特殊的防护手段才能保证不被紫外线烧伤。由于声音是通过空气来传导声波的，也就是说，人们所以能听到声音，是由于耳朵接收到通过空气传来的声波，而月球上处于真空状态，没有空气传导声波，因此，即使近在咫尺，也听不到另一个人说话的声音。

月球上布满了石头，但各个地方的石头成分是不一样的，这些石头中含有大量矿藏，目前已发现了 100 多种，其中，绝大多数矿物的成分和构造与地球的矿物相同，另外，还发现了"静海石"等 5 种在地球上未曾发现的矿物。

月亮有一些黑灰色的大斑块，这些大斑块就是月面上广阔的月球盆地和平原。

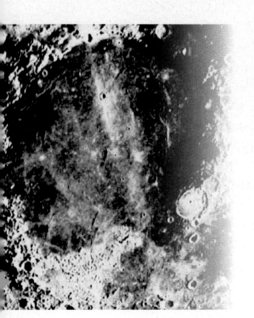

月球表面的环形山

月球表面的样子实际上是很难看的。这是因为月球的表面并不是平坦的，而是由大大小小的月坑、月球高地、月海、悬崖和沟壑等组成的；从局部来看，月球表面上有松软的月壤、斜坡、小坑和裸露着的大量的岩石组成的团块物体等。

由于月球上没有大气层保护，所以即使是非常小的天体都会直接撞击到月球表面上，给月球留下像人生疮后形成的块块疤痕。因此，如果在月球上空环绕一周，会看到月球表面上到处都是密密麻麻大大小小的凹坑。据统计，月球上直径大于 1000 米的凹坑就有 33000 多个，总面积占月球表面的 10% 左右，因此月球表面看起来实际上是个麻子脸。

月球表面上到处都可以看到一些大小不同灰色的的石头，这种石头像是用沙子垒成的，不像地球上的石头那样坚硬。科学研究认为，月球上的石头是通过岩浆或火山作用形成的，可粗略地分为玄武岩、斜长岩和角砾岩三类。这些石头碎块的直径一般小于25厘米，最短尺寸与最长尺寸的比值一般在1:1至1:5范围内。石块既有圆形、矩形的，也有凹坑形或泡形的。据估计，典型的月球石块密度为每平方厘米能承受2.8~2.9千克的重量。在太阳光下，大部分要比月壤物质显得更亮一些。

科学探测发现，月球表面的高地、悬崖，以及撞击坑内侧的坡普遍都比较陡，一般的都大于30°；撞击坑的外侧，坡度就相对比较缓一些，一般小于25°；月球表面的高地地区地形起伏，平均坡度小于30°；月海地区地势平坦，最大坡度可达17°。

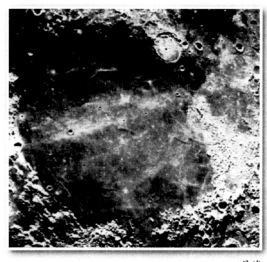

月海

在很早的时候，伽利略用非常简陋的望远镜第一次看到它们的时候，看到的是月球上有亮的区域和暗的区域，那些亮的区域是高地和山峰，而暗的区域到底是什么呢？他没法看清楚，猜想可能类似地球上的海，于是就把它们叫做"月海"，并且起了云海、湿海之类许多新奇的名字。实际上，月球上的海里面根本没有海水，只是一片光秃秃的平原盆地。尽管如此，科学家还是保留了这些名字。月海盆地的面积大约占月球总面积的30%，绝大多数月海分布在月球的正面，月球上最大的盆地是"风暴洋"，相当于半个中国陆地的面积。据科学探测发现，月海地区的地形相对比较平坦，最大坡度约为17°，一般坡度在0°~10°。

我们看到的那些白色的地方就是月球上的高地了，这里是一些星罗棋布的山峦，科学家称为环形山。一般高出月海2000~3000米，高地的石头和土壤是浅白色的，所以对阳光的反射率要高一些，从地球上看起来，比月球上的其他地区要亮一些。

科学家曾经根据月球探测器拍摄的照片对到底有多少环形山进行过统计，得出的数字是：月球上对准地球一面、直径超过1000米的环形山有33000多个，直径小于1000米的就无法统计清楚了，而月球背面的环形山比正对地球一面的还要多呢。

在地球上，我们用普通小天文望远镜就可以看到月球上一般直径大于160千米的环形山。月球上最大的环形山是月球南极附近的贝利环形山，直径达280千米，排在第二位的是一座比较靠近南极的克拉维环形山，直径为240千米。月球上的环形山有的相当高，最高的环形山是牛顿环形山，高达8788米。人们也许会问，月球上为什么会有这么多高山呢？科学家的解释是，地球上的山脉由于有风吹日晒，雨水雪水冲刷等原因，随着时间的推移，会发生风化，于是在不断地变矮，比如说，喜马拉雅山在岁月的更迭中就变矮了几十米，而月球上则不同。由于月球上没有流水、冰河、风沙以及雨雪侵蚀和风化，因此，这些环行山它诞生的时候有多高，就几乎一直是那么高。

通过观测，科学家发现，一些环形山还向四面散射着光带，这些光带被称为辐射纹。位于月球南半球的有一座环形山竟有 12 条辐射纹，最长的可达 1800 米，景色十分壮观。

据科学探测人们知道，环形山地区比月海地区的起伏要大得多，最大坡度约为 34°，一般为 0°~23°。撞击坑内侧坡度很陡，在 25°~50° 之间，一般为 35°，外侧坡度很缓，只有 3°~8°。

月面辐射纹

科学家把观察到的一些著名的环形山都冠以科学家或天文学家的名字，比如，在位于月球赤道附近非常醒目的地方有两座环行山被分别叫哥白尼环形山和柏拉图环形山。在月球背面，有 5 座环形山以我国科学家的名字命名。他们是战国时期的天文学家石申，东汉的天文学家张衡，南北朝的数学家、天文学家祖冲之，元代的科学家郭守敬。人类飞天的先驱者我国明朝人万户也名列其中。

月球上的环形山到底是怎么形成的？长期以来科学家对此一直争论不休。归纳起来，科学界主要有两种说法，一种是"火山假说"，这种假说认为月球上的环形山是过去月球上的火山喷发造成的；另一种是"陨石假说"，认

月球上最年轻的撞击盆地薛定谔环形山

哥白尼环形山

为这些环形山是外来的小天体，如小行星、彗星、流星落到月面上撞击而成的。现在，不少人又对这两种说法进行了折中认为，大的环形山可能起源于火山，而小的环形山则是陨石造成的。

月球的轨道与地球赤道面差120°，而与黄道面比较接近。

月球的化学元素全部可以在地球上发现，但是，月岩中所含的铝、钙和钛等化学元素比地岩中要多6倍，而铁、钠、镁却很少。

在我们的眼中，月球像一个圆圆的大皮球，实际上，科学家认为，可能是由于地球重力影响的结果，月球在总体形状上有轻微的不对称现象，因此，月球并不是一个非常圆的球体，它的形状更像是一个鸡蛋，当你在夜空中举头望月时，它那鸡蛋形的两个尖端之一就正对着你，所以，在人们的眼中月球是圆形的。

月背面的代达鲁斯环形山

月球不仅形状像鸡蛋，它的内部结构也像鸡蛋一样，包括蛋壳（月壳）、蛋清（月幔）和蛋黄（月核）三个部分。所不同的是，鸡蛋壳的厚度基本上是一样的，而月球的壳不是，月壳正对着我们的一面比较薄，而背对着我们的那一面比较厚。月球有一个厚达60千米的月壳，一个达60~1000千米深度的相当均匀的岩石圈和一个达1000~1740千米深度的部分液化的岩流圈。可能是由于地球重力影响的结果，月球在总体形状上有轻微的不对称现象，通过考察科学家发现，月球的质量中心并不在其几何中心的地方，而是偏离中心大约有2千米，月球大的质量密集区位于大型月海盆地的表面之下。

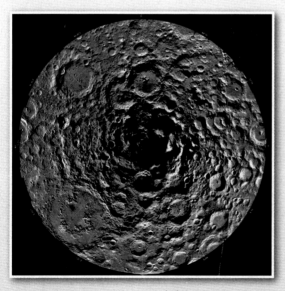

月球南极附近地区拼接图

在月球上，大部分由火山熔岩充填的大型月海盆地在正对着我们的正面。科学探测还推断，月球核心不可能是一个很大的铁质核心。

根据对月球各类岩石成分、构造与形成年龄的研究，科学家认为，月球演化的重大事件可归纳为以下几个阶段：月球约形成于45.6亿年。月球形成后曾发生过较大规模的岩浆洋事件，通过岩浆的熔离过程和内部物质调整，于 41 亿年前形成了斜长岩月壳、月幔和月核。在 40~39 亿年前，月球曾遭受到小天体的剧烈撞击，形成广泛分布的月海盆地，称为雨海事件。在 39~31.5 亿年前，月球发生过多次剧烈的玄武岩喷发事件，大量玄武岩填充了月海，厚度达 0.5~2.5 千米，称为月海泛滥事件。31.5 亿年以来，月球内部的能源逐渐枯竭，未发生大规模的岩浆火山活动与月震，但小天体的撞击仍不断发生，形成具有辐射纹及重叠的撞击坑。

科学家考察发现，月球还是一个"老寿星"，月球上有的岩石比地球寿命还要长。

雨海盆地周边的群山

月球表面（蓝色为月海，土红色为月陆）

月球为什么是"变形金刚"

自古以来，人们对月球最熟悉的就是它时而是圆的，时而是弯弯的，有时候是半个夜晚的弦月，有时候又是整个夜晚都看不见它，并且月球的这种形状还是有规律的，月球形状的这种变化，天文学上叫做"月相盈亏"。月球的这种盈亏现象到底是怎么回事呢？

月食系列图片

我们知道，月球除了绕轴自转外，还围绕着地球公转，这样，月球、地球和太阳三者的相对位置就时时在发生着变化。

月球本身是不会发光的，只是由于太阳把光芒照到月球上，再通过月球反射到地球，我们看到的月亮才是亮的。在农历每月初一的时候，月球位于地球和太阳之间，这时，月球背对地球的一面被太阳照亮了，月亮也就没有光反射到地球上，因此，人们整夜看不到月亮，这时候的月相在天文学上称为新月，或称为"朔"。在农历月中十五、十六时，地球处于月球和太阳的中间，照射到月球上的太阳光反射到地球上，我们看到的是圆圆的满月，或称为"望"。从新月到满月，月相由缺到圆，其中，在每月的农历初七、初八的时候，我们看到的月相明暗各占一半，这个时候的月亮称为上弦月。从满月到新月，月相又由圆而缺，在农历每月的二十二、二十三时，又是明暗各占一半，这时候的月亮称为下弦月。在其他的时间里，月亮弯弯的，像一把镰刀的样子，人们把它叫做"峨嵋月"。

在月初的时候，月亮和太阳一起升起来，又一起走下山，后来，月亮就开始比太阳下山的要晚。到了上弦月的时候，太阳落山的时候，月亮正好在我们的头顶和正南方，子夜的时候，从地平线上消失。到了月中，太阳落下山了，月亮才懒懒地走出来，到半夜的时候，月亮正好走到我们头顶。后来，月亮一天比一天起来的晚，到了下弦月的时候，太阳早已下山，月亮还没有起来，到了半夜，才懒懒地从东方露出脸来，当太阳出来的时候，它才刚刚来到我们的头顶上。这样，再到下一个新月的时候，月亮就比太阳慢了一周，又是同升同落了。

日有日食，月球也有月食。月球在天球上移动的轨道，称为白道，相对黄道的倾

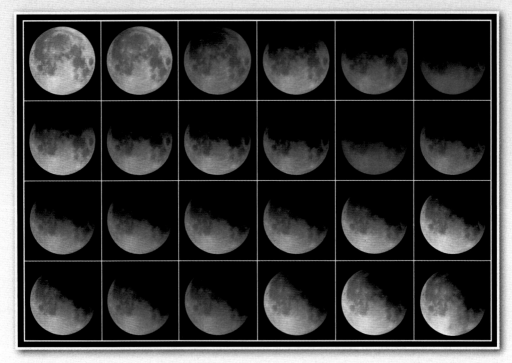

月食全过程

斜角度为5°9′。白道与黄道相交于两处，在此交点成新月，也称"朔"时发生日食，成满月，也称"望"时则发生月食。

为什么会发生月食呢？我国科学家张衡在《浑天说》的基础上，科学地阐述了月食产生的原因。他在《灵宪》一书中这样写道："月光生于日之所照，魄生于日之所蔽。当日则光盈，就日则光尽也。"这句话的意思是，月亮本身是不发光的，而是太阳光照射到月亮上，月亮才折射出光来，太阳光照不到的地方则出现亏缺，如果月亮进入地影，就会发生月食。这个观点，科学地揭示了月光机理和月食成因。张衡是人类最早揭示出月食成因的中国科学家。

月食可以分为月全食和月偏食两种。在整个月食过程中，如果有那么一段时间月球完全钻进地球的影子里，就称为月全食；如果自始自终只是月亮的一部分进入地球的影子里，就叫做月偏食。因为地球要比月球大得多，地影又粗又长，地影要么把月球全部遮挡住，要么只遮挡一部分，因此，月食只有月全食和月偏食两种。

月球的环境

　　月球环境是十分奇特的。月球环境主要包括月球重力场、磁场、辐射、大气、流星体、月面温度、月球尘、月面地形地貌等。这些环境，科学家们还把它分为近月空间环境和月球表面环境。近月空间环境包括辐射、大气和流星体等环境；除了近月空间环境因素之外，其余环境因素为月表环境。

　　我们先来看看近月空间环境。

　　首先，近月空间处于辐射环境中。科学研究发现，月球辐射环境主要是有三个带电粒子源组成的，这三个带电粒子源是太阳风等离子体、太阳宇宙射线和太阳系之外的高能银河宇宙线。太阳风等离子体主要由氢和氦的核子组成，是月球大气的主要来源。太阳风到达月面的速度约为 400 千米 / 秒；太阳宇宙射线主要由氢和氦的核子组成，也包括少量的重核子，太阳宇宙射线发生在太阳耀斑强烈爆发期间，太阳耀斑活动周期为 11 年，太阳宇宙射线的强度随耀斑活动变化而变化；银河宇宙射线带电粒子主要由能量极高的原子核粒子组成，来自太阳系之外，但是，粒子的通量远远小于太阳宇宙射线。

　　近月空间和月表环境为真空环境，月球环境的真空度比地球轨道的真空度约高 2 个数量级。此外，近月空间还处于流星体的环境之中。月球表面受到流星体和微流星体的轰击，撞击速度范围 2.4~72 千米 / 秒。

　　再来看看月球表面的环境。

　　月球表面处于月球重力场环境之中。我们知道，月球重力为地球重力的 1/6。根据月球探测的结果，月球表面只存在很弱的磁场，出现最大磁场的区域为最早形成的古老月球高地的区域，而整个月球没有全球性的偶极磁场。也就是说，如果在月球上使用指南针，东南西北是分不出来的。

　　由于太阳直接辐射、月球反照、月面红外辐射等因素，月球表面温度环境十分复杂。在月球轨道上，从黎明到黄昏太阳辐照度的变化约为 1%，而在月球午夜，太阳辐照降至 0。到达月球上的太阳辐照能，只有很小一部分又反射进入空间。据科学探测，月球的黑夜极限温度可达 –183℃，月面在受到太阳直接照射时的极限温度可达 150℃，温度差达 333℃。

　　探测结果表明，在月球表面一些地方存在着厚达几米的月表浮尘，科学家把这种物质叫做月尘。这些有几米厚的月表浮尘形成了月球本身和其空间环境相互作用的过渡层。一般认为，月表浮尘是宇宙空间中的微流星对月球岩石撞击粉化形成的。月尘的成分和月球本体土壤成分基本相似，尘埃的成分与尘埃粒子大小有关。人的肉眼难以分辨出月尘尘埃粒子，一般月尘粒子的直径大约为 70 微米，其中 10%~20% 的尘埃粒子的直径小于 20 微米。月尘的形状变化多样，从球状到多角棱形都有，但一般来说，月尘粒子呈现出一种细长形状。月尘尘埃粒子的导电能力非常低，所以其极容易带电，但其导电性能会随其表面温度、红外光照和紫外光照而发生变化。

当月球的阴暗界面（月球白天和黑夜的交替界限）交替的时候，由于太阳紫外辐照对月球尘的充电影响，使月球尘周期性地升起，离开月面有半米高。在着陆器的推进器点火和月球车行走时，也会扬起大量的月球尘。

月球上还会发生"地震"，科学家把它叫做"月震"。科学家发现，月球上至少存在着四类月震：①在表面以下700千米处发生的深层月震，这可能是由于潮汐引起的；②由陨星撞击引发的震动；③由坚硬的外壳膨胀引起的地热型月震，这在度过两周极度冰冻的月晚后，早晨太阳升起的时候发生；④在地表下20千米或30千米处发生的浅源地震。

月球的内部的能量已经近于衰竭，每年月震释放的能量仅相当于地震的百万分之一。自31亿年以来，月球没有发生过显著的火山活动和构造形成，因此，月球的"地质时钟"停滞在31亿年之前，至今仍保留了其早期形成时的历史状况。现在的月球是一个古老的、"僵死"的星体，没有生命和活动的有机体、化石或有机体固有的有机化合物。

月球与地球息息相关

我们知道，世界上的万事万物都是互相联系的，月球和地球也不例外。科学研究表明，与地球朝夕相伴的月球，在时时刻刻影响着地球的环境和人类的生活。可以说，从地球的环境、潮汐，到人们的情绪、健康，时时刻刻都受到月球的操控。比如，正是因为月球保证了地球上气候的稳定性，才使地球上没有极端性气候的出现，人类才可以在地球上幸存下来。

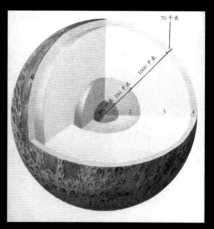
月球内部结构

月球是地球的"护卫舰"

月球从她诞生以后，就紧紧围绕着地球运动，伴随着地球的演化和发展。

在太阳系里，除了八大行星外，还有成千上万直径数百米到数千米不等的小天体像幽灵一样常常游荡在地球和月球附近，这些不速之客在穿过地球大气层后，较小的被大气层燃烧了，但是许多大一些的还没有烧尽，有的会落到地球上，成为我们常说的陨石。这些陨石小的即使落到地球上也没有事，而大一些的就危险了，据说如果一块泰山般大小的小行星落到地球上的话，就足以给地球上的生命带来灭顶之灾。

在漫长的岁月里，作为地球近邻的月球，一直充当着地球"保护神"的角色，月球用她的血肉之躯遮挡着来自宇宙空间威胁着地球的小行星，在保护了地球的同时，却在自己的身躯上，留下了大大小小的坑洞。因此，如果没有月球的保护，地球也许将遭受极大的灾难。正如有的科学家所说的那样，如果把地球比喻为一艘承载人类命运，航行在时间长河中的大船，那么，月球毫无疑问就是这艘大船的护卫舰。

月球绕地球转

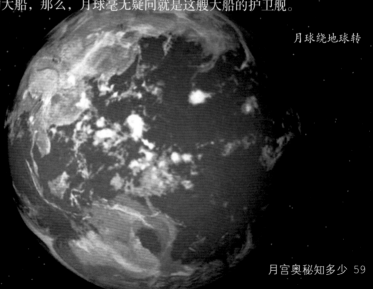

月球时时刻刻操控着海洋潮汐

钱塘大潮

看过大海的人，一定不会忘记潮涨潮落的壮观景象。在感受大海的宽广博大的同时，也一定会纳闷：大海为什么会有这种周期性的潮涨潮落现象呢？其实，这种潮汐现象的"总导演"是月亮！

早在我国古代的时候，我们的先民们就已经察觉到潮汐与月亮有关，比如，据考证，我国东汉时期著名的思想家王充是世界上第一个提出潮汐与月亮的运动有关的人。他在著作《论衡》中就曾经提出："涛之起也，随月盛衰。"

科学研究证明，地球上各处的海水每时每刻都在随着地球的自转不停地旋转，而旋转的海水由于受到离心力的影响，使它们有离开旋转中心的倾向。同时，海水还受到月球、太阳和其他天体的吸引力，因为月球离地球最近，所以月球的吸引力比其他天体要大得多。海水在这些外力特别是月球引力的作用下形成引潮力，这种引潮力使海水产生上升和下降的运动，这种海面的升降现象就被称为潮汐。由于地球、月球的不断运动，地球、月球与太阳的相对位置发生周期性变化，这就使潮汐现象周期性地发生。

由于月球绕着地球旋转，地球上的海洋受到月球的引力牵引作用，面对月亮的那一面就出现高潮。科学研究已经证明，月球引潮力大小和月球、太阳、地球三者的相对位置密切相关。在满月和新月时，太阳、月亮和地球都在一条线上，太阳和月球对地球的引潮力作用在同一方向，形成每月月圆时最大潮汐现象，我们称之为朔望大潮。而当月亮在最初的和最后的四分之一月牙时，形成的海潮就比较小。

月球周期性的环绕地球的轨道并不是一个规则的圆形，当月亮到达离地球最近处，我们称之为近地点时，朔望大潮就比平时还要大，这时的大潮被称为近地点朔望大潮。

每年的农历八月十八，我国钱塘江涌潮最大，潮头可达数米，这种现象是怎样发生的呢？其实引发钱塘江大潮的原因就是天体引力和地球自转离心的作用，此时地球、月球和太阳在一条直线上，地球受到月球和太阳的双重引力，海洋水面被"拉升"，这时潮水也被向上拉扯，由于杭州湾喇叭口的特殊地形，当由外来的大量的潮水涌进狭窄的河道时，湾内的水就会迅速被抬高，钱塘江流出的水受到阻挡，难以外泻，反过来又促进水位增高。另外，每当这个季节，当地又多刮东南风，也助长了水的声势，造成海潮来时声如雷鸣，排山倒海的架势，形成了钱塘大潮壮观的世界奇景。

科学家还发现，地球上的潮汐仿佛是一种小小的"刹车片"，这些牵引现象产生了另外一个有趣的现象，即通过牵引，地球的自转能量被月球一点点地"偷"走了，使地球自转周期减慢，同时，还使月球正在缓慢地远离地球。当然，人们也不要因此而害怕，因为每一百年地球的自转周期才减慢1.5毫秒，对于浩浩的历史长河来讲，这点时间实在是算不上什么。

月球影响着地球的环境

科学家经过研究发现，月相的变化还与海水污染有着密切的关系，这种观点听起来有点不可思议，可是，美国学者研究发现：月相变化影响海水受污染程度。研究人员认为，如果在新月或者月圆之夜到海上游泳的话，将会冒着比平常更大的危险，因为那时候海中的污染水平是最高的。美国著名斯坦福大学的研究人员对南加利福尼亚州60个海滩进行研究时，通过对监测的潮汐的数据、细菌的数据进行分析发现，海水的污染程度随着月相的变化而变化，在满月和新月的时候，水中的微生物水平是最高的，而且其存在的广度也极其惊人。这一研究为喜欢在海边嬉戏的人和海上娱乐经营管理者提了个醒，预防海上游泳潜在的危险性。

地球是一个开放的系统，科学研究认为地球上的自然现象和环境的变化，除了有地球自身内部的原因，地球外部力量的"牵扯"也是一个重要的原因，这些力量在影响着全球的气候与地理环境，而月亮的一举一动就可能对地球环境产生较大的影响。

我国一些研究人员分析了大量的分析报告后发现，在1954年至2002年的49年间，我国681个气象站共记录了223次典型的强沙尘暴事件，沙尘暴发生频次的极大值是每月的农历十五、十六，而发生频次的极小值是初七、初八或二十二、二十三左右，这正是上弦月和下弦月的时间。而月圆之日发生沙尘暴的机会是半月之间的2~3倍。他们因此得出结论：月亮每一次阴晴圆缺的细微变化在影响着地球的环境，比如，它可以掀起地上的沙尘，农历十五、十六更容易发生强沙尘暴。

沙尘暴在月圆之夜最容易发生，在半圆之时却很少出现，究竟是数据的巧合还是

上弦

规律的显示？研究者通过对地球月球引力之间关系的数值计算后，提出了三点理由：第一，在每月十五、十六的时候，月球对地球牵引力较大，而上弦月和下弦月之间恰是最小的。因此，在月圆时，地球整体在太阳和月球引潮力的作用下，产生了变形，这种拉力破坏了地球表面的土壤结构，本来压得比较结实的沙尘，因为这个拉力而松散了，因此，就更容易上扬。第二，地球表面的大气也受到这样的牵扯力，表现得更不稳定，容易形成上升气流，这也是沙尘天气发生的一个重要条件。同时，有科学家研究表明：每月十五、十六的时候，月亮最亮，这时反射到地球的光线也最多，这种变化可以导致夜晚大气的温度发生细微变化，这强化了大气的不稳定，这又是触发沙尘暴发生的一个因素。第三，随着月缺月圆的变化，地球自身的重力也在发生着改变，虽然它对地球表面的最大影响仅占地球自身重力加速度的四百万分之一，但它的减少必然引起沙砾重力和摩擦阻力的减少。不过，研究人员说，虽然统计分析结果表明，我国北方典型的强沙尘暴事件发生与月相之间存在较显著的关系，但沙尘暴发生的峰值，在朔望、上弦下弦月的时候，并不是对称分布的，这种现象除了可能原始数据有误差外，可能还说明了地球与月球之间相互作用是一个非常复杂的过程，还需要做大量的深入研究。

月球对于地球的影响绝对不仅仅是触发沙尘暴。有专家指出，月球对于地球引潮力的作用，可能诱发地震。目前，人类还没有攻克地震预报的难题，许多科学家正在通过研究月球与地震的关系，试图从中找出规律性的东西。

据了解，月球引潮力还会掀动大气，形成所谓的"气潮"。"气潮"可以影响气压和天气，比如满月时的气压往往较低，而美国国家大气研究中心也发现，全美国最厉害的暴风雨发生在新月后1~3天或月圆后的3~5天。因此，有人主张在预报天气时应考虑月相。

月球影响着人类的健康

　　人体 70％ ~80％ 的成分是由与海水相似的水分组成的，它犹如一个微型海洋，在月圆时免不了要受月球引力的影响而对人体中的液体发生作用，引起生物潮。满月时，由于月球引力的作用，人体内气压较低，血管内外的压强差别较大，使人体内的血液循环加快，使出血性炎症患者毛细血管更容易出血。老年人在十五的月亮之下，往往会伤血耗气，头晕目眩。对于患有心血管疾病的老年人，在这个时候最容易突发心脏病和中风，特别是患有心脑血管疾病的老年人发病率明显上升。

　　现代医学研究已经发现，月亮的运动对人的情绪和行为有一定的影响。人们通常认为月圆之夜人的情绪会变得心情舒畅，异常亢奋，看什么都会觉得顺眼，由于月亮把大地照得一片银白，人们就更愿意到户外走动，面对着高悬的明月，还会使人产生许多遐想，甚至忧伤，往往夜半也难以入睡。而漆黑的夜晚，往往使人的情绪低沉、沉闷，睡意早早就会来到。这些现象都是因为月亮的电磁力影响人的激素、体液和电解质的平衡，使人体的生物功能发生微妙的变化，从而引起人情绪的波动。

　　美国詹姆士·吉姆曼博士已研究证实，月球引潮力最大及增大时可使血液循环产生向上、向外的力量，这种力量作用使患有肺血管损伤的肺结核病的人，容易导致肺血管破裂，引发咯血；这种力量作用将引起患者已扩张变薄肛门的直肠血管丛出血；这种力量作用还将引起有心脑血管疾病的患者心脑血管意外。英国曼彻斯特皇家医院弗利皮克教授研究发现，在月圆之夜，肺结核患者出现咯血率比平时增加 20.5％，咯血量也增多 32.1％；痔疮病人的出血率增加了 41.4％；心脑血管意外的发生率增加了 29.5％。因此，在月圆的时候，老年人和患有脑血管和心血管疾病的人，就更应该避免剧烈活动，减少疲倦感，保持充足的睡眠，处事乐观，最大限度地减少血压的波动，避免和化解月圆之夜产生的各种影响。

专家通过大量的研究认为，月球的磁场相对较弱，不会对地球生物体产生太大的影响，但是月球对地球的引力却可以导致地轴位置发生微小的改变，从而使地球的磁场改变作用于人体的器官和组织细胞，致使人体的生理功能和人的情绪发生某些变异。

还有的科学家经过研究认为，月亮这种神秘的力量，可以使得精神病患者常在月圆之夜发病。美国的医学专家曾经研究证实，精神错乱与月亮盈亏有关，月圆之夜能刺激梦游患者，加快他们发病频率。医学专家在英国伦敦召开的世界神经病学大会上发表一份临床研究报告，接受研究的病人患有癫痫症，但只有在满月时才会发作。另外，据报道，近几年英国每年都有 300 多人在月圆之夜服毒自杀。

还有的国内外学者发现，月亮对妇女月经及分娩也有明显影响。我国《黄帝内经》称妇女月经为月事，"三旬一下"。李时珍在《本草纲目》中也明确地论述妇女"其血上应太阴（月亮），下应海潮。月有盈亏，潮有朝夕，月事一月一行，与之相符，故谓之月水、月信、月经。经者，常候也。"现代医学研究证明，正常的月经周期是二十八天左右，这与月亮盈亏周期十分接近。德国的妇科专家调查了上万名妇女的月经周期后发现，妇女在满月的夜晚月经来潮时，出血量可能成倍增加，在月亏的情况下月经来潮，出血量就比较少。

日本京都帝大医院对 1000 多名产妇的分娩情况进行统计后，也发现婴儿的出生与月球的引力有明确的关系，即在满月或满潮这个月球对地球引力最大的时刻出生的婴儿比其他时候要多。美国有一项 150 万名婴儿的出生数据表明，在满月前二十四小时出生的婴儿数目显著增加。直到第二天夜晚，这个数字仍高于日常的平均数。

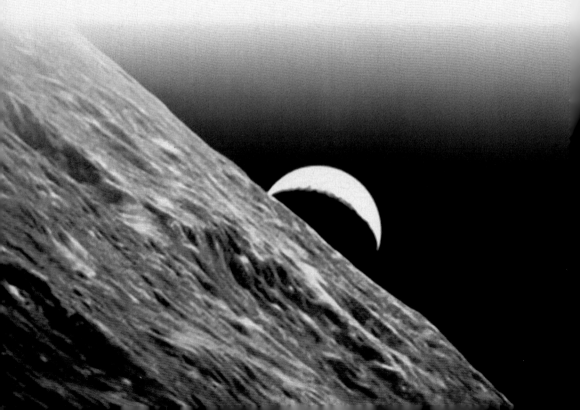

人类衷情月球为哪般

月亮传说

美丽的月宫，给人们留下了许多传说。

希腊神话中的女神传说。希腊神话中的月亮女神有三位，一位是代表新月的菲碧，一位是代表满月的赛勒涅，一位是代表弯月的阿尔忒弥斯，因希腊神话的第五代（宙斯一代）最为人所知，而阿尔忒弥斯是奥林匹斯十二主神之一，因此，大部分人只知道后者。日本也有"月亮女神"的传说，日本的月亮女神又称为"辉夜姬"。

在中国，关于月亮的传说有很多，其中最著名的要属嫦娥奔月、吴刚伐桂和玉兔传说了。

吴刚伐桂传说。传说月亮上的广寒宫前有一棵高五百丈的月桂树，生长繁茂。树的底下有一个人在砍伐它，但是每次砍下去之后，被砍的地方又立即合拢了，几千年来，就这样随砍随合，这棵桂树一直在那里站着。

据说这个砍树的人名叫吴刚，是汉朝西河人，曾跟随仙人修道到了天界，但是，由于他犯了错误，仙人就把他贬谪到月宫，日日做这种徒劳无功的苦差事，以示惩处。李白诗中有"欲斫月中桂，持为寒者薪"的记载。

玉兔传说。千百年来，人间还流传着许多版本的玉兔传说。

玉兔传说之一：相传有三位神仙变成三个可怜的老人，向狐狸、猴子、兔子求食，狐狸与猴子都有食物可以济助，唯有兔子束手无策。后来兔子说："你们吃我的肉吧！"就跃入烈火中，将自己烧熟，神仙大受感动，把兔子送到月宫内，成了玉兔。

玉兔传说之二：传说很久以前，有一对修行千年的兔子，得道成了仙。它们有四个可爱的女儿，个个生得纯白伶俐。

一天，玉皇大帝召见雄兔上天宫，它依依不舍地离开妻儿，踏着云彩上天宫去。正当它来到南天门时，看到太白金星带领天将押着嫦娥从身边走过。兔仙不知发生了什么事，就问旁边一位看守天门的天神。听完嫦娥的遭遇后，兔仙觉得她无辜受罪，很同情她。但是自己力量微薄，能帮什么忙呢？想到嫦娥一个人被关在月宫里，多么寂寞悲伤，要是有人陪伴就好了，兔仙忽然想到自己的四个女儿，便萌生了一个想法，于是，它立即飞奔回家。

兔仙把嫦娥的遭遇告诉雌兔，并说想送一个孩子跟嫦娥作伴。雌兔虽然深深同情嫦娥，但是又舍不得自己的宝贝女儿，这等于是割下它心头的肉啊！几个女儿也舍不得离开父母，一个个泪流满面。雄兔语重心长地说道："如果是我孤独地被关起来，你们愿意陪伴我吗？嫦娥为了解救百姓，受到牵累，我们怎么能让她孤独呢？"

孩子们明白了父亲的心，都表示愿意去。雄兔和雌兔眼里含着泪，笑了。它们决定让最小的女儿去。于是，小玉兔告别父母和姐姐们，到月宫里终年陪伴嫦娥去了。

　　玉兔传说之三："玉兔捣药"，道教掌故之一。见于汉乐府《董逃行》。相传月亮中有一只兔子，浑身洁白如玉，所以称作"玉兔"。这种白兔拿着玉杵，跪地捣药，成蛤蟆丸，服用此药丸可以长生成仙。久而久之，玉兔便成为月亮的代名词。古时候，文人写诗作词，常常以玉兔象征月亮，像辛弃疾的《满江红·中秋》即以玉兔表示月亮。至于诸多旧小说，也常常使用此等掌故以暗示月亮。在道教中，玉兔常常与金乌相对，表示金丹修炼的阴阳协调。

　　除此以外，在我国唐代，还有杨贵妃变月神、唐明皇游月宫等神话传说。

　　千百年来，人们对月球既好奇又关注，如果说人类最早对月球表现出强烈的好奇，是源于想知道月球究竟是什么样的话，那么，随着对月球了解的逐步深入，人类就不满足于仅仅知道它是什么样的了，而是把关注的目光转向对月球丰富资源的开发利用上了。

月球探测意义重大

随着科学技术的日益发展和对月球科学研究的日益深入，人们发现进行月球探测活动，对于深入开展月球科学研究，更为深入地了解月球这个地球的近邻，利用月球资源，有着十分重大而深远的科学意义和应用意义。

利用月球资源。20 世纪70 年代初，美国科学家开始对"阿波罗"飞船带回的月球岩石和土壤进行分析研究发现，这些来自月球表层 5

未来的月球采矿业

厘米厚的土壤中，含有 55 种矿石，这些矿石中有 6 种是地球上所没有的，其中硅、铝、铁等资源还非常丰富。还有，月球上存在着非常丰富的能源。月球表面覆盖着一层岩屑、粉尘、角砾岩和冲击玻璃组成的细小颗粒装物质，其中，含有由太阳风粒子积累所形成的气体，如氢、氦、氖、氮等。这些气体在加热到 700℃ 的时候，就可以全部施放出来。其中含有的氦-3 气体是用来进行核聚变反应发电的高效燃料，利用氦-3 进行热核反应，产生的放射性最低，具有经济安全两大优点。另据计算，从月球中每提炼出一吨氦-3，还可以获得 6300 吨氢气、700 吨氮气和 1600 吨含碳气体。所以，通过采取一定的技术来获得这些气体，对于人类找到新的能源是十分重要的，正是月球上这些丰富的资源，鼓舞着众多航天国家跃跃欲试。

带动科技进步。月球是人类研究宇宙和地球本身的最佳平台。科学家认为，月球表面含有能够追溯到数十亿年前被彗星和小行星碰撞的记载，而在地球上这种记载已被大气层所掩盖，这种环境是人类的宝贵财富。通过利用月面上没有人为改造和破坏的某些本来面目，了解月球的成因、演变和构造等诸方面的信息，有助于了解地球的远古状态、太阳系乃至整个宇宙的起源和演变，有助于搞清空间现象和地球自然现象之间的关系，可以极大地丰富人们对地球、太阳系以至整个宇宙起源和演变及其特性的认识，从中寻求有关地球上生命起源和进化的线索。同时，对月球的探测活动，还可以大大带动人工智能机器人、高超音速飞行、光学通信、耐高温材料等一大批相关高新科学领域的发展，对人类文明产生不可估量的重大影响。

彰显综合国力。当今世界许多国家都越来越清醒地认识到，只有在月球探测上有所作为，才能成为真正意义上的航天大国，才能在分享空间权益上拥有更大的发言权。

毋庸置疑，月球探测需要雄厚的物质基础做后盾，需要航天高技术的发展为依托，离开了这些就无从谈起。因此，月球探测是一个国家综合实力的体现，是航天技术发展水平的象征，是提升国家地位的载体。

开发月球

开展天文观测。月球表面的地质构造极其稳定，月球直接承受太阳的辐射，没有大气层对光线和电波的吸收、散射和折射等干扰，没有尘埃污染，没有磁场，月球的背面没有人造光源和射电的干扰，地震很微小，加上月球有漫长的黑夜，黑夜温度极低，这种环境为建造高精度天文观测台提供了理想的场所，在那里架设望远镜可以进行全波段的天文观测，获取地面观测系统所无法得到的信息。月球可以作为对太阳系、恒星系和银河系中的其他星体进行天文观测和研究的"风水宝地"。

利用月球环境。尽管月球上死寂一片，但月球空间和月球表面独特的自然环境资源却十分宝贵。月球上处于奇特的地面所不具备的环境，这种环境是地面所无法模拟出来的。比如，利用月球具有高真空、低重力的特殊环境，能生产特殊强度、塑性等性能优良的合金和钢材，还能生产出诸如超高纯金属、单晶硅、光衰减率低的光导纤维和高纯度药品等，再比如，利用月球特殊的位置资源，可以建设太阳能发电站，为地球提供充足的电能。

走向遥远深空。月球是人类向外层空间发展难得的基地。在月球上建立基地，然后以这个基地作中转，飞往火星及其他星球，要比从地球直飞大大节省能源。月岩土壤中氧占40%，可以就地生产推进剂和作为受控生态环境和生命保障系统的氧气来源。硅占20%，可以用作制造航天器的太阳电池阵，其他金属可以制造航天器的各种部件设备。人类将来还要开展大规模的宇宙航行，到广阔的太阳系宇宙空间探测，甚至包括到广袤的宇宙空间去寻找人类的知己，有了月球这种宝贵的物质和位置资源，就可以用月球作中转站，为过往的航天器进行检修和补充燃料，这样会十分省力。

特别值得一提的是，月球还有极高的军事应用价值。

月球探测活动具有如此重要的意义，无怪乎随着现代科学技术特别是航天技术的发展，人类要开展一次又一次对月球的探测活动了。

月球留给人类的"悬案"

虽然人类发射了数十颗探测器对月球进行了近距离观测，特别是在上世纪60年代末，宇航员又登上月球，实现了对月球零距离的探测，取得了大量的研究成果，但是，月球留给人类的谜却是有增无减，这更加激起了人类开展月球探测的热情。这些谜团主要有集中在以下几个方面。

（1）月球是怎样形成的。月球到底是从哪里来的？是怎样形成的？这是一个十分古老的问题，人们对它的猜测和研究已有数百年了，可是，直到今天也没有搞清楚，围绕月球起源的问题，天文学家们众说纷纭。

（2）月球有多大年龄。月球的年龄一直是科学界的一个谜团。令人难以置信的是：从月亮上采集的90%的岩石标本要比地球上90%的最古老的岩石还要古老。由宇航员尼尔·阿姆斯特朗从月球"静海"收集到的第一块岩石被测定具有超过36亿年的历史，其他岩石经鉴定后，证实具有43亿年、45亿年和46亿年的年龄，据说还有一块竟然已经存在了53亿年之久了。一些科学家由此得出结论，月球远比我们的太阳系形成的还要早。

（3）月球被撞击后为什么像一架"大钟"一样长时间的振动？在"阿波罗"登月探险过程中，当登月舱抛弃第三级火箭、着陆和起飞的过程中，撞击坚硬的月球表面时，

由两辆四轮居住舱和核心组成的月球基地

宇航员们发现了一个奇特的现象：每一次撞击后，月球都像一只被敲击的大钟一样，持续一至四个小时发出振动。美国宇航局由此指出，月亮是中空的。可是，到底月球是不是空心的？除此之外，还有没有其他更加令人信服的解释呢？

（4）月球的阴影区的秘密。月球的阴影区被早期天文观测者们推测为干涸的海洋。可是这些"月海"为什么很奇怪地集中于月球的一侧。同时，宇航员们发现月海区域的表层非常坚固，要想用钻头钻出一个孔来，要费很大的劲。而通过分析那里的尘土标本发现，那些地区有钛、锆、钇、铍等地球上十分稀有的金属。这些发现让科学家们疑云重重，因为这些金属只有在很高的高温下，才会和周围的岩石融为一体。那么，当初，这样高的温度是怎样产生的？

（5）月球的放射性从何而来？科学考察得知，月亮具有很强的放射性，当"阿波罗13号"宇航员使用热探测器时，他们发现了异常高的读数。这表明在亚平宁山脉以下有高温热流。这就又带来一个谜团，因为根据推测月球的核心不仅不热，反而很冷。造成月球表面这样高的辐射的原因是什么？这些热核辐射材料(铀、钍、钾)从何而来？

（6）在月球上采集的纯铁为什么在地球上也不生锈？在人类进行的月球探测中，苏联和美国科学家都从月球上采集的尘埃中发现了含有纯铁的颗粒，苏联人发现这些从遥远月球上取回的纯铁颗粒在地球上几年后也不生锈。这些纯铁为什么在地球环境下也不生锈，科学家还无法给予解释。

（7）月球上空大量的水蒸气云团是怎样产生的？几次对月球的实地考察都证明月球是极其干燥的世界。一位月球专家曾经形容月球比地球的戈壁滩还要干燥100万倍。但是，奇怪的是"阿波罗15号"宇航员却发现了月球表面有259千米大的水蒸气云团。这一发现使科学家们万分震惊。类似于云、雾和水气及月表变迁的现象曾被天文学家们多次发现。

（8）月球的怪异磁场是怎么回事？早期的月球研究发现，月球的磁场很弱或根本没有磁场，而月岩的样品显示它们被很强的磁场磁化了。那么，这个磁场来自哪里？这对科学家们又是一次冲击，因为他们无法解释这些强磁场的来源。

（9）月球为什么有像玻璃一样的表面？宇航员多次登月考察发现，月球表面是一层玻璃状的物质。这个现象提示了月球曾受过高温热源的烘烤，月球表面为什么是这般模样？专家们分析猜测，这种现象可能是由于大量小陨星的撞击。还有的专家认为，三万年以前一次来自太阳的猛烈的火焰，使月球产生了这些变化。甚至还有人认为，这种玻璃状表面可能是核武器造成的，因为它与核武器造成的效果相似。

（10）月球内部神秘的物质聚集点之谜。早在1968年，围绕月球飞行的探测器就首次显示，玛丽亚环形山区地下有高密度物质聚集。当宇宙飞船飞越这些结构上空时，由于它们产生的引力，飞船的飞行轨道会稍稍降低，而当飞船离开这些结构上空时，它又会稍稍加速，这种现象清楚地表明月球内部存在着物质聚焦结构，以及它们巨大的质量。时至今日，科学家仍然不知道是怎么回事。

月球探测再掀高潮

进入20世纪90年代以来，月球探测的热潮又开始升温，世界航天国家重返月球，探索、开发月球的兴趣与日俱增。重新踏上月球这片银灰色的土地，实现揭开月球的奥秘，建立月球基地、月球工厂，开发利用月球资源的强烈愿望，正激励着人类向月球进军。

1994年1月25日，美国发射成功的"克莱门汀1号"探测器，奏响了人类"重返月球"的序曲。在环绕月球为期两个月的飞行中，"克莱门汀1号"拍摄了200万张月球照片，获得了月球铁和钛的分布情况和详细的月球全球数字地形图，部分地区的图像分辨率比已往的月球照片高出100倍以上。探测器还用激光对40处月球盆地进行测绘，获得了许多极有价值的专业地图，发现了深达12千米、目前太阳系中已发现的最大最深的环形山口，这一山口被命名为"艾特金"盆地。同时，还测量了月球引力分布情况。"克莱门汀1号"探测器的月球之行，进一步加深了对月球结构的了解。

1994年，欧洲空间局提出了重返月球、建立月球基地的详细计划。1994年5月，欧洲空间局召开了一次月球国际讨论会，会议一致认为人类在机器人技术、电子技术和信息技术等方面取得的巨大发展，已使欧洲对月球进行低成本的探测和研究成为可能。

1998年1月6日，时隔25年后，美国"月球勘探者号"探测器在"雅典娜2号"

运载火箭的托举下，从卡纳维拉尔角发射升空。"月球勘探者号"飞行40万千米，于1月12日进入环月轨道。"月球勘探者号"的成功发射，标志着美国"又快、又好、又省"空间探测战略的开始，奏响了人类重返月球、建立月球基地的序曲。

"月球勘探者号"探测器呈圆柱体，高1.2米，直径1.4米，质量295千克，造价只有3000万美元，配备5种科研设备，包括中子光谱仪、伽马射线分光仪，阿尔法粒子分光镜，磁力计和电子分光镜。装备精良的"月球勘探者号"此次月球之行取得了丰硕成果，而最大的成果是发现了月球上的水冰，这一发现对月球探测和资源开发将产生重大的影响。

1999年7月31日，在进行了一年多的月球探测后，"月球勘探者号"探测器按照预定方案猛烈撞击月球南极地表，试图进一步证实月球上是否有水，但遗憾的是并没有观测到科学家们预想中的那样，在探测器撞击月球的一瞬间，应该从陨石坑中溅起的水蒸气云。

为迎接大规模月球探测高潮的到来，美国、欧空局、俄罗斯、日本等越来越多的国家和组织正在实施重返月球计划，把月球探测纳入到最重要的空间科学计划，正在

月球岩石

未来月球基地的艺术想象图

酝酿在近 20~30 年内联合建立永久性月球基地，开发和利用月球的资源、能源和特殊环境。

人类 21 世纪的月球探测计划，将主要围绕着三个主要内容进行的，即发射若干颗探测器详尽了解月球表面和内部信息，为建立月球观测站做准备；派出宇航员登上月球，进行更为深入的考察活动，为建立月球观测站和月球基地做准备；建立月球观测站，为建立永久性月球基地做准备；建立永久性月球基地，开展大规模月球研究和资源开发，为使月球成为人类前往其他星球的跳板做准备。

由于技术力量不同，目的不同，侧重点不同，世界上各航天国家和国家集团所制定的月球探测计划也是各具特色。

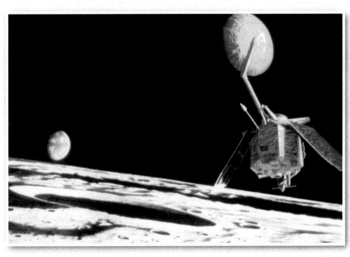

月球轨道探测器想象图

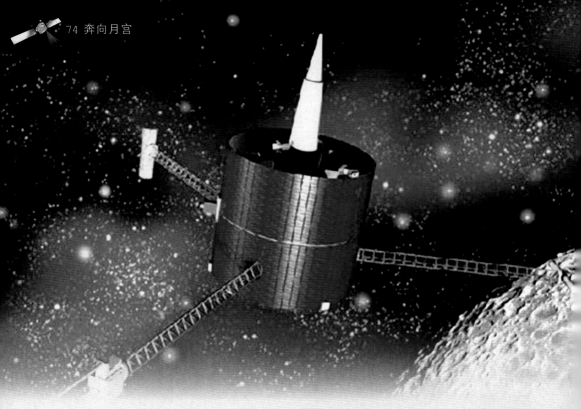

美国"月球勘探者号"

美国对月球深度探测

重返月球是美国宇航局面向 21 世纪初的重点项目。

作为美国重返月球计划的第一步,新型绕月卫星"月球勘测轨道器"正在研制,"月球勘测轨道器"的使命是对月球表面和月球环境进行前所未有的探测,所携带的各种探测器的测量结果,将对月球表面和月球环境进行前所未有的描述,为在未来 10 年宇航员和机器人选定登月地点,和为未来登月飞船的设计和研制提供有用的数据,它的考察成果对于人类重返月球的进度和方案具有重要意义。据了解,"月球勘测轨道器"的研制将在总结前几个月球探测器成功经验的基础上,采用成熟技术,分为 4 个阶段完成。

"月球勘测轨道器"项目和发射由美国宇航局下属的戈达德航天飞行中心负责,它由德尔它 –2 运载火箭发射,4 天后进入月球轨道,在进入轨道的最初 45 天内,将对其携带的仪器进行测试,然后开始执行探测任务。

"月球勘测轨道器"采用三轴稳定方式,质量在 1000 千克左右。总功率为 400 瓦,推进剂的质量占一半以上,这些推进剂既用于把探测器送入月球轨道,还用于让卫星保持在一定的环月轨道上。

"月球勘测轨道器"的探测目标主要有:①确定月球全球辐射环境。②绘制高分辨率月球全球地形图。③绘制高分辨率氧元素分布图。④测量极地阴影区的温度。⑤对永久阴影区表面拍照。⑥确定极地阴影区是否真的存在水冰。⑦初步选定可能的着陆地点。⑧描述月球极地的光照环境。

"月球勘测轨道器"将运行于圆形月球极地轨道上，在一年的考察任务完成后，将进入另一个运行轨道，并将在此后的几年里，作为通信转播卫星继续发挥作用。

"月球勘测轨道器"的有效载荷有6种，它们是：月球轨道激光高度计，其分辨率的测量结果将有助于确定月球全球地形，测量被选择的着陆点的地势，搜索月球基地阴影区的水冰。照相探测器，能够拍摄月球表面的细微特征，辨别对未来的月球车可能造成的危险。中子探测器，用来探测月球表面的中子流量，以寻找可能存在的水冰，还将用来探测对人类造成威胁的空间辐射环境。月球辐射计，用于测量月球全球表面的温度，有助于确定低温区域和可能存在的水冰。莱曼—阿尔法测绘分光计，用于提供永久阴影区的图像，搜寻月面冰冻沉积物。宇宙射线望远镜，用于研究银河宇宙射线的生物性影响。

为实现重返月球的梦想，美国宇航局已经着手开始建造新一代月球飞船，新的月球飞船名字叫"猎户座"。这种飞船不但可以为国际空间站运输人员和物资，而且还可以飞到月球轨道，甚至有可能将宇航员送到更为遥远的火星。

"猎户座"飞船由美国宇航局和洛克希德·马丁公司共同开发，计划于2014年飞到国际空间站，2020年前用它将宇航员送上月球。

美国宇航局工程师们确定了新飞船的最后设计方案，2006年9月，洛克希德—马

"猎户座"飞船

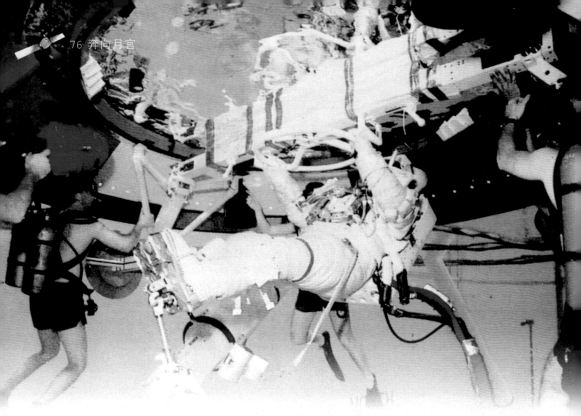

失重水槽训练

丁公司在其休斯顿的探索开发实验室展出了飞船原型。"猎户座"太空舱直径约 5.5 米，是"阿波罗"飞船可居住空间的 2.5 倍。目前设计的猎户座飞船驾驶员和指令长的座椅旁边各有一个窗口，对接通道在座舱的顶端，与空间站或登月运载器对接口也在这里。

"猎户座"驾驶舱有两种方案——往返空间站的 6 座位式和执行月球任务的 4 座位式都在设计中，座位采用可折叠的金属构架形式，以牢固的带子连接，这种设计的主要功能是可以保证在太空舱着陆后侧翻的情况下宇航员的安全。正对着主窗的空间用来放置电子设备及生活用品。

目前，美国宇航局新一代探月飞船"猎户座"已完成了初步设计，初具雏形。据介绍，新型登月飞船借鉴了"阿波罗"飞船和航天飞机许多成熟的技术，外形上与"阿波罗"飞船有些相似。这并不是说他们要模仿"阿波罗"飞船，而是由气动和物理特性决定的。因为虽然 30 多年过去了，航天技术有了很大进步，但是，飞船在飞行过程中的气动和物理原理是无法改变的。

"猎户座"登月飞船的新技术体现在电子与计算机技术和软件的巨大进步上，还体现在现代材料和制造工艺、更大的舱内空间以及安全性的提升等方面，与"阿波罗"飞船舱的直径为 3.9 米相比，"猎户座"飞船的舱体直径为 5.5 米。

"猎户座"飞船借鉴了航天飞机固体火箭推进器和主发动机技术，在安全性上有很大的改进，与"阿波罗"飞船只有一套备用系统相比，新型飞船具有双重的备用系统，事故概率由 1/220 降低到 1/2000。

在"猎户座"飞船硬件的研制上，美国宇航局有周密的计划。为了制造出更为安全可靠的飞船，负责研发的公司将首先研制出样机，在技术型和安全性上进行不断的改进后，再研制正式的飞船。新飞船的研制费用估计将达到45亿美元，运载火箭的研制费用估计将达50~100亿美元。

根据目前的设想，重返月球的宇航员将在月球上待7天，而美国宇航局说，他们有能力让宇航员在月球上生活半年后，再把他们送回地球，因此，在新型飞船的设计上，它们将能够在月球轨道上运行6个月时间。

"猎户座"飞船所有主要系统都集成在宇航员座位之上的倾斜触摸屏上，屏幕可以摆动，机长的座位位于主屏幕之下。这样，空间就比"阿波罗"大多了。除了运送宇航员外，"猎户座"飞船还可将科学研究和宇航员生活所必须的货物运到月球表面，既可保证宇航员执行月球探测任务，又为建立永久有人基地做准备。

"猎户座"飞船系统更加智能化，内部结构与设备比"阿波罗"飞船先进许多，具有21世纪的时代特征。洛克希德—马丁公司"猎户座"项目负责人克里奥·雷斯菲尔德表示："阿波罗"不是计算机时代的产物。在"猎户座"中，我们将采用智能计算机，屏幕之间有键盘，宇航员从中可以方便地获得需要的所有信息，不会再为计算庞大的数字和开关而烦恼。设计者还为宇航员设计了最好的操作系统、最好的窗户形状和其他方面。

"猎户座"的另一个关键部分是增加了两个太阳能电池板，为控制系统和主引擎提供电力，而原来的"阿波罗"号和现在的航天飞机的太空舱都是用燃料电池。

美国宇航局还投资1400万美元给波音公司，用于研究关键的飞船隔热板，以保护"猎户座"以超高的速度从月球安全返回地球。

据报道，与此同时，美国已开始进行登月宇航员的模拟训练。美国在距离佛罗里达州的凯斯国家海洋保护区的基拉戈海岸约8千米的海底，建设了一个叫"宝瓶宫"的水下训练基地，在这个基地里，对登月宇航员的训练正日夜如火如荼地开展着，负责训练的工程师通过海岸上任务控制中心的大屏幕，一天24小时对在"宝瓶宫"内训练的宇航员实施监控。

穿航天服的航天员准备下水

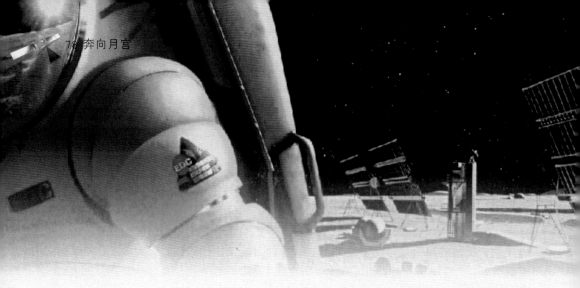

进驻月球基地的航天员

　　"宝瓶宫"是目前世界上唯一还在使用中的水下训练设施，其生活舱和实验室就建在一个深海珊瑚礁旁边。它的大小和国际空间站的居住舱差不多，长14米、宽3米、重约81吨，建在27米深的水下。虽然只有42平方米的空间，但淋浴、卫生间、微波炉、冰箱、联网电脑等设施一应俱全。宇航员在水下需要的空气来自固定在舱体顶部浮标的"生命支持设备"，空气、通信和电力通过一条"脐带"从该设备传到舱中。宇航员的"生命支持设备"主要由压缩机和发动机组成。

　　在这个训练馆里，为使宇航员尽可能长时间地适应月球基地任务，穿上潜水服，训练在月球上的太空行走技术，是宇航员经常要进行的训练科目。为了模拟月球上微重力的影响，在训练中，宇航员身上还系着带子、脚蹼上都分别加载了适当的重量，艰难地向前走着。承担训练任务的专家认为，这样才能使宇航员克服月球环境对走路的影响，学会在月球上走路。

　　在这个训练中心里，还将进行测试太空服成分、通信技术、导航战略、获取地质样本的方法、月球居留地施工技术和远程控制机器人操作训练……

远程月球漫游车

欧洲步伐稳健

欧洲空间局在 1994 年提出了重返月球、建立月球基地的详细计划后，2004 年 2 月又公布了"曙光女神"计划（AURORA），计划以月球探测作为技术演练、建立月球基地，在开发月球资源的基础上，以月球基地自然空间作为跳板和平台，实施载人登陆火星。

欧空局公布的月球探测计划同样雄心勃勃：2020 年前进行不载人的月球探测，2020~2025 年开始载人登月，2030~2035 年载人从月球登上火星。

吊装实验设备

欧洲的月球探测计划将进行三个方面或领域的月球研究工作：一是发射月球卫星，研究和获取高分辨率的月面地貌和地质图像；建立月面站和机器人系统，发射可返回的探测器，采样返回，建立月球前哨基地。二是在月球表面进行全方位的天文观测和月球的地质、构造及环境监测研究。三是建立生命科学研究基地，探索月球表面生存环境的形成，开展低重力、无磁场条件下的生理变化等航天医学工程研究。为实现上述目标，第一阶段，欧洲空间局计划发射数颗月球卫星，并把一部登月舱和月球车送上月球，考察月球南极地形、地貌和环境，为未来建立月球基地积累数据资料。第二阶段，发射月球遥控机器人，进行月球化学成分分析和物理探测。第三阶段，就地取材进行月球上的材料生产。欧洲空间局计划在今后几年发射数颗月球探测器，其主要目的是验证推进系统，为将来进行月球基地选址、了解月球水冰的分布等提供保证。

目前，世界航天国家都是用化学燃料作为动力推动航天器进行航天活动的，携带燃料的重量往往就成为决定航天器寿命的基本因素。因此，在一颗航天器中，燃料的重量几乎占了航天器总重量的一半以上。但是，欧洲科学家们想出了一个更新的办法——采用太阳能离子发动机作为主要推进系统，这样既节约能源，又减少了卫星携带燃料的重量；既可以延长探测器的寿命，又可以更多地携带科研设备。目前，该项技术正在试验阶段，已经取得了很大的成果。从这一信息可以看出，欧洲开展月球探测活动的侧重点是研究去月球的新方法和新技术，以加快航天新技术的演示验证，促进航天活动的发展。

欧洲月球 –2000 是由欧洲空间局提出的旨在探测月球资源的计划，该计划的目标是使带有月球车的探测器在月球南极火山口边缘软着陆，对月球土壤中的氧和氦 –3 含

探测器撞击月球探测是否有水

量进行分析。

该探测器包括了一个绕月卫星和一个月球着陆器。进入月球环绕轨道后,进行包括拍摄照片,研究太空环境,并为安全着陆提供数据, 经过 2 个月的飞行,然后绕月卫星和着陆器分离,在月球表面软着陆。

欧洲空间局也称欧空局,是近十年来新崛起的航天国家集团。在大推力运载火箭研制技术、应用卫星研制技术上的迅猛发展, 激起了欧空局国家在月球探测上独树一帜的强烈欲望。

分析人士称,欧洲探月行动没有美国、俄罗斯那般咄咄逼人的架势,然而他们素来"韬光养晦", 注重实效。从欧航局成立到探月计划的实施,欧洲从未表现出"赤裸裸的"抢夺月球和未来太空战争战略制高点的意图,而是着重强调"科研价值, 资源开发和实践人类梦想"。

欧航局探月计划首席科学家弗英曾在英国科学协会节上表示,欧洲希望在月球上建立一个"诺亚方舟", 将地球物种的基因存储起来,当地球遭遇核战争危机或小行星撞击时, 人类的生命可以得到延续。欧洲探月行动与其航空事业的定位息息相关,他们向来注重航天技术发展的民用功能。在欧洲新太空政策中, "欧洲价值观在太空探索中的体现"与"太空探索着重全球环境与安全监测"成为新政策的亮点。

欧航局并不禁止各成员国单独开展太空探索项目。在新一轮探月热潮中,德国、意大利和英国跃跃欲试。

英国公布探月计划 2010 年前发射两颗探月器。英国科学家希望, 将这项探月计划打造成一次全英式的奔月探险。在这项耗资近 2 亿英镑的计划中,英国准备在 2010年前后向月球发射两颗探测器,任务是探索生命起源和宇宙进化的历史。

第一颗探测器的名字叫"月球耙子"。据说这取自一部 1979 年上映的 007 电影即由著名影星罗杰·摩尔主演的《铁金刚勇破太空城》。 但"月球耙子"的使命完全和太空城无关。英国太空研究主要资助机构——英国粒子物理与天文学研究理事会的科学家们说, "月球耙子"和另一颗探测器的目的,是通过对地球近邻月球的探访,探索生命起源的奥秘和宇宙进化的历史,并为将来飞向火星和木星做好准备。"月球耙子"探测器将以软着陆的方式降落到月球表面,对月球的尘土和岩石进行分析, 寻找水和有机物存在的痕迹。如果着落成功的话,该探测器将成为首个在月球软着陆的欧洲探测器,并进行有史以来最为细致的月球表面数据研究。

第二颗探测器叫"月球莱特"。该探测器在接近月球后将沿月球轨道飞行, 然后向月球发射出 4 枚"射钉",深深地射入月球表面。4 枚"射钉"中,至少将有一枚射向月球南极或北极,一枚射向月球赤道,其余的射向月球背面地区。4 枚"射钉"

的任务，是通过对月球地震信息和温度信息的收集，分析月球的表面构成和地理活动，其最大测量深度，可达到地下2米。据英国科学家介绍，这4枚"射钉"每枚重约13.5千克，采用军工技术生产，以保护其内部设备在撞击月球时不受损坏。据悉，4枚"射钉"撞击月球时的速度将达到每秒300米。

英国科学家将发射"月球莱特"视为对探索木卫二的预演。木卫二是木星的卫星之一，由于其构成结构和地球相似，一直被认为是最可能存在生命的星球之一。"月球莱特"如果成功的话，将有助于进一步探索木卫二。

这两颗探测器的使命是寻找陨星撞击地球信息。此外，科学家们还希望在月球两极地区找到冰，并通过对冰构成的分析，判断地球上的水是否来自宇宙天体的撞击。伦敦学院大学的安德鲁·科尔茨说："在月球上找到有机分子物将会是一个巨大的成功，因为生命在那里没有可演变的方式。而且我们知道彗星可能是将水带往地球的重要方式，同样，它也许还把碳化合物带到了地球。在月球上找到有机分子物将为我们揭开地球生命起源提供线索。"英国虽然还从未独立向月球发射过探测器，但英国的太空研究历史相当悠久，英国科学家希望通过这次无人探测计划，打造一次纯英式的探月飞行。

据悉，"月球耙子"和"月球莱特"两项计划将分别耗资5000万至1亿英镑，由英国政府和民间机构共同承担。

飞船着陆舱正与移动式居住舱对接

　　总部位于巴黎的欧洲航天局成立于 1974 年，现有 17 个成员国（奥地利、比利时、丹麦、芬兰、法国、德国、希腊、爱尔兰、意大利、卢森堡、荷兰、挪威、葡萄牙、西班牙、瑞典、瑞士、英国）。它是欧洲国家政府间的空间探测和开发组织。欧航局官方宣言称，希望"集 17 国的人力、物力、财力，完成单个国家不可能完成的任务"。

其他国家紧步后尘

　　在美国、欧洲紧锣密鼓为进行月球探测和载人登月做准备的时候，其他航天国家也不甘示弱，纷纷制定自己的月球探测计划，并抓紧实施。

　　在人造地球卫星、载人航天和无人探测器接触月球中争得头功的俄罗斯，随着近几年来经济的好转，正在试图通过对月球和火星的探测，重振昔日航天大国的雄风。俄罗斯的月球计划拟分为三个阶段：第一阶段是 2001 年前建立月球探测网，为此将发射若干颗月球探测器，全面绘制月球图。第二阶段是 2010 年前后发射月球车，采集样本并运回地球研究，测定矿物质含量。第三阶段是在 2020 年后，建立月球基地，研究月球采矿工艺。俄罗斯航空航天局副局长莫伊谢耶夫宣布，俄罗斯将会在 2020~2025 年间在月球上建成一个自动化基地。

　　俄罗斯能源火箭和宇宙有限公司 2006 年 8 月 31 日宣布，俄计划于 2011~2012 年

日本未来的月球基地

展开首次载人环绕月球飞行，并在此后进一步开发月球资源。公司董事长尼古拉·谢瓦斯季亚诺夫当天在莫斯科举行的第五届空间大会上说，该公司月球探险计划分三阶段：一艘"联盟"载人飞船将飞往月球；在月球建立永久性基地；对月球表面展开工业性开发，特别是开采氦-3，以满足地球对这些资源日益增长的需求。显然，与美国一样，俄罗斯月球探测的主要目的也是月球资源。

1996年，日本提出了建造永久月球基地的计划，预计投资260多亿美元，在之后的30年之内建成月球基地，包括居住、氧和能源生产厂以及月球天文台等。

2005年1月，日本宇航开发机构重新公布了未来20年的太空开发远景规划草案，主要规划就是建立无人月球基地、通过国际合作开展载人航天活动以及建设作为小行星探测中转站的空港等。日本宇航开发机构计划在2015年向月球发射机器人进行探测，并开始在月球上建立以太阳能为能源的人类研究基地。

日本近期的月球探测计划主要有：于2015年后，在月球表面建立一个采用太阳能矩阵和红外干涉仪的月球极区定位观测站，对月球开展系统深入的研究。因为"阿波罗"计划所探测的只不过是月球的一部分，月球的背面等很多区域目前还是未知数。因此，日本发射的探测器将对这些区域进行仔细的勘测，以期得出精确的数据。在日本的月球探测活动中，进行月球表面基地建设的研究是日本整个宇航战略的关键，日本宣称争取20年后在月球表面建立无人探测基地，长远目标是建设一个6人的月球基地。其近期月球探测计划主要有：①发射月球探测器，进行月表成像、月震监测、月表热性质和热流通量的测量、月球内部结构和月核研究。②进行月球的全球性地形地貌、矿物岩石成分和内部结构的探测，进一步探讨月球的全球性演化。③2015年，在月球表面建立一个采用大型太阳能矩阵和红外干涉仪的月球极区定位观测站，对月球开展系统而深入的研究。④在2023年，研制载人往返系统，依据无人系统阶段的成果，建造有人系统。安装居住舱、食品生产舱和能源工厂。每间隔6个月运送一批宇航员，每批宇航员在月球居住半年。空间资源开发利用领域：2020年在太空建立一个巨大无比的太阳能发电系统，然后再将电能转换成微波，通过设立在地球上的微波接收站转化成电能，向使用部门输送。目前专门为此计划设立了项目小组。

日本将依靠自己的机器人技术，进行独创的探测活动。日本宇宙航天研究开发机构计划向政府提交一份财政预算草案，据悉，这项预算将比以前增加6倍，达到6万亿日元，约合570亿美元。上述目标的实现，雄心勃勃的日本将成为名副其实的第三个月球大国。

尽管目前这些计划尚无经费落实，但是日本宇航开发机构的负责人表示，希望能够得到政府的支持，以在利用月球方面采取更多重要的步骤。

据了解，2011~2012年，印度将发射"月船2号"探测器，该探测器同样为无人月球探测器。印度已经计划在2015年前发射载人航天飞船，还希望能在2020年前实现登月。这两项计划预计将投入15亿美元。印度太空研究机构负责人奈尔博士表示："这两项计划将完全由印度自主完成，印度将倾全国之力，调集国内最好的实验室和研发

月球航天器发射基地

机构参与这些计划。"

《印度时报》引述印度空间研究组织主席马达范·奈尔的话称，在印度第 11 个五年计划（2007~2012 年）中，至少有 70 项太空发展计划，是前一个五年计划的 2~3 倍。在这 70 项计划中，从间谍卫星、大推力火箭到火星探测，可谓应有尽有。

如果该项目得到政府的支持，印度可能将于 2015 年前后用地球同步卫星运载火箭发射首颗火星探测器。这颗重约 500 千克的无人探测器，有着功能强大的高分辨率远程传感解析装置，不仅能收集火星大气层的数据，对其化学成分进行具体分析，还可以对火星的地表和地下结构进行观测分析，寻找火星上的生命痕迹。预计火星探测过程将持续 6~8 个月，耗资 30 亿卢比，约合 6700 万美元。

我国制定了月球探测"三步走"的战略，目前，第一步已经取得圆满成功，第二步也已经紧锣密鼓地进行，诸如载人登月的计划也在论证中。

21 世纪重返月球的计划，各个航天国家的想法并不一样。大多数科学家认为，新一轮月球探测热背后，科学价值和经济利益并存。美国、俄罗斯、日本侧重于月球资源的开发利用，欧洲更侧重于航天新技术的演示验证，中国、印度的侧重点还是关于月球科学的基础研究。

月球科学研究和应用将从何入手

　　20世纪，人类虽然在月球探测上取得了巨大的成果，积累了大量的月球科学数据，大大加深了人类对月球的认识，但是，由于受技术和通信等原因的制约，月球探测活动还主要集中在月球的正面和表层，数据还缺乏足够的精度，由于采集到的样品不是太多，不具备完全的代表性，给科学家研究月球带来了很大的局限性，因此，对月球的认知程度仍然只是初步的，还有许多重大的基础问题亟待探索和研究。21世纪月球科学研究和应用的重点主要有：

　　（1）月球表面三维地貌到底是什么样的？月球表面到底长得什么样，一直是月球探测的最重要的内容，搞清楚这个问题，可以为科学家研究月球演化的现状和历史提供直接的证据。目前，月球表面二维地貌数据已经达到了较高的精度，但是三维地形图由于幅宽很窄，其分辨率和覆盖率都不够高，利用更为先进的遥感器，获得更高分辨率和覆盖率的数据，将加速对月球的研究工作，加深对月球的认识。

　　（2）月球的岩石类型和它们是怎样分布的。目前，对于月球岩石的描述还非常粗略，绝大部分岩石类型的划分还是根据推测得来的，新的月球岩石类型的发现，将成为今后月球探测的一个重点。

　　（3）月球的五脏六腑到底是什么样的？研究月球的内部结构，是月球研究的基本问题和月球探测的主要目标之一。目前，人类对月球内部状况的认知还非常肤浅，甚

月球基地想象图

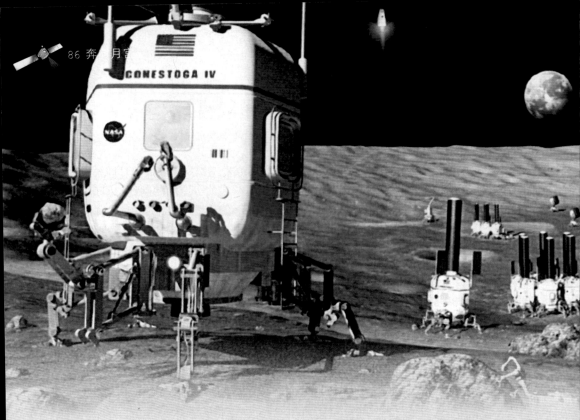

带有机械腿的移动式居住舱

至对月球的基本结构模型仍难以达到共识，这个问题非常需要在今后的月球探测中，加以研究。

（4）月球研究结果表明，月球在它的历史上曾经存在过比现在浓密得多的大气层，可是今天月球大气层如何变成仅约为地球的百万亿分之一？月球的古大气层是如何起源和演化的？后来又是如何消失的？将是月球研究的重要课题。

（5）月球是如何起源和演化的？月球的起源与演化是月球研究的基本问题。对月球起源和演化的认识，揭开月球起源的奥秘，将在很大程度上依赖于今后月球探测的成果。

在进行月球科学研究的同时，能否充分开发月球的能源资源、矿产资源、月表与月球空间环境资源，为人类所用，也是新一轮月球探测高潮兴起和开展大规模月球科学研究的重要动因之一。除了开发利用月球土壤里的氦－3外，月球上还可以接收到丰富的太阳能，测算表明，每年到达月球范围内的太阳光辐射能量大约为12万亿千瓦。假设使用目前光电转化率为20%的太阳能发电装置，则每平方米太阳能电池板每小时可发电2.7千瓦时。从理论上来说，可以在月球表面无限制地铺设太阳能电池板，获得丰富而稳定的太阳能。此外，在月球建成新的科学基地。其中包括设立月球天文台，这是因为月球上有着地球表面所不具备的观测条件。

简言之，人类在21世纪再度探月，主要担负了三个任务。第一，月球到底从何而来？第二，怎样开发利用月球上丰富的资源。第三，研究探索人类在月球上居住和生活的可能性。另外，月球还是一个待开发的旅游胜地。

永久性月球基地种种

建立永久性的月球基地，既是航天技术发展的结果，又是开发月球资源、建立月球工业农业和星际飞行等活动的需要，月球基地作为地球的延伸具有特别重要的价值。因此，建设"地球外的村庄"，一直是月球探测和研究活动的重要目标。几十年来，包括今天的一系列月球活动，都在为实现这一宏伟的目标而努力。

哪里是人类的月球家园？

月球虽然很大，但不是什么地方都可以供人类安家的，就像地球上要建房子需要选址一样，建设月球基地前也需要精心地选择好地址。

科学家认为，月球基地必须满足三个条件：一是基地必须能够与地球进行方便、及时的通信联系；二是月面比较平坦，有利于飞船的着陆和起飞；三是月面下有丰富的矿产资源，以便开采利用。根据第一要求，基地只能建在月球正面，根据第二和第三要求，基地只能建在月海上。由于月海多集中在月球北极，南极不多，因此，未来的月球基地建在月球北极的可能性是很大的。

如果将基地建在月球赤道附近面向地球，由于月球上每个月分成14个白天和黑夜，漫长的黑夜没有阳光，必须在白天储存大量的能量，以备在黑夜时使用，这里面就有许多复杂的技术问题。如果将基地建在月球的背面，在那里由于没有地球无线电波的干扰，非常适合于天文观察，但是基地与地球通信又非常不方便。科学家认为，从这些方面考虑，基地建在月球两极是比较合适的，即可以看见地球和太阳，且地势平坦，还有利于月球飞船的起飞和着陆，如果在月球的极区两面建太阳能电站，可以利用太阳能发电，解决能源问题。因为不管什么时候，总有一个电站在工作。

有人主张比较高级的月球基地应该建设在月球溶洞内，不仅保温性能好，而且可以有效地保护宇航员不受宇宙辐射和陨石的伤害。

设想中的月球基地

月球航天港

矿物发射系统

太阳能电池系统

仓库

居住区

太阳热发电系统

控制中心 液氢液氧贮藏槽　　观测区　　资源采撷机器人　　人类表情月球为哪般 87

实验区　　矿物冶炼工厂

月球家里的"家具"种种

月球基地需要配备哪些装置，才能保证宇航员基本的生活和工作条件，科学家开展了许多研究工作。

首先，要根据基地发展的不同阶段，建造不同的居住舱，用来为宇航员提供一个可以在里面吃饭、睡觉和开展工作的环境。在进行初级月球基地建设的时候，宇航员可以直接在飞船的着陆舱里生活和工作，即安全又简单。也可以单独建一个移动式居住舱，移动式居住舱好像一间房子下面安装6个或8个轮子，启动电动传输装置，这间大房子就可以在月面上自动移动与行走，其最大的优点是宇航员可以根据工作的需要，在月面上移动进行考察，解决了交通问题，如果建设固定基地，是非常不方便的。另外移动式基地比固定式基地更为安全。可以根据各种情况随时搬家。移动式居住舱不仅可以在建设初级基地时使用，建设中级基地时也可以使用。当发展到建设高级月球基地的时候，宇航员就不能像月球基地建设初期那样住在登月舱里凑合，或者像旅游者一样住在"房车"里。高级月球基地一般采用硬结构的固定式的居住舱，其结构既可以是金属结构的也可以是钢筋混凝土结构的，里边配置的设备也远比当初要奢侈和安全得多。

其次，要有生命保障系统。月球上没有空气，人在上边生活必须有一个适宜人生存的小环境。月球基地生命保障系统的作用就是营造一个像地球上一样的局部环境，在这个小环境里，有与地球上一样的压力，有饮用水，有可供呼吸的空气，还要有适宜的湿度、温度等人生存所需要的基本要素，只有这样才能维持宇航员的生命。

移动式月球基地

再次，要有月球表面漫游车。宇航员坐在移动式居住舱行走，毕竟不方便，在月球上进行科学考察活动，又不能总是靠两条腿走路，宇航员在月球上的交通问题，必须借助于月球车，这样，才能提高工作效率，不把大量的时间浪费在路上。

最后，要有出舱活动系统和供电系统等。我们可以想象，人类未来建设的月球基地，样子肯定与地球上的建筑差不多，千奇百怪的。它也许是方的或者圆的，也许是用膨胀材料建成的，也许是用钢筋混凝土建成的。但是，无论是哪种形式的，都既有优点，也有缺点。比如，用膨胀材料建成的基地其优点是质量轻，有利于建设基地时的运输，但缺点是由于结构强度差，很容易损坏，另外，这种结构不利于承受月球陨石等的撞击，一旦被戳出个大窟窿，可就麻烦了。因此，这种材质的基地安全性差一些。钢筋混凝土建成的基地虽然结实，但是在建设基地的时候很不方便，仅建筑材料的运输就是一个大问题。

目前，月球科学家关于月球基地的设想有多种，其中一种设计是一个圆顶的建筑物，基地内与外界完全隔绝，温度可以控制，在里面待着非常舒服，宇航员生活和工作就像是在家中似的。由于月球有些许引力，工作人员们可以在床上休息，在餐桌旁用餐，还可以淋浴。基地内将安装各种各样的试验设备和仪器，为使室内有较大的空间，有些设备将放在基地附近，但又不能太远，以便使用更方便。而有的设备由于地形的因素，或者为使相互之间不受干扰，则要放在几千米以外。长期在那里工作的宇航员最重要的工作之一是操作和维修这些设备。为使基地内有充足的电能，可以使用大型太阳能发电装置和从地球运送的密封或基本密封的核能装置，这些装置将保证宇航员在月球上用电就像在地球上一样方便。

月球基地建成后，如果是在月球上停留一两周时间，还可以承受，如果停留较长时间，就面临着一系列问题：如何适应月球低重力的影响问题，如何解决饮用水的问题，如何在月面上生产氧气问题，如何解决电能问题，特别是如何防护宇宙辐射问题等。因此，科学家认为，将来建设高级月球基地或者移民月球，就要考虑设置人工重力，使生活在那里享受跟地球上一样的重力环境。在月球基地上生活，节约水是非常重要的，如果要建设高级基地或在月球上长期停留，生命保障系统必须是再生的，将生活用水或尿液经过处理后变成生活用水。

月球建家困难多

建造一个永久性的月球基地，不知道比在地球上盖房子要复杂多少倍，更比建造一个空间站要复杂得多，仅所需要材料的运输就是一件十分艰难的工作。因此，科学家认为，在用宇宙飞船和航天飞机运送材料的同时，随着航天技术的发展，可以尽可能地利用月球上的矿石，就地加工成所需的材料。如用月球机器人将月球表面挖开一个5米深的沟，然后放置一台3米高的加热器，盖上2米厚的沙土，加热到1200℃左右，沙土被融化成玻璃状冷却后就变成几厘米厚的沙壳，或在居室顶上覆盖一定厚度的月土，这样就可以解决辐射防护问题了。

固定基地的膨胀式居住舱

据报道，美国工程师曾经用"阿波罗"号飞船带回来月壤制成混凝土，其强度很大，完全可以用作月球基地的建筑材料。据估计，190吨月球沙土含有15~16吨含氧铁矿物，可生产一吨氧气，可维持月球上10人一年的需要。

然而，到月球上去居住，必须解决空气、水、食物、重力和辐射防护等几个基本问题。科学家计划研制一种装置，能在月球两极和永久遮阴的陨石坑中，提取氮、氢和水。有了水和空气，可种植植物和饲养动物，解决食物问题。食物、水和氧气问题解决后，至于人类能否适应月球这种较小的重力，要通过实验来验证。

可以预测，在建造月球基地的工程中，地球和月球之间的交通将变得繁忙起来。科学家认为，用一种航天器直飞是不合算的，因为航天器加速和减速要消耗大量能源，大部分时间在真空中飞行的航天器，通过地球大气层时的那些复杂设备完全用不着。因此，月球运输可以采用分段接力的办法进行，即客运和货运飞船从地球上出发，飞抵近地轨道上的航天港，然后再由转运飞船接替，飞向月球轨道航天港，最后由登月器接替飞往月球基地。返回程序则相反。

尽管建设月球基地，实现月球定居困难重重，但是我们完全有理由相信，随着时间的推移和空间科学技术的进步，这些困难都是可以解决的，人类必将以新的姿态重新踏上月球，到那片神秘的土地上居住和工作。

中国加入"月球俱乐部"

月亮习俗

关于月亮的习俗有很多，其中最重要的习俗要属中秋节了，在我国每年的农历八月十五为中秋节，是团圆的日子，中秋节是我国民俗中的一个重要的节日。

根据我国的历法，农历八月在秋季中间，为秋季的第二个月，称为"仲秋"，而八月十五又在"仲秋"之中，所以称"中秋"。中秋节有许多别称：因节期在八月十五，所以称"八月节"、"八月半"；因中秋节的主要活动都是围绕"月"进行的，所以又俗称"月节"、"月夕"；中秋节月亮圆满，象征团圆，因而又叫"团圆节"。

从渊源上说，中秋又是"祭月节"，它源于远古人类对自然的崇拜。古代帝王的礼制中有春秋二祭：春祭日，秋祭月。最初祭月的日子在"秋分"这一天，"秋分"这个季节在八月内每年不同，所以秋分这一天不一定有月亮，祭月无月是大煞风景的，逐渐约定俗成，祭月的日子固定在八月十五日。从科学观察来看，秋季地球与太阳的倾斜度加大，华夏大地上空的暖湿空气逐渐消退，而此时，西北风还很微弱。如此，湿气已去，沙尘未起，空气即显得格外清新，天空特别洁净，月亮看上去既圆又大，是赏月的最佳时节。恰如古诗所云："光辉皎洁，古今但赏中秋月，寻思岂是月华别？都为人间天上气清澈。"

根据史籍的记载，"中秋"一词最早出现在《周礼.春官》一书中，书中记载，周代已有"中秋夜迎寒"、"中秋献良裘"、"秋分夕月(拜月)"的活动。汉代，又在中秋或立秋之日敬老养老，赐以雄粗饼。到魏晋时，有"谕尚书镇牛渚，中秋夕与左右微服泛江"的记载。直到唐代，中秋与嫦娥奔月、吴刚伐桂、玉兔捣药、杨贵妃变月神、唐明皇游月宫等神话故事结合起来，使之充满浪漫色彩，中秋节才成为固定的节日。

追溯中秋赏月的来历，据《长安玩月诗序》载："秋之于时，后夏先冬；八月于秋，季始孟终；十五之夜，又月之中。稽于天道，则寒暑均，取于月数，则蟾魄圆。"也就是说，八月十五在秋季八月中间，故曰："中秋。"为何人们钟情中秋赏月呢？有诗道："明月四时有，何事喜中秋？瑶台宝鉴，宜挂玉宇最高头；放出白毫千丈，散作太虚一色。万象入吾眸，星斗避光彩，风露助清幽。"

嫦娥卫星

从时令上说，中种是"秋收节"，春播夏种的谷物到了秋天就该收获了，自古以来，人们便在这个季节饮酒舞蹈，喜气洋洋地庆祝丰收，这在我国最早的诗歌总集《诗经》中就有描绘。中秋节起源的另一个说法是：农历八月十五这一天恰好是稻子成熟的时刻，各家都拜土地神。中秋可能就是秋报的遗俗。

至明清时，中秋已与元旦齐名，成为我国的主要节日之一，也是我国仅次于春节的第二大传统节日。明清两朝的中秋赏月活动，盛行不衰。"其祭果饼必圆"；各家都要设"月光位"，在月出方向"向月供而拜"。陆启泓《北京岁华记》载："中秋夜，人家各置月宫符像，符上兔如人立；陈瓜果于庭，饼面绘月宫蟾兔；男女肃拜烧香，旦而焚之。"

中秋节时，云稀雾少，月光皎洁明亮，民间除了要举行赏月、祭月祝福团圆等一系列活动，有些地方还有舞草龙、砌宝塔等活动。除月饼外，各种时令鲜果干果也是中秋夜的美食。

由于兔子上了月宫，因此，古时人们过中秋，祭月时必用"兔儿爷"。

每当中秋节的黄昏，一轮明月高挂天边，每家每户就都在庭院中设一香案，上面摆上月饼、水果等供品。此外，还有"月光马儿"和"兔儿爷"。女人一一向月而拜。祭毕，一家人围桌而坐，饮团圆酒，这就是祭月的古俗。在祭月的供品中，"月光马儿"和"兔儿爷"是古城北京的产物。

据《帝京景物略》载："八月十五日祭月，其祭果饼必需；分瓜必牙错瓣刻之，如莲华纸肆市月光纸，缋满月像，趺坐莲华者，月光遍照菩萨也。华下月轮挂殿，有兔持杵而人立，捣药臼中。约小者三寸，大者丈，致工者金碧缤粉。"这里所说的"月光纸"，就是纸神马，即"月光马儿"。《燕京岁时记》说："京师谓神像为神马儿，不敢斥言神也。"这月光马儿，上部绘太阴星君，下部绘月宫桂殿及捣药的兔儿爷，彩画贴金，辉煌耀目。

关于兔儿爷，《燕京岁时记》也有记载："每届中秋，市人之巧者，用黄土抟成蟾兔之像以出售，谓之兔儿爷。"旧时北京东四牌楼一带，常有兔儿爷摊子，专售中秋祭月用的兔儿爷。此外，南纸店香烛也有出售的。

这兔儿爷，经过民间艺人的大胆创造，已经人格化了。它是兔首人身，手持玉杵。后来有人仿照戏曲人物，把兔儿爷雕造成金盔金甲的武士，有的骑着狮、象等猛兽，有的骑着孔雀，仙鹤等飞禽。特别是兔儿爷骑虎，虽属怪事，但却是民间艺人的大胆创造。还有一种肘关节和下颌能活动的兔儿爷，俗称"叭哒嘴"，更讨人喜欢。它虽为祭月的供品，但实在是孩子们的绝妙玩具。

中秋节，我国许多地方还有一个习俗，就是燃灯。

中秋之夜，天清如水，月明如镜，可谓良辰之美景，然而对此人们并未满足，于是便有燃灯以助月色的风俗。在湖广一带有用瓦片叠搭于塔上燃灯的节俗。在江南一带则有制灯船的节俗。在近代中秋燃灯之俗更盛。今人周云锦、何湘妃《闲情试说时节事》一文说："广东张灯最盛，各家于节前十几天，就用竹条扎灯笼。作果品、鸟兽、

鱼虫形及庆贺中秋等字样，上糊色纸绘各种颜色。中秋夜灯内燃烛用绳系在竹竿上，高树在瓦檐或露台上，或用小灯砌成字形或种种形状，挂于家屋高处，俗称树中秋或竖中秋。富贵之家所悬之灯，高可数丈，家人聚于灯下欢饮为乐，平常百姓则竖一旗竿，灯笼两颗，也自取其乐。满城灯火不啻琉璃世界。"看来从古至今中秋燃灯之俗其规模似乎仅次于元宵灯节。

　　我国开展月球科学的系统研究最早可追溯到上世纪60年代，以欧阳自远院士为组长的中科院地质研究所核子地球化学与陨石学研究组开始了跟踪苏美月球探测成果的研究，标志着我国月球科学研究的开始。

　　早在上世纪90年代初，伴随着国际上"重返月球"的呼声，在进行各类应用卫星研制和实施载人航天工程的同时，中国航天专家就适时提出了中国应该启动月球探测工程，开展月球探测的建议，并围绕着开展月球探测工程的意义、目标和途径等问题，进行了大量的先期研究工作。我国专家认为，作为一个世界大国和主要航天国家，中国航天经过几十年的发展，在技术水平上具备了开展月球探测的基本条件，作为联合国《指导各国在月球和其它天体上活动的协定》的签约国，中国理应在这一领域占有

一席之地。

1996 年，中国航天科技部门与中国科学院联合开展完成了月球探测卫星技术方案可行性研究，1998 年，完成了月球探测卫星关键技术的初步研究。1998 年，国防科工委正式开始中国月球探测工程的规划论证。

2000 年底，国务院新闻办公室公布了《中国的航天》政府白皮书，明确将空间探测列入 21 世纪初航天技术的发展目标，首次向世界宣布：中国在今后十年内将开展以月球探测为主的深空探测的预先研究。

2001 年，我国的月球探测工程正式浮出水面。由著名科学家孙家栋和欧阳自远负责，国防科工委组织，联合中国科学院、中国航天科技集团公司等单位，正式启动月球探测工程的方案和科学目标等相关问题的研究论证。2003 年 2 月，国防科工委正式启动绕月探测前期工作。论证组多次召开了月球探测工程论证会，布置检查方案论证工作，协调各大系统之间的关系，分析论证了我国探月卫星的轨道、测控、通信等具体关键技术。落实了研制单位，开始了关键技术的攻关工作，并取得了大量的成果。

2004 年初，我国政府正式宣布启动绕月探测一期工程，著名航天专家孙家栋院士任总工程师，原国防科工委副主任、国家航天局局长栾恩杰任工程总指挥，著名科学家欧阳自远院士任首席科学家。自此，中国人迈开了向月球挺进的脚步。

就像其他国家都为自己的月球探测工程取一个名字一样，中国的月球探测工程取了一个非常浪漫的名字，叫"嫦娥工程"，第一颗绕月卫星被命名为"嫦娥一号"。

为什么中国的月球探测工程叫"嫦娥工程"，第一颗月球探测卫星叫"嫦娥一号"呢？早在论证酝酿开展我国月球探测工程的时候，有关部门就开始为到底为这个具有重大历史意义的航天工程取一个什么名字而大动脑筋，经过广泛讨论和征求意见，在众多的名字中，有关部门选中了"嫦娥"二字。在中国的神话中，"嫦娥奔月"的故事家喻户晓，"嫦娥"几乎成为美丽、勤劳、勇敢的象征，以她的名字命名中国的月球探测工程，充分展现出中国人对造访月球的强烈渴望和实现飞往月球梦想的决心。

2006 年，国务院新闻办公室又一次公布了《中国的航天》政府白皮书，再次明确提出了我国将实施绕月探测，突破月球探测基本技术，开展月球探测工程的前期工作。

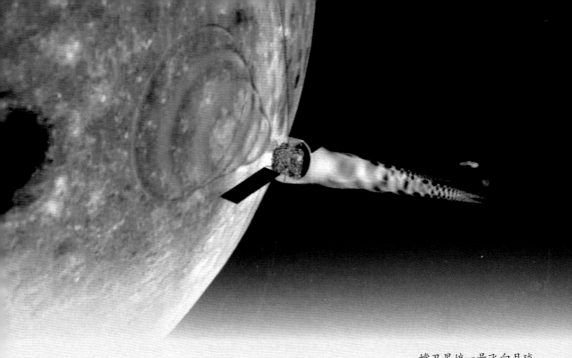

嫦娥卫星一号飞向月球

中国为何要实施"嫦娥工程"

　　人们不仅要问，世界上已经发射了一系列月球探测器，美国人早在 1969 年就将宇航员送上了月球上，时隔 30 多年后，我国为什么还要实施"嫦娥工程"呢？

　　中国在发展了人造卫星和载人航天后，适时开展以月球探测为主的深空探测，是航天活动的必然选择，也是中国航天事业持续发展，有所作为，有所创新的重大举措，实施"嫦娥工程"，具有政治、经济、科技和国家发展战略等方面的重大意义。

　　（1）实施"嫦娥工程"，可以充分展示综合国力，增强民族凝聚力。与实施载人航天工程一样，月球探测是一个国家综合国力的体现，是航天技术发展水平的象征，是提升国家地位的载体，是一个国家科学技术发展水平的重要标志。经过几十年的发展，我国已经在人造卫星和载人航天技术领域里取得了重大突破，适时开展以月球探测为主的深空探测，加深对月球的了解，为参与月球资源的开发利用作出应有贡献，是我国航天活动的必然选择，是继成功研制和发射一系列应用卫星和突破载人航天技术后，中国航天活动的第三个里程碑。

　　（2）实施"嫦娥工程"，是维护我国月球权益的需要。尽管联合国在 1984 年通过的《指导各国在月球和其他天体上活动的协定》(简称《月球条约》) 中规定，月球及其自然资源是人类共同财产，任何国家、团体和个人不得据为己有。但是，随着当前主要航天国家和组织正加紧实施月球探测计划，如何保证履行《月球条约》规定的权利、义务已成为世界各国不能不关注的问题。作为联合国外空委员会的成员国，我国只有开展月球探测并取得一定成果，才具有履行《月球条约》和分享开发月球权益的实力，才能维护我国的合法权益。今天，我国的运载火箭、应用卫星和载人航天技术有了快速的发展，开展月球探测工程，填补我国月球探测的空白，在月球上占有一席之地，跨入月球国家的行列，对于维护我国的月球权益，提高国际威望，具有十分重要的意义。

（3）实施"嫦娥工程"，将带动和促进我国基础科学和高科技的发展。月球探测是促进科学技术进步和发展的重要载体。实施"嫦娥工程"将会促进宇宙学、比较行星学、月球科学、地球与行星科学、太阳系演化学、空间天文学、空间物理学、空间材料科学等的创新与发展，这些科学的进展又将带动更多的基础学科交叉、渗透与共同发展。月球探测工程是一项多学科高技术集成的系统工程，实施这样的战略工程将推动航天工程系统集成、深空测控通信、新型大推力运载火箭和航天发射等航天技术的跨越式发展，带动信息技术、微机电技术、光电子技术、机器人、人工智能、遥感科学、新能源技术、新材料技术、遥科学等其他高技术的发展，促进科技进步，具有重要的作用，还将对人类文明产生不可估量的重大影响。

（4）实施"嫦娥工程"，将为人类开发利用月球资源进行探索和必要的准备。人类已取得的月球探测成果表明，月球上特有的矿产和能源，是对地球资源的重要补充和储备。比如，开发月球上大量存在的氦-3，据初步估算，月球上蕴藏的氦-3可供人类使用一万年以上。目前的核聚变研究，主要以氘和氚为原料，但因氚容易污染环境，也会对人体健康造成影响，而氦-3是氦的同位素，能在核聚变反应中释放巨大能量，而且几乎不产生放射性污染，被认为是21世纪人类社会的完美原料。另外，由于月球上太阳辐射强，每年可产生12亿千瓦的能量，因此，在月球建立太阳能发电站也可能成为人类获取新能源的途径之一。同时，利用月球具有高真空、低重力的特殊环境，既能生产特殊强度、塑性等性能优良的合金和钢材，还能生产诸如超高纯金属、单晶硅、光衰减率低的光导纤维和高纯度药品等。因此，月球资源的开发利用将对人类社会的可持续发展产生深远影响。因此，我国开展月球探测，将为将来开发利用月球资源，进行技术上的准备，为人类可持续发展作出重大的贡献。

（5）实施"嫦娥工程"，将促进深空探测活动的发展。深空探测是一个重要的航天领域，月球探测是深空探测的首选目标。科学家认为，月球环境是人类的宝贵财富。通过利用月面上没有人为改造和破坏的某些本来面目，研究月球，了解月球的成因、演变和构造等诸方面的信息，有助于了解地球的远古状态、太阳系乃至整个宇宙的起源和演变，有助于搞清空间现象和地球自然现象之间的关系，可以极大地丰富人类对地球、太阳系以至整个宇宙起源和演变及其特性的认识，从中寻求有关地球上生命起源和进化的线索。同时，"嫦娥工程"在空间科学方面，将实现首次对地球以外的星体和空间环境进行近距离和接触式的探测。在航天技术方面，将逐步实现多项重大突破，首次到达38万千米的距离；首次软着陆在地外星球上；首次从地外星球拿回样本等。"嫦娥工程"的成功实施，不仅将把"嫦娥奔月"的神话变为现实，实现我国深空探测"零"的突破，而且还将使我国跨入深空探测先进国家的行列。特别需要指出的是，进行月球探测仅仅是我国深空探测计划的第一步发展目标，开展"嫦娥工程"将为我国进行更大范围的深空探测，进行技术上的准备。

（6）实施"嫦娥工程"，将促进我国经济可持续发展。近年来，我国经济高速发展，很大程度上是以高能耗、高污染为代价的，月球探测工程对高新技术的带动在不久的将来必然会回馈于经济。而以高新技术为动力的经济是低能耗、低污染、高效率的。美国领先于世界的信息、生物、新材料等高技术，很大部分来自对"阿波罗"工程技术的消化、优化和二次开发。我国"嫦娥工程"所带动的基础科学和高新技术的进步，会逐步在国民经济各方面进行推广应用，对于促进经济的发展将带来牵引和推动作用。

（7）实施"嫦娥工程"，将促进空间天文观测和研究的深入。月球环境，是进行空间天文学研究得天独厚的场所。月球表面的地质构造极其稳定，月球直接承受太阳的辐射，没有大气层对光线和电波的吸收、散射和折射等干扰，没有尘埃污染，没有磁场，月球的背面没有人造光源和射电的干扰，地震很微小。月球有漫长的黑夜，黑夜温度极低，这种环境为建造高精度天文观测台提供了理想的场所，在那里架设望远镜可以进行全波段的天文观测，获取地面观测系统所无法得到的信息。总之，月球是进行天体物理学、引力波物理学、中微子物理学和高能物理等观测和实验的理想场所。开展月球探测将大大促进我国空间天文、空间物理、空间生命科学、对地观测科学和空间材料科学等科学领域的创新和发展，这些学科的研究又将带动更多的基础学科门类的共同发展，取得显著的社会和经济效益。

（8）实施"嫦娥工程"，将推动中国航天领域的国际合作。"嫦娥工程"起点高、有特色、有创新，具有很强的科学性、探索性、开放性的特点，为开展航天国际合作搭建了平台。在世界掀起新一轮月球探测高潮之际，通过开展"嫦娥工程"，可以积极探索月球探测国际合作的各种形式和有效途径，以此为突破口，开展多层次、多渠道的国际合作，使我国空间科学、航天技术和空间应用更加开放，以促进我国航天活动各领域的国际交流与合作。同时，嫦娥工程的开展，对于培养一支在相关领域高素质、高水平的人才队伍，促进科学技术事业的进步，具有重大的现实意义和深远的历史意义。

对月遥感

"嫦娥工程"三步走战略

人类对月球的探测，是在技术可实现的基础上，循序渐进逐步深入进行的。苏联和美国早期的月球探测活动步骤都遵循这个原则。经过综合分析国际上月球探测已取得的成果，以及世界各国"重返月球"的战略目标和实施计划，考虑到我国科学技术水平、综合国力和国家整体发展战略，我国确定了"嫦娥工程"将分为"绕、落、回"三步走的发展目标。

第一步，实现绕月飞行：研制"嫦娥一号"月球探测卫星，在2007年实现围绕月球飞行，开展对月球的探测活动。这些探测活动包括看看月球究竟长得什么样，为月球画像，分析月球上的土与地球土有什么不一样的地方，化验各种成分的含量，测量月球的环境究竟是怎么样的，为以后探测器着陆选择着陆地点等。通过"嫦娥一号"月球探测卫星的发射，我国将突破月球探测基本技术，为后续任务的开展扫清障碍。

第二步，探测器在月面上降落。预计在2013年前，我国将发射一颗月球软着陆器，对月球进行实地探测，这个探测器还将携带一台月球车，进行首次月球软着陆，用月球车对月球表面进行自动勘察。这些工作除了可以供科学家进行月球有关科学的研究外，还将为以后的月球基地的建设提供数据。

第三步，探测器进行月面巡视勘察与采样返回。预计在2017年，我国发射的月球着陆器将再次在月面上实现软着陆，进行近距离考察，并获取月面的样品并返回地面。

"三步走"的计划完成后，在对月球的了解进一步加深的同时，我国将根据当时国际上的月球探测发展情况和国情国力，制定新的月球探测计划，在这个计划中，包括中国宇航员登上月球进行科学考察和建立月球基地的计划，也许还将启动月球旅游的计划呢。

嫦娥工程的"三步走"战略

嫦娥工程分为"绕、落、回"三步走。

第一步简称为"绕"：为月球发射一颗卫星，绕着月亮边转边看，对月球进行全球探测。卫星将在距离月球表面200千米的高度绕月飞行，对月球全球进行探测。

第二步简称为"落"：发射无人月球探测飞船，在进一步对月球进行空中探测的同时，还将着陆舱降落到月球上，释放一辆无人月球车，在月球表面行走并进行实地勘查。着陆舱还可能携带天文望远镜，从月亮上看看星星是什么样子。

第三步简称为"回"：发射一个带着返回火箭的月球着陆舱，着陆舱降将伸出一只"手"，从月球表面上抓几把土壤放到返回舱上。返回舱将利用火箭从月球上起飞，将月壤样品带回地球进行研究。

当"绕、落、回"完成后，我国的月球无人探测技术将趋于成熟，中国人登上月球的日子也将不再遥远。

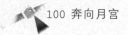

中国"嫦娥"使命重大

在正式宣布实施"嫦娥工程"的同时,我国有关部门规划了"嫦娥工程"三个发展阶段的科学和工程目标。

我国开展"嫦娥工程"的根本目的是:掌握月球探测技术,开展月球科学探测和应用研究,参与月球资源的开发利用,维护我国的月球权益,为我国和人类可持续发展作出应有贡献。

基本原则是:

(1)结合我国国情和月球探测工程的特点,坚持月球探测要服从和服务于科教兴国战略和可持续发展战略,以满足科学、技术、政治、经济和社会发展的综合需求为目的;

(2)月球探测具有大型科学探索活动的显著特点,高投入、高风险、高收益,月球探测工程要把推进科学技术进步的需求放在首位,力求发挥更大的作用。在发展目标上,要根据国情国力,选择有限目标,突出重点,统筹规划、远近结合、循序渐进、持续发展、形成特色、有所创新,集中力量,在关键领域实现重点突破,实施"又快、又好、又省"的月球探测策略,为深空探测活动奠定坚实的基础;

(3)充分利用国外已有的探测成果,借鉴国外月球探测工程的经验教训,坚持高起点,优选探测目标,优化技术实现途径,做一些别人没有做过的事,有一定的先进性和创新性,在填补中国月球探测空白中,形成自己的特色,为国际月球探测做出应有的贡献;

(4)月球探测具有开展国际交流与合作的有利环境和条件,要在坚持独立自主、自主创新的基础上,积极探索多层次、多渠道的国际交流与合作,从学术交流、共同研究到合作研制,逐步扩大合作规模,提高合作层次,以减少投资,争取更多成果,并实现技术上的飞跃。

中国国防科工委官员在阐述我国实施"嫦娥工程"理念时明确指出,"嫦娥工程"是一项开放的工程,"嫦娥一号"取得的数据将向世界公布,让更多的人受益于这一伟大的工程。同时,我国还欢迎世界各国的科学家,通过恰当的合作方式,共同开展对"嫦娥一号"卫星取得的科学数据的研究。

"嫦娥一号"卫星在月球上探测

"嫦娥工程"一期工程的四大科学目标

第一个目标是为月球"画像"。通过"嫦娥一号"卫星携带的遥感器获得的数据，获取月球表面可见光三维立体影像，绘制一幅完整的三维月球地图，填补月球极区影像上的空白；划分月球表面的基本构造和地貌单元；进行月球表面撞击坑形态、大小、分布、密度等的研究；划分月球断裂和环形影像纲要图，勾画月球地质构造演化史。同时，根据月球表面三维立体影像，为月球探测的后续计划提供合适的软着陆和勘测区域范围的参考信息。

第二个目标是在月球表面探矿。月球表面几乎囊括了地球所有的物质元素，分析月球表面有用元素及物质类型的含量和分布，是月球资源调查和开发的基础数据，也是月球科学研究的主要信息来源。"嫦娥一号"卫星将对月球表面有开发利用和研究

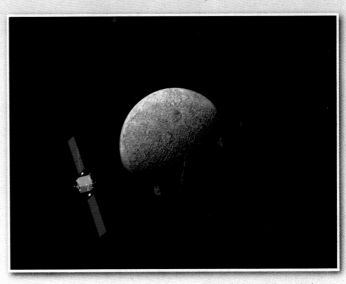

"嫦娥一号"绕月球飞行

价值的 14 种元素 (K、Th、U、O、Si、Mg、Al、Ca、Te、Ti、Na、Mn、Cr、La 等) 的含量与分布进行探测；通过探测，绘制各元素的全月球分布图、月球岩石、矿物和地质学专题图，发现月表资源富集区，为月球的开发利用提供有关资源分布的数据；鉴别新的岩石类型，对月球的组成、月球地质历史等进行深入研究。

第三个目标是给月球土壤"体检"。月球表面包裹着一层灰色的土壤，通过"嫦娥一号"卫星微波探测仪，进行月壤的结构和化学成分探测，同时，还进行月球表面微波辐射探测，测定月球表面的亮度温度，评估月壤的厚度，首次对月球的氦 −3 资源量和分布进行评估，了解月球的年龄和月球的演化过程。

第四个目标是探测地球和月球空间的环境。月球与地球空间充满了各种磁场，原始太阳风、太阳宇宙线及行星际磁场。"嫦娥一号"卫星将是我国首次在地球磁层以外，进行原始太阳风的空间物理探测，这项任务将由高能粒子探测器和太阳风离子探测器联合完成。太阳高能粒子探测器的探测内容为质子、电子、重离子的方向通量以及质子的能谱，主要探测来自太阳的带电粒子，通过测定带电粒子的通量，得到粒子的空间分布以及粒子在空间的运动规律等信息。太阳风离子探测器主要探测太阳风中的低能离子成分及其空间分布。通过这两个设备获得的数据，可以得到地球至月球空间环

长征三号火箭

境的信息，对研究原始太阳风粒子的传播行为，研究太阳风和月球以及磁尾和月球的相互作用，深入认识这些空间物理现象对地球空间及对月球空间的影响，为月球探测后续任务积累重要的空间环境数据，进一步提高卫星及各类空间飞行器适应月球探测任务的能力，有深远的科学及工程意义。

上述四大科学目标，充分体现了我国科学工作者注重创新的思想，体现了我国月球探测工程的特色。我国首次月球探测所开展的全月面三维影像、月壤厚度和部分有用元素探测，是其他空间探测国家没有进行过的项目，地球至月球空间环境调查，将是我国第一次获取地球静止轨道以外的空间环境数据，中国的探测成果将为月球研究和资源调查提供大量有用的新资料。

"嫦娥工程"一期工程的五大工程目标

第一个工程目标：研制和发射我国第一颗月球探测卫星。在充分借鉴我国以往卫星研制技术的基础上，通过技术创新，研制和发射第一颗月球探测器——"嫦娥一号"卫星，实现我国月球探测卫星研制技术的突破，是整个"嫦娥工程"实施的基础和关键。

第二个工程目标：初步掌握绕月探测基本技术。绕月探测是我国月球探测工程的第一步，该工程的核心是充分利用我国现有成熟航天技术，研制和发射月球探测卫星，突破地球到月球飞行、远距离测控和通信、绕月飞行、月球遥测与分析等技术，实现从地球走向月球，并建立我国月球探测航天工程初步系统。

第三个工程目标：首次开展月球科学探测。用卫星携带的探测器获取月球表面可见光三维立体影像、在月球表面探矿、进行月壤的结构和化学成分探测、探测地球和月球空间的环境，为开展科学研究提供宝贵的资料和数据。

第四个工程目标：初步构建月球探测航天工程系统。包括运载火箭、卫星、发射场、地面测控系统和地面应用系统，根据月球探测的特点进行相应的整合与适应性修改，初步建立适应未来发展的工程大系统。

第五个工程目标：为月球探测后续工程积累经验。通过一期工程实践，验证深空探测的各项关键技术，获取月球探测的宝贵工程实践经验，同时培养相应的人才队伍，推动月球探测活动的进一步开展，为未来更大规模的月球探测积累技术基础。

"嫦娥工程" 五大系统

我国月球探测一期航天工程系统，由月球探测卫星、运载火箭、发射场系统、测控系统和地面应用系统五大部分组成。

月球探测卫星系统："嫦娥一号"卫星在"东方红三号"卫星平台和资源一号、中国资源二号卫星平台的基础上，根据月球探测任务的需要，进行了大量的技术创新和适应性修改，以满足月球探测有效载荷的需求。卫星由有效载荷与卫星平台两部分组成，采用三轴稳定姿态控制方式，工作寿命不少于 1 年。绕月轨道高度 200 ± 25 千米，倾角 90 ± 5 度。

深空跟踪网的无线电雷达天线阵

运载火箭系统："嫦娥一号"卫星将使用"长征三号"甲运载火箭发射。"长征三号"甲运载火箭是一种三级液体火箭，1986 年 3 月正式研制，历时 8 年，1994 年 2 月 8 日

嫦娥工程五大系统

（1）月球探测卫星系统

（2）运载火箭系统

（3）发射场系统

测控系统（4）

地面应用系统（5）

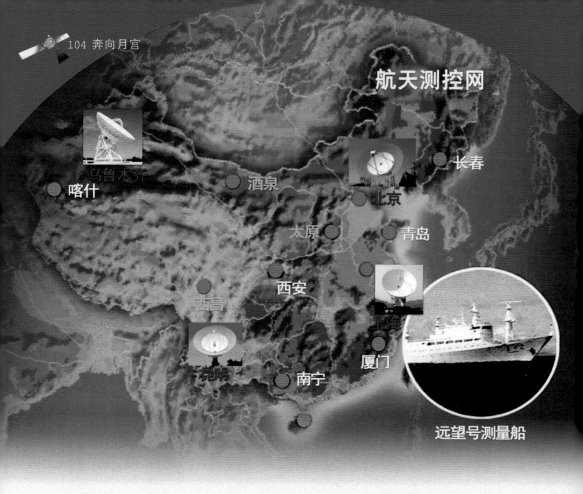

航天测控网

乌鲁木齐

喀什

酒泉

长春

北京

太原

青岛

西安

上海

西昌

昆明

南宁

厦门

远望号测量船

月球探测地面接收站

首次飞行取得圆满成功。火箭长 52.52 米，最大直径 3.35 米，起飞质量 241 吨，地球同步转移轨道运载能力 2.6 吨。目前，该火箭已有 10 多次发射的记录，取得了发射成功率达 100% 的良好成绩。它是一种性能稳定、技术成熟的运载火箭，完全具备将月球探测卫星送入轨道的能力。由于该火箭拥有更灵活行进的控制系统，可以在星箭分离前对有效载荷进行大姿态调姿定向，并提供可调整的卫星起旋速率，因而具有很强的适应性。

发射场系统："嫦娥一号"卫星在西昌卫星发射中心发射。西昌卫星发射中心组建于 1970 年，是我国专门用来发射地球同步轨道卫星的大型航天发射场，也是我国目前规模最大、设备技术最先进、具备发射多型号卫星能力的新型航天器发射场。这个发射场自 20 世纪 80 年代建成并投入使用后，多次承揽国内外卫星的发射任务，我国的"东方红三号"、"风云二号"、"北斗一号"等卫星都是在这里发射升空的。

测控系统：能够完成对航天器跟踪测量、监视控制以及实现信息交换的专用地面系统称为航天测控系统。它由地面航天测控中心、测控站、通信站、海上测量船、空中测量飞机、遥测站和航天器组成，形成三维立体测量网络。航天测控网的任务是对航天器轨道和工作状态进行跟踪测量和监视（遥测）；对航天器轨道和姿态进行控制（遥控）；接收和处理航天器发回的各种信息和资料（遥收）；对故障航天器实施安全控制和自毁控制；向航天器商业用户提供有用的情报和专业信息。

深空测控通信系统是人类与深空探测器联系的通道和纽带，在深空探测任务中起着关键的作用。由于深空任务周期长、通信时延大、链路带宽有限、信号微弱、数据更加关键可贵等一系列原因，使得深空测控通信实现起来更为困难，无论对星上设备还是对地面设备都带来新的挑战。

"嫦娥工程"一期在载人航天工程建设的统一S频段测控网的基础上，规划设计了中国绕月探测工程的测控系统，充分利用国内的地面测控站、远洋测量船保证地面与"嫦娥一号"月球卫星的通信，完成遥测数据接收和遥控指令的发送。

地面应用系统：该系统是对"嫦娥一号"探测到的信息进行处理、实际应用和应用研究的系统。负责月球探测卫星任务的规划、探测数据的接收解译、探测数据的科学研究等，只有通过地面应用系统的研究，才能真正把探测数据转化为科学发现，推动空间科学的发展。该系统由数据接收、运行管理、数据预处理、数据管理、科学应用与研究五个分系统组成。

远望号测量船

"嫦娥奔月" 困难重重

"嫦娥工程"是我国首次对地球以外的星体进行近距离探测，是我国航天走得更远，迈向深空探测的第一步，也是关键的一步，面临着许多关键技术和难题需要突破。

总体设计技术："嫦娥工程"是一项非常复杂的、涉及很多学科领域的系统工程，总体方案涉及可行性论证与设计、相关技术分析和预研究、明确研制任务的分工、制定卫星研制规范、轨道设计、卫星可靠性与安全性分析等多个方面。由于我国首次开展月球探测工程，加之对地球至月球遥远距离、月球恶劣的环境了解极少，大型月球探测工程之间怎样协调匹配，是对"嫦娥工程"总体设计技术的严峻考验和检验。

"嫦娥一号"卫星研制技术：如何确保"嫦娥一号"卫星顺利完成多次轨道调整、姿态机动和进入月球轨道的机动；如何在地球、月球、卫星三体运动条件下，对卫星进行轨道设计；如何适应月球卫星运行空间的复杂环境，保证卫星及各设备可靠性；卫星飞离地球，如何突破远距离通信技术问题等，都必须在借鉴我国以往卫星研制技术成功经验和已有卫星平台的基础上，根据月球探测任务的需要，进行大量的技术创新，突破许多关键技术。

深空探测地面应用相关技术：从月球上探测得到的数据是数字信号，传到地面后，需要将数字信号进行转换，采集到的样品需要一整套的分析系统，才能得出最终研究成果。因此，需要建立更大型的地面测控站，建立适应工程需要的地面应用相关技术系统，完成对卫星有效载荷的在轨运行控制与探测任务管理、科学探测数据的接收与处理、科学探测产品的生成与共享管理、探测产品的应用研究与月球科学知识普及等。

科学探测仪器相关技术："嫦娥一号"月球探测卫星上安装有 7 种探测设备。包括 CCD 立体相机、成像光谱仪、激光高度计、伽马射线—爱克斯射线谱仪、微波探测仪、太阳高能粒子探测器、太阳风离子探测器等。其中，CCD 相机和激光高度计主要担负对月球表面照相的任务。干涉成像光谱仪是利用不同物体具有不同的光谱特性曲线成像的一种相机，担负对月球表面矿物组成与岩石类型的探测成像，进行多光谱遥感。伽马射线—爱克斯射线谱仪主要担负对月球表面元素含量分布进行探测，从而，确定月球表面物质类型和资源分布的任务。微波探测仪是利用不同频段微波在月球土壤中穿透深度不同的特点，通过对月球土壤特定频段微波辐射亮温的测量，编制月球表面亮度、温度分布图，判断月球表面不同地区月壤的厚度信息，估算月球土壤中氦 –3 的资源量。太阳、地球、月球空间环境是影响人类生存与发展的重要因素。太阳耀斑和日冕物质抛射会释放出巨大的能量和物质，不仅制约着地球空间的月球表面的环境，还将对人类健康和航天活动造成重要影响。到底环境怎样，会产生多大影响，这个任务要由太阳高能粒子探测器、太阳风离子探测器来完成。

软着陆控制技术：月球大气密度大约比地球大气的密度小 14 个数量级，因此，通常以为月球没有大气。由于月球表面是松软的月壤层，如果不对着陆器着陆速度加以

伽马射线谱仪

控制，探测器就会被摔碎了。由于月球没有空气，探测器在月球上软着陆不能使用降落伞，从国外的经验看，只能是利用携带的反推火箭，使探测器低速安全地在月球表面"软着陆"。那么，反推火箭何时工作，以多大的速度接近月球既不损坏探测器，又不吹起月壤对探测器造成污染等，都是需要解决的关键技术。

大型运载火箭相关技术：在"嫦娥工程"一期工程、二期工程期间，由于卫星携带的设备不是太多，"长征三号"运载火箭完全可以将卫星送入轨道。而"嫦娥工程"三期工程要进行着陆器在月面上着陆和采样返回，携带的设备将大大增加，再加上返回舱，"长征三号"火箭的运载能力就不够了，因此，需要研制更大运载能力的新型火箭。实现研制新型大推力无毒无污染运载火箭，使中国运载火箭近地轨道最大运载能力由 9.5 吨一下子提高到 25 吨，地球同步轨道运载能力由 5.2 吨提高到 14 吨的目标，需要突破许多关键技术。

月面巡视探测器（月球车）技术：探测器登月探测要靠月球车来实现。在月球上复杂的地形和恶劣的环境里，月球车采用什么结构、什么材料，月球车怎样行走和工作，怎样控制温度，度过月球漫漫的黑夜，怎样实现与地球适时可靠的通信，怎样获得持久的电能，怎样进行必要的防护等都面临着巨大的挑战。

采样与自动返回控制技术：月球车在月球表面工作完成任务后，就要返回地球了，怎样收集采集到标本样品，怎样将这些样品放进返回舱里；返回舱在月球上起飞，除了少数指令外，其他均需在无人条件下自主完成。这些动作极其复杂，需要攻克月球返回舱的轨道控制、通信等关键技术。

……

总之，"嫦娥工程"的开展，既是对我国航天技术发展的一次检验，更是中国航天技术的大提升，中国航天完全有能力在现有的基础上，通过持续不断的技术创新和开拓，实现"嫦娥奔月"的梦想，使中国步入月球国家的行列，实现中国深空探测"零"的突破。

月球，中国"嫦娥"来啦

月亮食品

提起与月亮有关的食品，非月饼莫属了。那么，中秋节吃月饼，这个习俗是从什么时候开始的呢？

相传早在我国古代，帝王就有春天祭日、秋天祭月的礼制。在民间，每逢八月中秋，也有拜月或祭月的风俗。"八月十五月儿圆，中秋月饼香又甜"，这句名谚道出中秋之夜城乡人民吃月饼的习俗。月饼最初是用来祭奉月神的祭品，后来人们逐渐把中秋赏月与品尝月饼，作为家人团圆的象征，慢慢月饼也就成了节日的礼品。

唐代，民间已有从事生产的饼师，京城长安也开始出现糕饼铺。据说，有一年中秋之夜，唐太宗和杨贵妃赏月吃胡饼时，唐太宗嫌"胡饼"名字不好听，杨贵妃仰望皎洁的明月，心潮澎湃，随口而出"月饼"，从此"月饼"的名称便在民间逐渐流传开。

月饼，又称宫饼、小饼、月团、团圆饼等，是古代中秋祭拜月神的供品，沿传下来，便形成了中秋吃月饼的习俗。

月饼，在我国有着悠久的历史。据史料记载，早在殷、周时期，江、浙一带就有一种纪念太师闻仲的边薄心厚的"太师饼"，此乃我国月饼的"始祖"。汉代张骞出使西域时，引进芝麻、胡桃，为月饼的制作增添了辅料，这时便出现了以胡桃仁为馅的圆形饼，名曰"胡饼"。古往今来，人们把月饼当做吉祥、团圆的象征。每逢中秋，皓月当空，阖家团聚，品饼赏月，谈天说地，尽享天伦之乐。

月饼象征着团圆，是中秋佳节必食之品。在节日之夜，人们还爱吃些西瓜、水果等团圆的果品，祈祝家人生活美满、甜蜜、平安。

北宋皇家中秋节喜欢吃一种"宫饼"，民间俗称为"小饼"、"月团"。苏东坡有诗云："小饼如嚼月，中有酥和怡。"

到了明代，中秋吃月饼才在民间逐渐流传。当时心灵手巧的饼师，把嫦娥奔月的神话故事作为食品艺术图案印在月饼上，使月饼成为更受民众青睐的中秋佳节的必备食品。明代田汝成《西湖游览志余》曰："八月十五日谓中秋，民间以月饼相送，取团圆之意。"富察敦崇《燕京岁时记》称："中秋月饼，以前门致美斋者为京都第一，他处不足食也。呈供月月饼到处皆有。大者尺余，上绘月宫蟾兔之形。""每届中秋，府第朱门皆以月饼果品相馈赠。至十五月圆时，陈瓜果于庭以供月，并祀以毛豆、鸡冠花。是时也，皓魄当空，彩云初散，传杯洗盏，儿女喧哗，真所谓佳节也。唯供月时男子多不叩拜。"

清代，月饼的制作工艺有了较大提高，品种也不断增加，供月月饼到处皆有。清代诗人袁景澜有一首颇长的《咏月饼诗》，其中有"入厨光夺霜，蒸釜气流液。揉搓细面尘，点缀胭脂迹。戚里相馈遗，节物无容忽……儿女坐团圆，杯盘散狼藉"等句，从月饼的制作、亲友间互赠月饼到设家宴及赏月，叙述无遗。

　　月饼发展到今日，品种更加繁多，风味因地各异。其中京式、苏式、广式、潮式等月饼广为我国南北各地的人们所喜食。各种五花八门的月饼也成为中秋节期间，商家们赚钱的大好时机，因此，现在的月饼早已不是本来意义上的月饼了，价钱也由几元、几十元升至几百元甚至几千、上万元了。

　　研制第一颗月球探测卫星"嫦娥一号"是"嫦娥工程"的重中之重。这颗卫星系统不仅较之其他系统有不同的特点，而且任务全新，挑战巨大，技术创新项目很多，卫星研制是对中国航天的严峻考验。

中国航天应大考

　　"嫦娥一号"卫星是我国第一次研制脱离地球引力场的飞行器，相对于一般的地球卫星具有自己的特点，该卫星的研制对中国航天科技工作者提出了许多新的挑战。主要表现在以下几方面。

卫星运行轨道是一个特殊的轨道

　　我们知道，人造地球卫星按其用途可分为距地球200~300千米高度运行的低轨道卫星，有距地球1000千米左右高度运行的太阳同步轨道即中轨道卫星和距地球36000千米高度运行的地球静止轨道即高轨道卫星。"嫦娥一号"卫星的运行轨道与这些卫星是完全不同的，它的轨道与这些卫星比较有其自身的特点。

　　"嫦娥一号"卫星首先由运载火箭送入地球大椭圆轨道，卫星与运载火箭分离后，利用自身的推进系统经过三次加速，进入地球至月球转移轨道，在此期间，卫星需要进行多次轨道调整和姿态机动，以确保能够准确地被月球引力所捕获。卫星在地球至月球转移轨道运行4~5天后，进入月球捕获轨道，进行三次制动，分别经过三个不同轨道阶段进入月球的目标轨道，执行预定的任务。卫星从发射到进入月球目标轨道共需要8~9天。

　　由于地球、月球和卫星都在运动，在地球、月球、卫星三体运动条件下，"嫦娥一号"卫星的轨道设计，较以往的地球和卫星相对运动条件下的设计更为复杂。"嫦娥一号"卫星脱离地球引力飞向月球的过程是沿着一条精心设计的地球至月球转移轨道飞行的，这一复杂的过程分为主动段、调相轨道段、地球至月球转移轨道段、环月轨道段四个不同的轨道段。相对低轨和高轨卫星而言，"嫦娥一号"卫星对应于各飞行阶段的飞行程序更为复杂，这一复杂的程序给测控、变轨、能源、热控等方面提出了很高的要求。由于卫星有轨道交会的要求，卫星的发射日期和发射窗口选择将有较大的限制。

同时，"嫦娥一号"卫星科学探测的目的是要全面了解月球相关信息，对月面进行探测，特别是对月球南北两极的探测，卫星的环绕月球飞行过程中轨道的设计就显得十分重要，因此，我国科学家在确定"嫦娥一号"卫星运行轨道的时候，选择了极月轨道，即轨道相对月球赤道的倾角为90°。为使沿整个轨道所获得的遥感图像具有相同的分辨率，采用了圆轨道。为提高图像的分辨率，尽可能选择较低的轨道高度，卫星轨道高度为200千米。

卫星三体定向技术面对考验

在卫星环绕月球飞行期间，其姿态要一直保持对月球、地球和太阳三个天体定向，各种探测器要保持对准月面，以完成科学探测任务；卫星发射和接收天线要保持对地球定向，以将科学数据传回地球，供地面应用系统研究；卫星的太阳能帆板要保持对

"嫦娥一号"卫星转移轨道

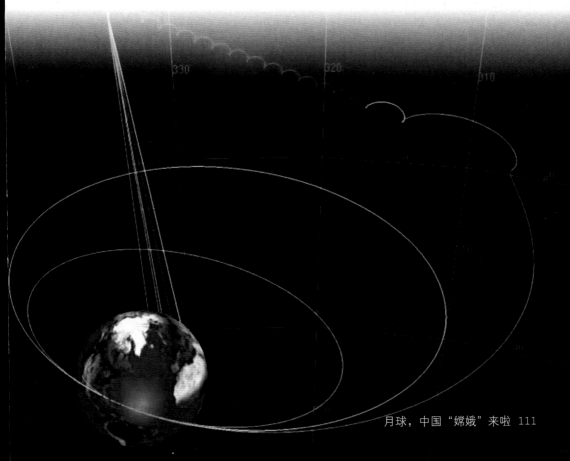

定向天线展开试验

太阳定向；为了使太阳电池阵尽量获得日照，卫星需要采取正飞和侧飞两种姿态，以获得正常工作所需要的电能，但是这样做的同时也增加了卫星姿态控制的附加要求和能量要求。在卫星运行期间，月、地、日三个天体都是相对运动的，姿态控制是三矢量控制过程，三体定向是一项非常复杂的定向技术，需要精确的姿态控制技术。同时，月球的引力场与地球引力场有很大的差别，因此，卫星的轨道动力学特性，轨道控制与姿态控制的设计要求和设计方案与地球卫星相比，有很大的不同。需要在卫星整体布局、质量分布、多轴控制跟踪等方面进行大量的新的理论研究和技术创新，也带来许多工程实践上的巨大挑战。

科技人员在进行设备检查

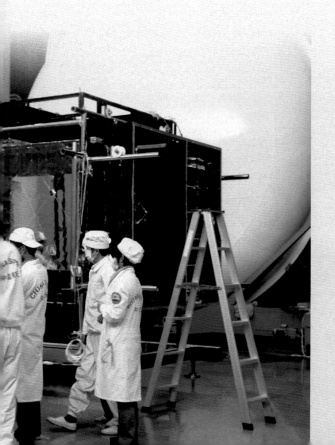

对卫星控制系统的设计和可靠性提出了更高的要求

"嫦娥一号"卫星在奔赴月球的过程中，需要经过主动段、调相轨道段、地月转移轨道段、环月轨道段等过程，在卫星飞行过程中的几个关键变轨点处，卫星的姿态和轨道控制必须及时、准确和可靠，尤其是近月制动阶段，是"嫦娥一号"卫星飞行任务中的最重要的环节，要求确保系统的可靠性和准确性。由于"嫦娥一号"卫星需要轨道交会，要确保卫星在转移轨道的远地点与月球交汇，保持卫星轨道高度的任务十分艰巨；由于月球引力场的异常复杂性，使得卫星的轨道极不稳定，具体表现是近月点的高度会有较大的变化，卫星在环月飞行中的轨道越低这种变化越明显，如果控制技术不过硬，甚至会导致卫星坠入月面，在对卫星进行姿态控制中，这种大幅度改变卫星的运行轨道是过去所没有遇到过的新问题；同时，月球的引力场与地球引力场有很大的差别，因此，卫星的轨道动力学特性、轨道控制与姿态控制的设计要求和设计方案与地球卫星相比，有很大的不同。

对卫星的测控与通信技术提出了更高的要求

"嫦娥一号"卫星到九天揽月，连接它与地球的是看不见的通信信号，必须确保地面对卫星的适时监控、指挥，"看"得见；"测"得上，"控"得准，是保证"嫦娥工程"取得成功的一个关键要素。而地球至月球之间距离约38万千米，遥远的距离，

卫星测控网原理图

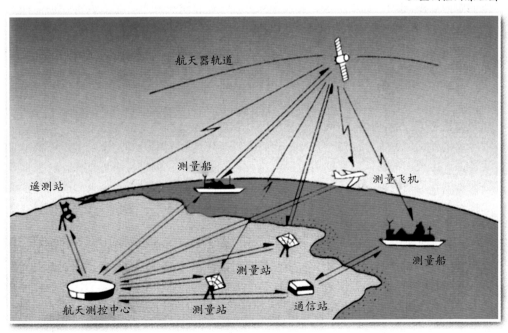

"嫦娥一号"卫星进行环境试验

必然使得测控信号的空间衰减增大，而且月球探测卫星的入轨过程，较中低轨道卫星和地球同步轨道卫星更为复杂，这个过程中的测控任务对测控系统提出了更高的要求，这就要求测控系统的传输能力要达到足够远的距离，给测控系统的能力带来巨大的挑战；另外，卫星飞往月球的过程中和在轨运行期间，卫星的姿态地面必须随时观测和掌握，测控必须满足主要测控手段的可观可控，突破远距离通信问题，这对卫星的测控系统提出了更高的要求。

对卫星电源和热控设计提出了新的要求

"嫦娥一号"卫星在绕月飞行和探测过程中，将遇到近月空间各种特殊的环境，而这些环境将对卫星的性能、可靠性和工作寿命产生影响。在卫星经历主动段、调相轨道阶段、地月转移轨道阶段、环月正飞/侧飞等阶段过程中，星上设备存在多种工作模式，并且月球反照、红外辐射随在轨不同阶段及发射的时机不同而变化较大，此外，环月卫星与太阳的相对位置变化也较大。上述因素的综合影响，给卫星的热控设计增加了很大的难度。

同时，专家认为，月球环境也是"嫦娥一号"卫星热控设计中所必须关注和重视的重大制约因素。"嫦娥一号"卫星与已往研制的卫星所处的空间环境有很大的不同，在转移轨道上经受的地球空间自然环境以及在环月轨道上经受的月球空间自然环境存在巨大的差别，例如，地球至月球空间的强辐照环境和大温差等都会对卫星上的电子元器件产生很大的影响，要使卫星适应这种不同的环境，稳定可靠地工作，对卫星及各设备的环境适应性、可靠性提出了更高的要求。同时，环月卫星与太阳的相对位置变化也较大，阳光对轨道面的照射方向在一年内将变化360°，这种状况为卫星的电源和热控设计增加了极大的难度。

此外，月食对"嫦娥一号"卫星的温度也有着重要的影响。月食时，月球正面的太阳直接辐射能、月表反射能和月表红外辐射能都迅速减少，而同时，由于太阳电池供电减少，能源短缺，可用来给设备加热的电能也相当有限。准确地了解月食时月表的太阳辐照和温度，对于"嫦娥一号"卫星的热设计和热分析，以及应对方案的制定，具有重要意义。

"嫦娥一号"进行热真空试验

空间环境对卫星防护设计提出了很高的要求

　　卫星在转移轨道上经受的地球空间的自然环境，以及在环月轨道上经受的月球空间自然环境，与常规卫星的空间环境有极大的不同。

　　空间等离子体影响卫星通信和电源系统。地球磁层等离子体、太阳风可能引起星体表面充放电。地球辐射带粒子、太阳宇宙射线、银河宇宙射线引起总剂量效应和单粒子效应以及卫星内部充放电效应；地球磁场将对航天器姿态产生影响；太阳电磁辐射使卫星表面材料性能产生变化。

　　除了粒子辐照外，还有软爱克斯射线和紫外线。软爱克斯射线和紫外线也会影响表面涂层和光学器件，太阳紫外和软爱克斯射线的光子使光学材料退化。

　　由于受月球无磁场屏蔽作用，银河宇宙射线、太阳耀斑爆发产生的太阳宇宙射线，会直接作用

技术人员进行试验前准备

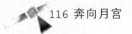

到环月飞行的卫星上，这种情况比地球卫星环境恶劣。银河宇宙射线和太阳宇宙射线可能会引发单粒子事件，所以在卫星电路设计上需要重点对单粒子效应进行防护。

……

上述大量的情况使得"嫦娥一号"卫星的研制成为我国"嫦娥工程"中的重中之重，事关"嫦娥工程"的成败。而"嫦娥工程"对"嫦娥一号"卫星提出的目标是："精确变轨、绕月飞行、有效探测、一年寿命。"为实现工程总体提出的工程目标，出色地完成各项探测任务，在"嫦娥一号"卫星的工程研制中，我国航天科技工作者本着"快、好、省"的原则，根据我国目前的科学技术水平，充分利用我国应用卫星研制的成功经验和成果，最大限度地采用经过太空飞行试验检验的卫星各分系统的硬件和软件，并针对卫星环绕月球飞行的特点，进行了大量必要的适应性修改和创新。在"嫦娥一号"卫星的设计中，遵循和贯彻了一系列可靠性设计原则，采用了大量的技术，极大地增强了卫星的可靠性。

2002年4月，"嫦娥一号"卫星转入预发展阶段，开始进行卫星的方案设计工作。承担卫星研制工作的科技人员在前期论证的基础上，着眼于"嫦娥一号"卫星所担负的使命，通过对用户需求分析和与其他四大系统的协调，开展卫星总体方案论证和各分系统的方案设计工作，确定卫星的主要技术指标，并很快完成了卫星方案的细化和指标的分解工作，在此基础上，协调了卫星各分系统的接口技术要求，明确了初样产品的技术状态。同时，重点开展了卫星的轨道设计、制导导航与控制系统方案设计、测控系统方案设计、紫外敏感器和定向天线等关键技术的攻关工作。

2002年9月，完成了分系统方案的评审，当年12月，完成了卫星总体方案的评审，在紫外敏感器和定向天线等关键技术攻关方面，取得了突破性进展。2003年12月，完成了卫星初样的设计

科技人员为卫星穿"衣裳"

"嫦娥一号"卫星转运

工作和初步评审，2004年初，完成了卫星各分系统的详细设计阶段。

2002年9月，"嫦娥一号"卫星各分系统方案通过了设计评审，2002年11月，在中国空间技术研究院专家挑剔的目光下，"嫦娥一号"卫星总体设计方案通过了专家的审查。自此，"嫦娥一号"卫星开始了初样的研制工作。2003年底"嫦娥一号"卫星研制队伍完成了卫星初样初步设计工作和初步设计评审；2004年初，卫星各分系统转入详细设计阶段。

2004年3月，国防科工委组织召开了"绕月探测工程第一次工作会和大总体协调会"，进行了大系统间技术协调。

转动惯量检测

2004年4月，国防科工委下发了研制总要求，自此，研制队伍遵循温家宝总理"精心组织、团结协作"、"高标准、高质量、高效率地完成绕月探测工程任务"的指示精神，在国防科工委及中国航天

"嫦娥一号"卫星力学试验

科技集团公司的领导下，开展了"嫦娥一号"卫星的研制工作。

2004年7月1日开始，"嫦娥一号"卫星开始进行初样研制，经过近18个月的研制，突破了许多关键技术和试验验证工作，于2005年12月9日完成整星转正样评审。

2005年12月，"嫦娥一号"卫星转入正样阶段研制。2006年1月至5月完成了正样星部装、管路焊接、分系统联试、星上产品验收及正样星总装。2006年5月后，完成了各种测试试验和演练。

"嫦娥一号"卫星科技人员进行天地对接试验前检查

2007年1月19日，在完成了研制流程规定的各项工作后，"嫦娥一号"卫星终于迎来了奔赴发射场前集团公司级和国防科工委级的"大考"。

以工程总设计师孙家栋院士为组长、工程总指挥栾恩杰、首席科学家欧阳自远院士等28位专家组成的评审组在听取了卫星出厂研制预质量报告、质量监督代表的意见后，针对月球探测卫星的特点，对奔月轨道设计、热设计等关键问题提出了置疑，叶培建总设计师等给予了解答。评审组认为，"嫦娥一号"卫星已完成了正样研制流程规定的全部工作，卫星技术状态、功能和性能均满足工程大总体提出的要求；研制过程质量受控，出现的问题已按规定要求完成了归零和分析工作，对其他型号出现的问题已进行了举一反三工作，卫星质量状态良好，同意通过出厂评审。

　　如果从卫星方案设计算起，"嫦娥一号"卫星研制前前后后花了5年的时间。如果从"嫦娥工程"正式立项，卫星开始工程研制算起，实际研制只花了3年多时间。

　　根据国务院和国防科工委的要求，"嫦娥工程"一期工程定于2007年正式实施，根据技术要求，"嫦娥一号"卫星的发射窗口有两个，一个是在2007年4月，另一个是在2007年10月。而"嫦娥一号"卫星和工程的其他大系统都是按照在2007年4月发射做准备的。

　　本来，"嫦娥一号"卫星是准备在上半年发射的，但是，为了进一步提升卫星的质量，确保我国首次探月获得圆满成功，使"嫦娥工程"有一个良好的开端，国防科工委和"嫦娥工程"领导果断地决定，将"嫦娥一号"卫星的发射窗口调整到下半年。

"嫦娥一号"探月卫星轨道示意图

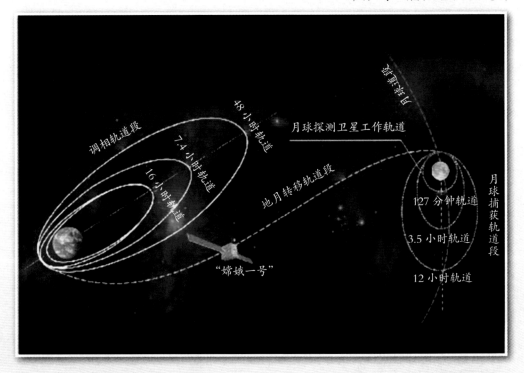

"嫦娥一号"卫星进行设备检查

"嫦娥一号"卫星进行力学实验

2007 年 8 月 3 日，"嫦娥一号"卫星发射窗口调整后整星通过了国防科工委的出厂审定，以"嫦娥工程"总设计师孙家栋为组长的评审委员会成员，听取了"嫦娥一号"卫星发射窗口调整后出厂研制与质量报告，对相关问题进行了质疑、现场把关后认为，"嫦娥一号"卫星完成了发射窗口调整后研制流程规定的全部工作和各项试验、验证和测试工作，卫星技术和质量状态受控，状态良好，满足要求，同意通过出厂评审。至此，卫星研制工作宣告结束，研制队伍已经做好了各种技术准备工作，待命出征。

"嫦娥一号"卫星进行质心检测

零距离接触"嫦娥一号"

　　根据月球探测科学目标任务的需求，本着充分利用现有成熟技术和"又快、又好、又省"的原则，"嫦娥一号"卫星研制工程在总指挥兼总设计师叶培建院士的带领下，根据月球探测任务和有效载荷的要求，开展技术创新，精心打造了一颗全新的、高品质的月球探测卫星。

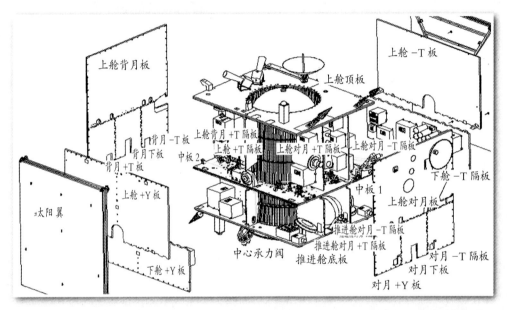

"嫦娥一号"卫星主结构示意图

"嫦娥一号"卫星的结构组成

　　"嫦娥一号"卫星是借鉴我国以往卫星工程研制的经验，经过大量的适应性修改，根据任务进行技术创新研制的我国第一颗月球探测卫星。

　　卫星平台具有较大的承载、适应性修改和可扩充能力，其构型布局可以满足月球探测有效载荷的需求，整个平台的推进系统携带的燃料，除了可以保证卫星从地球到月球转移轨道和环月轨道过程中多次变轨机动外，根据计算，卫

"嫦娥一号"卫星天线展开试验

"嫦娥一号"在厂房

星在轨运行一年后，还有余量，可用于进一步的科学试验，完全能满足月球探测卫星的需求。

"嫦娥一号"卫星结构分为上舱和下舱两大部分，其中上舱主要用于对月探测有效载荷设备的安装和部分卫星平台设备的安装。下舱主要安装蓄电池、电源控制器及控制分系统设备。

"嫦娥一号"卫星重量 2350 千克，设计寿命 1 年。卫星由 9 个分系统组成。即有效载荷分系统、结构与机构分系统、热控分系统、制导导航与控制分系统、推进分系统、供配电分系统、数据管理分系统、测控数传分系统、定向天线分系统。

"嫦娥一号"卫星各系统的组成及功能

"嫦娥一号"卫星各分系统的功能和作用如下：

有效载荷分系统

"嫦娥一号"卫星的有效载荷分系统由五类科学探测设备和有效载荷数据管理子系统六类载荷组成，共有 25 台设备。这些科学探测设备的主要任务是：获取月球表面的立体图像、多光谱图像以及地形高度数据，探测月壤厚度和有用元素的含量和分布，探测地月空间环境。有效载荷数据管理子系统的主要任务是：完成科学探测数

"嫦娥一号"立体相机和成像干涉光谱仪

微波探测仪构成

据的采集、存储处理任务，完成有效载荷的在轨管理。

光学成像探测系统：主要用于月球表面三维影像探测。CCD 立体相机具备获取月表同一目标的星下点、前视、后视，获取三幅二维原始数据图像的能力，分别经辐射定标（绝对定标）修正后，利用精密定轨后所获得的月心坐标系中摄像坐标位置和摄像时刻的卫星姿态信息重构月表三维立体影像。这项任务将由卫星上携带的 CCD 相机和激光高度计来联合完成。CCD 立体相机沿飞行方向对月表目标进行推扫，可以得到月球表面目标三个不同角度的图像，图像的分辨率为 120 米。激光高度计用于测量卫星到星下点月球表面的距离，其激光测距分辨率为 1 米。"嫦娥一号"卫星绕月球两极圆轨道进行探测，通过两种设备配合使用，可以了解月球地形地貌，得到完整的月球三维地图，为后续优选软着陆地址提供参考依据，更好地了解月球的地质构造和演化历史。

干涉成像光谱仪是利用不同物体具有不同的光谱特性曲线成像的一种相机，对月面进行多光谱遥感。

由于干涉成像光谱仪的象元分辨率和 CCD 相机的象元分辨率间呈一定比例关系，且两类遥感设备同时对月面目标进行成像拍摄，因此，在立体成像得到的月面数字形貌模型的基础上填注专题要素信息，完成对区域性的资源和物质特性调查的目的。

"嫦娥一号"激光高度计

为获取高程数据，精化月面数字形貌模型，卫星配置激光高度计，与卫星轨道参数相结合，为三维立体成像提供高程参数。

伽马 / 爱克斯射线探测：伽马 / 爱克斯射线谱仪探测月表元素受宇宙射线激发产生的伽马射线和荧光爱克斯射线能谱，通过数据处理获得月表主要元素的含量和分布，从而确定月球表面位置类型和资源分布。由于宇宙线与元素相互作用产生的伽马 / 爱

埃克斯射线谱仪

克斯射线强度有限，因此要得到较好的统计精度，需要伽马／爱克斯射线谱仪具有高探测效率和较长的采样时间，累加数月乃至一年。"嫦娥一号"将探测月面钛和铁等14种可能有开发利用前景的重要元素的分布特点和规律，并初步编制各元素的月面分布图。这些任务将由伽马／爱克斯射线谱仪联合完成。

微波探测仪：利用不同频段微波在月壤中穿透深度不同的特点，通过对月壤特定频段微波辐射亮温的测量，反演出月表不同地区月壤的厚度信息。主要用于评估月壤与氦－3资源。

空间环境探测：采用太阳高能粒子探测器和离子探测器对地—月空间环境进行探测，主要探测太阳风中的重离子成分、质子能谱、低能离子成分及其空间分布。

结构与机构分系统

卫星结构用于支撑和固定卫星的各种设备、仪器，使之构成一个整体，以承受地面运输、卫星发射和空间运行时的各种力学和空间运行环境。"嫦娥一号"卫星主结构是由中心承力筒和28块蜂窝夹层板组成的一个长方体箱形结构。结构组成和形式继承"东方红三号"平台的中心承力筒加蜂窝板的形式。

热控分系统

热控分系统采用主动和被动热控技术保证寿命期内卫星有效载荷系统及其他各分系统的仪器设备温度要求。其组成主要包括热控涂层、隔热材料、电加热器、传感器、热管、热控电性产品等。鉴于热设计边界条件复杂，系统较多地采用了主动控温设计。加热器的通断控制由数管分系统完成。

制导导航与控制分系统

制导导航分系统由敏感器部件、执行机构部件和控制器部件组成。主要任务是：完成卫星奔月过程所需的多种姿态的变换和控制，实现卫星对月定向的三轴稳定姿态、太阳帆板对日定向跟踪、定向天线对地定向。

推进分系统

推进分系统采用双组元统一推进系统，主要任务是：与制导导航分系

"嫦娥一号"卫星技术人员在安装壁板

统配合，在从星箭分离开始到卫星寿命终了的时间内，向卫星提供变换和保持各种运行姿态，进行轨道控制和修正所需的动力。

供配电分系统

供配电分系统包括一次电源、二次电源和总体电路，一次电源采用太阳翼－蓄电池组联合电源，为卫星产生、贮存和调节电能，以满足卫星在整个飞行过程中的供电需求；二次电源采用分散供电方式，将卫星的一次母线电压变换成星上各分系统及设备所需要的电压；总体电路实现星上一次电源分配和控制，以及火工品的管理和控制。

数据管理分系统

数据管理分系统是二级分布式容错计算机系统，由中央单元、远置单元和遥控单元，以及一套双冗余的串行数据总线和数管分系统软件组成。用以实现卫星遥测、遥控、程控、星载自主控制、校时等整星控制和管理功能。

测控数传分系统

测控数传分系统由星载测控、数传和 VLBI 信标等部分构成。为卫星的跟踪测轨、遥控和遥测提供上、下行 S 波段射频信道；提供两个 X 波段信标信号供 VLBI 地面站测轨使用；为卫星提供高稳定度的基准时钟；完成科学数据的传输任务。

定向天线分系统

定向天线采用双自由度机构实现半空间覆盖，为数传下行信道和遥测下行信道提供满足任务要求的天线增益。

技术人员在进行卫星月球敏感器测试

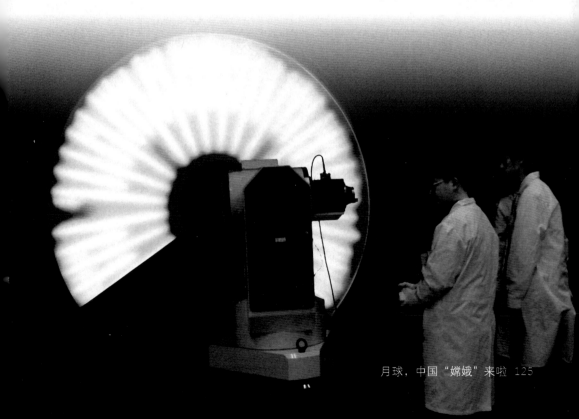

中国"嫦娥"奔月"路线图"

"嫦娥一号"怎样奔月？是许多人关注的问题。

我们知道，发射月球探测器对月球进行考察，不外乎有两种形式，一种是探测器围绕月球进行考察，另一种是探测器在月面上着陆考察，由于它们的出发点地球和目的地月球都处于运动的状态中，因此，月球探测器必须选择合理的飞行路线，以便最近、最省时地飞向月球目标。

据计算，飞往月球的探测器的初速度不得小于 10.848 千米/秒。月球探测器在飞行过程中，常常是在地球和月球的共同作用下运动的。科学家将月球探测器的轨道飞行分为两个阶段，一个是以地球引力为主的阶段（当月球探测器与月球的距离大于 6.6 万千米时），另一个是以月球引力为主的阶段（当月球探测器与月球的距离小于 6.6 万千米时）。而且在实际飞行中，月球探测器还要受到太阳的引力。因此，月球探测器的飞行路线非常复杂。

如果月球探测器的最终目的为撞击月球的话，那么就要选择适当的发射时间，使月球探测器的飞行轨道与月球相交；如果要击中月球表面的特定区域，发射初速度、发射时间和月球所在的位置及运动都需要严格的选择，而且在飞行途中还要严格修正。如果要长时间地考察月球，月球探测器需要成为围绕月球飞行的卫星。如果月球探测器要在月面上着陆，它可以从接近月球的轨道上经过机动飞行，在月球上着陆。但是，由于月球没有大气层，无论哪一种着陆方式，都需要在探测器下降过程中，用探测器本身携带的发动机制动，以便实现软着陆。

前面讲过，"嫦娥一号"卫星的轨道由主动段、调相轨道段、地月转移轨道段、环月轨道段四个部分组成。那么，具体来说，"嫦娥一号"卫星奔赴月球的过程是这样的：

火箭发射升空后，将"嫦娥一号"卫星送入轨道倾角为 31°，近地点 200 千米、远地点 51000 千米的大椭圆轨道，即主动段。卫星与火

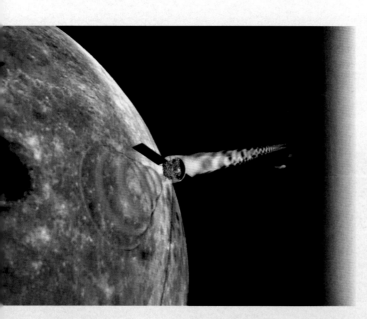

"嫦娥一号"卫星飞向月球

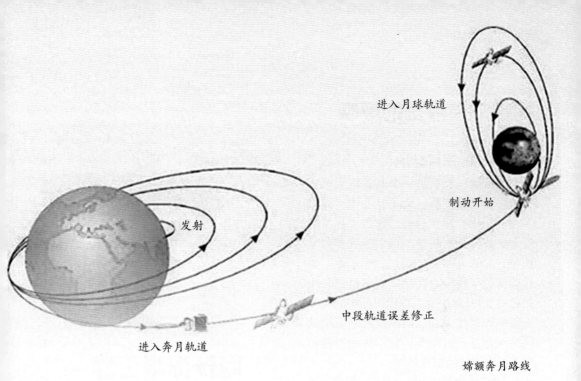

进入月球轨道

制动开始

发射

中段轨道误差修正

进入奔月轨道

嫦娥奔月路线

箭分离后，依靠卫星自身的推进系统进行一系列机动变轨，最终到达飞行任务所要求的轨道。

调相轨道段。卫星进入这个阶段后，需要将大椭圆轨道的能量进一步增大，为此，要进行一系列远地点和近地点机动变轨，逐步增加卫星近地点的速度，使卫星远地点的高度逐步增加，使其变为远地点高度为38万千米的地－月转移轨道。

地－月转移轨道段。卫星到达近月点，进入月球捕获轨道时，为使其变为执行任务的圆轨道，将通过近月制动，使卫星减速，进入围绕月球运行的200千米高度的工作圆轨道。

环月轨道段，卫星正式进入环月运行轨道，轨道高度为200千米高的圆轨道。这种特点要求卫星研制者必须着眼于月球卫星所处的特殊性，通过突破关键技术，实现技术创新，才能完成所赋予的科学探测任务。

2007年10月24日，"嫦娥一号"卫星带着中华民族的期待和"嫦娥奔月"的古老传说，在西昌起步，奔向38万千米的遥远月球，开始了中国深空探测的首航。"明月几时有，把酒问青天……我欲乘风归去，又恐琼楼玉宇，高处不胜寒……"我国无数文人墨客笔下的奔月梦想开始变成现实。我国成为世界上第五个自主发射月球探测器的国家。

嫦娥来自月宫的呼唤

寓意深刻的探月标识

"嫦娥工程"是一个有着巨大感召力的科技创新工程，为了让我国"嫦娥工程"家喻户晓，通过"嫦娥工程"激发全民族的创新精神、探索精神和科学精神，2005 年 8 月 15 日，国防科工委月球探测工程中心在北京中华世纪坛正式启动了"月球探测工程标识征集活动"。工程标识将代表着"中国探月"所昭示的精神力量，向全世界展示我国科技工作者奋发向上的精神风貌。

中国探月标识

"月球探测工程标识征集活动"是我国第一次采用全国征集的方式为重大航天工程设计标识。一时间，全国各大媒体、网站都纷纷报道了这个消息，我国月球探测工程将有自己的标识的消息不胫而走。月球科学爱好者和关注中国航天发展的各界人士都对这个活动报以极大的关心，一大批有设计能力的朋友纷纷拿起笔，为中国月球探测工程设计标识。

截至 2005 年 9 月 10 日，组委会共征集到参选作品 1026 份，这些作品主要来自国内，也有的来自澳大利亚、德国、美国等国的华人和外国友人，在参加标识设计的人中，年龄最小的 12 岁，最大的 70 岁。

2005 年 9 月 10 日~20 日，月球探测工程标识征集评审委员会和专家组根据标识征集办法，经过初选、复选和三选三轮认真评选，在千余件作品中选出了八强作品，并于 9 月 23 日正式对外公布。同时，在新浪网上启动全国票选活动，请公众推选自己最喜爱的标识作品。截至 10 月 10 日，共收到选票 16826 张。

2005 年 10 月 20 日，月球探测工程中心组织标识评选委员会和专家组会议，结合全国评选结果和各位领导、专家的意见以及作品延展设计效果，对八强作品进行综合评价，评选出三甲作品。

此后，月球探测工程中心又组织有关设计专家和三甲作品作者共同对三甲作品进行修改和完善。

2005 年 12 月 29 日，国防科工委月球探测工程中心将修改后的作品提交绕月探测工程领导小组进行审议。

2006 年 2 月 10 日，历时 5 个多月的"月球探测工程标识征集活动"落下了帷幕，我国月球探测工程标识终于名花有主。由上海设计师顾永江设计的作品被确定为我国月球探测工程标识，该标识在网络票选中以最高票数获得了网络人气奖。此外，由浙江设计师苏志怀和福建设计师林秀杭设计的作品获得了本次征集活动优秀作品奖。为了展示这次活动的成果，国防科工委专门在月球探测工程中心的演示大厅举办了"月球探测工程标识发布暨颁奖仪式"。

上海设计师顾永江设计的标识之所以中选，专家认为，他设计的标识喻意深刻，主题明确，充满美感。这个标识以中国书法的笔触，抽象地勾勒出一轮圆月，一双脚踏在其上，象征着月球探测的终极梦想；圆弧的起笔处自然形成龙头，象征着中国航天如巨龙腾空而起；落笔的飞白象征着一群和平鸽，表达了我国和平利用空间的美好愿望。整体图形由一弧两点组成，这个构形又非常巧妙地形成了中国古文中的"月"字，写意的笔触旨在传达一种探索的信念。

集中民族智慧选定的30首歌曲

"嫦娥工程"的开展，引起了社会各界的广泛关注。为了满足全球华人参与这项伟大工程的意愿，2006年，国防科工委提出了152首候选曲目，联合中央电视台、中国音乐家协会共同组织了"嫦娥一号"卫星播放歌曲评选活动，希望集华夏儿女的智慧，在中国乐曲的海洋里遴选出一组最能表达国人崇尚科学、探索自然、追求真理、爱好和平、热爱生活的优秀曲目，由"嫦娥一号"搭载飞天，让中国人的声音，让中华民族的优秀文化作品在太空回荡，借以歌颂伟大的祖国，振奋民族精神，弘扬中华传统文化。从而，展示中华文化之美，提升中华文化的影响力。

在2006年10月6日传统的节日——中秋节，国防科工

东方红一号卫星

委联合中央电视台、中国音乐家协会共同组织了我国第一颗人造月球卫星"嫦娥一号"播放歌曲评选活动落下帷幕,在公众投票的基础上,评委会最终选定了30首曲目。它们是:《但愿人长久》、《谁不说俺家乡好》、《爱我中华》、《歌唱祖国》、《梁山伯与祝英台》、《我的祖国》、《走进新时代》、《二泉映月》、《黄河颂》、《青藏高原》、《长江之歌》、《在希望的田野上》、《春天的故事》、《七子之歌》、《我的中国心》、《高山流水》、《草原上升起不落的太阳》、《阿里山姑娘》、《贵妃醉酒》选段、《难忘今宵》、《歌声与微笑》、《春节序曲》、《半个月亮爬上来》、《游园惊梦》选段、《富饶辽阔的阿拉善》、《良宵》、《十二木卡姆》选曲、《东方之珠》、《在那遥远的地方》、《我是中国人》。

37年前,当我国第一颗人造地球卫星东方红一号传回《东方红》乐曲时,全国上下欢欣鼓舞。当我国第一颗人造月球卫星"嫦娥一号"绕月飞行时,这些几乎涵盖中华音乐精华的30首作品,将原汁原味地从寰宇传来。

入选的这些歌曲的一个显著特点是具有浓郁的民族特色。在这组歌曲中,最能代表月亮与人类关系,表达中华民族情感的莫过于《但愿人长久》了。参与评选活动的音乐界专家认为,"新民歌王后"青年歌唱家陈思思的《但愿人长久》,最能够表达中国人民热爱祖国、热爱生活、热爱和平、探索自然、崇尚真理的美好追求和高尚情操,能充分展示中华文化之美,提升中华文化的影响力。

在入选歌曲中,《富饶辽阔的阿拉善》是唯一用蒙古语演唱的阿拉善地区的古老民歌,这首蒙古长调,节奏缓慢,是当地民间宴会上法定演唱的歌曲之一,和阿拉善

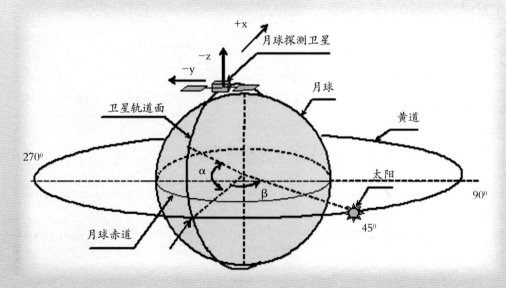

"嫦娥一号"环月正飞卫星姿态

的历史一样长，有二三百年。有着 27 万平方千米大地的阿拉善，虽说现在是沙漠戈壁广布，但历史上这里富饶辽阔，是个水草丰美的地方。近半个世纪，阿拉善为我国的航天事业作出了很大奉献。特别是通过"神舟"飞船的发射，阿拉善更引世人瞩目，这里也被称为"神舟升起的地方"。《富饶辽阔的阿拉善》的入选，是浓郁民族特色和航天高科技相结合的具体体现。入选的 30 首歌曲中还包括另一首内蒙古歌曲《草原上升起不落的太阳》。

值得提及的是，我国的国歌《义勇军进行曲》和曾由我国第一颗人造地球卫星"东方红一号"在太空奏响的《东方红》乐曲，因其特殊的地位，也将在"嫦娥一号"卫星上与这 30 首歌曲一起搭载播放。

科技发展让嫦娥歌喉更圆润

自我国第一颗人造卫星"东方红一号"发射成功至今，光阴已走过了 40 个年头，科学技术的进步也体现在"嫦娥一号"卫星所搭载播放的这些乐曲里。

"东方红一号"卫星反复向地面播送的只是《东方红》乐曲的前八小节，还不能算是完整的乐曲，旋律原始，没有伴奏，没有人声。与当年"东方红一号"卫星播放《东方红》乐曲所不同的是，"嫦娥一号"从广袤太空传回的歌曲、戏曲和音乐，不仅旋律优美，还可以真切地听出是哪个演员演唱，用什么乐器演奏的，几乎和在地面我们日常听到的没有任何区别。

近 40 万千米如此遥远的距离，在乐曲的播放技术上是怎样实现跨越的？科技人员介绍，"嫦娥一号"卫星播放歌曲，是通过一个特殊的存储器，从地面录制一些音乐作品带到卫星上。在卫星进入绕月轨道后，利用这个存储设备和卫星上的传输设备，从遥远的太空将这些音乐传回地面。地面接收系统可以把这些音乐接收下来并传播出去。因此，从月球轨道上传回来的乐曲，将是我国电子技术的一次成功展示。在"东方红一号"卫星发射的时候，人们是通过模拟信号，利用全国为数有限的收音机，接收《东方红》乐曲声，现在，人们是通过数字信号，通过遍布全国城乡、边陲的收音机或电视机以及网络，收听来自 38 万千米外太空的音乐盛典。

来自月球上的"天籁之音"

从"嫦娥一号"卫星传回来的语音材料以播放歌曲和科普知识两个大部分组成，通过拟人化的主持，将各个语音片断连接起来，形成一个有机的整体。

配合"嫦娥一号"卫星发射和各种在轨工作状态，有关部门还选择了一些有关的科普知识，在重要节日、重大文化活动时，用拟人化的方式播出，以第一人称"我"代表"嫦娥一号"，并配合已在歌曲评选活动中选出的 10 首背景音乐。

具体的播放语音方案是：

当卫星成功进入月球轨道的时候，用中英文播出：我来了，月球！在传说里，几千年前嫦娥曾飞到月宫。今天，我，嫦娥一号来了，带着中国的问候："月球，你好""你好，月球"！

37 年前，中国第一颗人造卫星"东方红一号"第一次飞上太空，一曲《东方红》响彻寰宇，宣告了中国航天新纪元的开始。（东方红一号卫星播放的原声）

今天，我要以一首古琴曲《高山流水》传递中国人对你的祝福以及对全世界人民的问候。播出：《东方红》"东方红一号"卫星播出的原音和《高山流水》。

当卫星传回第一组数据的时候：从离开地球到现在，我一边飞行一边打探着浩淼而神秘的苍穹。现在，我要传回第一组太空探测数据。

卫星传回第一幅照片："今人不见古时月，今月曾经照古人。"千百年来，中国人对月亮充满了美妙的遐想。飞天的嫦娥是否容颜未改？广寒宫的桂花树是否香飘依旧？现在就把我拍到的第一张月球照片传回地面。播出《半个月亮爬上来》。

2007 年 12 月 20 日，澳门回归纪念日：8 年前的今天，澳门回到了祖国的怀抱，让我们重温《七子之歌》，祝愿澳门在祖国的怀抱中朝气蓬勃，充满活力。播出《七子之歌》。用《七子之歌》祝愿澳门同胞幸福美满，澳门日益繁荣。

2008 年 1 月 1 日，元旦：新的一年又开始了。从东北到西南，从草原到雪域，让我们同声歌唱美好生活。播出《草原上升起不落的太阳》、《青藏高原》。歌声将伴随人们共同迎接新的一年，新的憧憬，创造新的生活。

2 月 7 日，春节：我在月球上向大家拜年啦，我要送上一首来自月球的《春节序曲》，祝全国人民阖家欢乐，身体健康，万事如意！播出《春节序曲》。一曲优美的歌曲，带来"嫦娥一号"给全国人们阖家团圆，安康幸福的祝福。

3 月 8 日，国际劳动妇女节：今天是全世界女性的节日，在"嫦娥工程"的研制队伍中有非常多的女同胞，在这个女性专有的节日里，我要为全国的女同胞送上一首歌。播出《在那遥远的地方》。

4 月 22 日，世界地球日：月球是美丽而荒凉的，凝视着它，我担心我那美丽的家园——地球，会不会有一天也变成这样？爱护我们的地球家园吧，她是养育我们的母亲。播出《谁不说俺家乡好》。

5 月 1 日，国际劳动节：今天是"五一"国际劳动节，在这个日子里，我要为所有的劳动者送上一支歌。播出《在希望的田野上》。歌声表达了"嫦娥工程"研制者向劳动者致以节日的问候，同时，也表明"嫦娥工程"是辛勤劳动的结果，是面向世界热爱劳动和和平人们开放的工程。

6 月 1 日，国际儿童节：今天是"六一"国际儿童节，我在太空中祝愿世界各国的小朋友节日快乐，祝福小朋友们健康成长。播出《歌声与微笑》。

6 月 8 日，端午节：今天是端午节，是纪念中国伟大诗人屈原的日子。早在 2000 多年前，屈原在诗篇《天问》中问到"日月安属？列星安陈？"今天，我来了，为先人们寻求答案。播出《游园惊梦》、《十二木卡姆》选曲、《富饶辽阔的阿拉善》。

6 月 14 日，世界献血日：今天是世界献血日，让我们伸出爱的双臂，奉献我们的赤诚，愿世界充满爱。播出背景音乐《让世界充满爱》。激励大家在这个被爱包围的日子里，伸出爱的双臂，奉献我们无私的爱，让世界充满爱。

倡导热爱科学勇于探索精神，是我国月球探测工程文化建设的主旨，为使探月工程文化建设的主旨与国家的需要紧密结合起来。

6月29日，全国科普行动日：今天是全国科普行动日。没有科学的发展，我只能在幻想中亲近月球。让我们所有人在科学思想和科学精神的指导下学习科学知识，构建一个和谐的社会。

7月1日，中国共产党成立纪念日：今天是中国共产党的生日，87年来，党带领中国人民取得了一个又一个胜利，创造了一个又一个辉煌，我祝愿党永葆青春，带领中国永远向前。播出《歌唱祖国》。歌曲展示着党的光辉历程，预示着中国人前进的脚步将像春天一样更加充满勃勃生机。

7月1日，香港回归纪念日：今天，香港这颗璀璨夺目的东方之珠回到祖国怀抱11年了，我祝愿香港的明天更美好。播出《东方之珠》，以此表达全球华人为祖国强大的心声。

8月1日，中国人民解放军建军节：今天是中国人民解放军建军节，在遥远的月球上，每当我回望美丽的家乡，都能看到英勇无畏的人民解放军战士日夜守卫着我们的祖国。在他们的保卫下，我们的祖国是那样安祥而繁荣，今天，我要送一组歌给我们伟大的人民解放军。播出《我的祖国》、《黄河颂》、《长江之歌》。歌声表达了对战斗在祖国边防、海岛、哨卡的国家安全的守卫者致以节日的慰问。

8月8日，奥运会开幕。中英文：今天，全世界最灿烂、最夺目的城市是我们伟大祖国的首都——北京！第29界奥运会在北京隆重开幕，绿色奥运、科技奥运和人文奥运的主题将在北京一一呈现！中华文明的光彩将随着"新北京，新奥运"的理念展现给世界各国人民！"同一个世界，同一个梦想"，奥林匹克精神将在北京完美演绎。我们祝愿，北京奥运会将成为历史上最伟大的一届奥运会！播出《欢乐颂》。

9月10日，教师节：春蚕到死丝方尽，蜡炬成灰泪始干。教师是人类灵魂的工程师。今天是属于他们的节日，此刻，我寄清风与明月，遥祝天下为人师者健康平安。

9月14日，中秋节：中秋佳节，凝聚了多少中华儿女对亲情的执著、对故乡的依恋。明月千里寄相思，让我们共赏明月，共盼团圆。播出《阿里山的姑娘》、《但愿人长久》。以此表达千百年来人们对月亮的好奇和向往，表达对两岸团聚的渴望。

10月1日，国庆节：今天，是中华人民共和国59岁生日，铿锵的国歌声又在我耳边响起。我祝愿祖国繁荣富强，社会和谐发展。播出《义勇军进行曲》。"嫦娥一号"在遥远的另一个星球，祝贺祖国生日，祝愿祖国繁荣昌盛。

10月7日，重阳节：今天是重阳节，我祝愿所有的老人健康长寿。

2008年10月，"嫦娥一号"卫星完成任务前：经过一年的太空遨游，我的任务已经结束。我祝愿在"自主创新、重点跨越、支撑发展、引领未来"的方针指导下，中国的探月工程不断创造新的辉煌。

在"嫦娥一号"卫星绕月运行过程中的一些重大动作即将开始或完成后，在播放歌曲的同时，主创人员将不失时机地穿插大量的有关月球探测、月球卫星的相关知识。

如在卫星成功度过月蚀的时候，我们又可以听到"嫦娥一号"的声音："我要向祖国报告，"嫦娥一号"已经安全度过了在月球上的第一个寒冷而漫长的黑夜——月蚀。"为了感谢工程技术人员给我一个健壮的体格，我要为他们送上两首歌，接着你会听到《二泉映月》、《半个月亮爬上来》的优美旋律；当"嫦娥一号"卫星正飞转侧飞的时候，"嫦娥一号"报告："今天我又完成了一个高难动作，为了获得充足的能量，获得充足的光照，我已经从正飞转入侧飞状态。接着，讲解为什么要将卫星从正飞状态转入侧飞状态；在 2008 年 10 月，"嫦娥一号"卫星完成任务前，"嫦娥一号"将宣布：经过一年的努力，我的探测任务已经完成，我们成功地迈出了深空探测的第一步，她还将为我们展望嫦娥工程二期和三期计划，展示我国月球探测的美好前景…这些设计倾注了有关部门主创人员的智慧和心血，真可谓匠心独具。

为了使这一创意达到完美的结合，主创人员还多次征求"嫦娥一号"卫星总设计师、应用系统设计师和有关专家的意见和建议，不断丰富修改计划和安排，使其达到完美融合，巧妙布局，精心构思，以实现最佳效果。

月球登陆

"嫦娥一号"在月球上永生

　　人类在开展月球探测的时候，采用了掠月探测、硬着陆探测、绕月探测、软着陆探测、自动取样返回探测等不同的方式，探测器在完成任务后，都有一个怎样结束使命的问题，"嫦娥一号"也不例外，以什么方式结束使命，是科技人员根据需要而设计的。

月球探测器结束使命的几种方式

　　掠月探测。所谓"掠月探测"就是指探测器从月球上空以较高的速度"掠"过月球，在"掠过"月球上空时，对月球开展探测活动。在进行"掠月探测"时，由于探测器以较高速度飞过月球上空，因此月球引力不能捕获探测器，而探测器只能在很短的时间内开展有限的探测活动。

　　人类采用"掠月探测"方式对月球开展探测的活动不多，主要是在探测其他天体时，让探测器"路过"月球，顺便对月球进行探测，这些探测器在完成对月球的顺路探测后，再执行下一个探测任务，最终它有可能成为围绕太阳运行的一颗人造行星，也可能被其预定的下一个探测目标如某个行星所捕获。

　　此外，人类第一颗到达月球附近的探测器——苏联的"月球1号"由于发生故障，也成为一颗事实上的掠月探测器。"月球1号"的原定计划是执行撞击月球任务，由于未能按预定程序实现控制，使它从月球上空近6000千米的高度飞过月球，随后它冲入更远的深空，最终成为围绕太阳运行的一颗人造行星。

　　硬着陆探测。顾名思义，硬着陆探测是指探测器在着陆过程中不进行减速或采取缓冲措施，探测器将以很高的速度撞击月球，显然，它以"粉身碎骨"的方式结束其使命。

　　在20世纪60年代初，由于当时人类还没有像今天那样掌握精确的控制技术，因此苏联和美国都采用了技术上相对简单的硬着陆探测方式。早期采用的硬着陆探测，主要是通过使探测器获得到达月球的足够高的飞行速度和有效的定向精度，保证它们能够撞击月球。事实上，只要将探测器送到月球附近并适时减速，探测器就可以在月球引力的作用下被月球"吸"到月球上，最后以很大的速度直接撞向月面。这种早期的硬着陆探测技术与环月探测、软着陆探测技术相比要简单、容易，也与后来通过精确控制轨道并在预定地区进行准确撞月相比容易得多。

　　苏联和美国在20世纪60年代均开展了月球的硬着陆探测活动，苏联于1959年9月12日发射的"月球2号"是人类首颗硬着陆月球探测器，这颗探测器的主要使命就是撞击月球，保证苏联在月球表面首先烙上人类文明的印迹，但它并没有对月球开展有重要科学意义的探测。此后，美国发射了多个"徘徊者"月球硬着陆器，它们携带电视摄像机，在高速冲向月面的过程中进行拍摄，并将拍摄的图像数据实时传回给地球，随着距离月球越来越近，拍摄图像的分辨率也越来越高，直至最后撞毁在月球上。"徘徊者"月球探测器首次向人类提供了月球表面的高清晰度图片，为美国阿波罗登月计划的选址提供了大量有价值的数据。

20世纪90年代以来人类也开展了几次撞击月球活动，虽然探测器的结局也是"粉身碎骨"，但它们与早期的硬着陆探测有很大区别。比如1998年美国的"月球勘探者"探测器试图通过撞击月球南极附近的预定地区，寻找月球南极存在水的证据。它在完成绕月探测活动并在寿命即将结束时，将通过多次轨道调整，依靠精确的控制，准确地撞击在月球南极区域的预定地点，溅射出大量的月球物质。科研人员通过观测和分析撞月过程中溅射的月球物质，研究月球南极是否存在水。进入21世纪以后，欧洲的"智慧1号"也通过精确的控制和复杂的变轨，在预定地点进行了硬着陆探测。"嫦娥一号"卫星采取的是硬着陆的方式结束使命。

软着陆探测。软着陆探测器结束使命的方式与硬着陆探测器有很大不同。在软着陆探测过程中，软着陆探测器通过一系列复杂的变轨和减速，最终平稳、安全地降落在月球表面，然后在月球表面开展探测活动。至今，只有苏联和美国在20世纪60~70年代成功发射过月球软着陆探测器，它们在月球表面按计划执行月球探测任务，并大多以耗尽能源之后永久驻留月球表面的方式结束使命。人类成功发射的首颗月球软着陆器是苏联的"月球9号"，此后美国发射了"勘察者"系列月球软着陆器。

月面巡视探测。月面巡视探测器又称"月球车"，它与月球软着陆探测结束生命的方式相似，当其携带的能源耗尽时，便停止了移动和探测，永久停留在月球表面。

自动取样返回探测。至今，只有苏联成功发射过自动取样返回探测器。苏联的自动取样返回探测器由两个部分组成，其一是携带返回器的软着陆器，其使命的结束方式与前述软着陆探测器相同，将完整地留驻在月球表面；其二是返回器，它将携带钻取的月球样品返回地球。

绕月探测。绕月球探测是指发射的月球探测器在环绕月球的轨道上对月球进行遥感探测。这些探测器或采用有控制的方式撞击在月球表面，或最终坠落在月球上。绕月探测器在环绕月球飞行的过程中，由于受月球引力场的作用，如不进行轨道维持，探测器的轨道将发生变化。例如，假如月球探测器运行在离月面100千米高的轨道上，如果没有轨道维持，那么在半年内它就可能坠落在月面。在200千米轨道高度运行的探测器，同样会降低轨道高度，要保持正常的探测活动就需要进行轨道维持，否则在一段时间后也将坠落于月球表面，但相比于100千米高的轨道，它在轨道上能运行更长的时间。

后续试验彰显"嫦娥"能力

2008年11月7日，"嫦娥一号"卫星完成一年设计在轨寿命后，为充分发挥卫星的作用，利用卫星在延寿期内尽可能多地获取在轨试验数据，在工程大总体的组织下，在测控系统、地面应用系统的配合下，"嫦娥一号"卫星分别在不同的环月轨道高度上，开展了各种在轨试验，最大限度地发挥了卫星的作用，挖掘了卫星的潜能。

11月8日，卫星开始了各阶段后续在轨试验。在注入制导导航与控制数据块后，卫星在高度为200千米的环月轨道上，正式开始了后续任务第一阶段在轨试验——紫外环月模式长期运行试验。此后，先后完成了太阳翼高温应对策略验证试验、伽玛谱仪宇宙背景数据获取试验、对日定向模式下的定向天线跟踪地球试验及制导导航与控制自主变轨能力在轨试验，获取了大量有用的在轨试验及科学探测数据。

在完成了第一阶段在轨试验后，12月6日，"嫦娥一号"卫星成功实施了降低轨道控制，卫星下降至高度为100千米的环月轨道，开始了为期半个月的第二阶段在轨试验，卫星在这一新的轨道环境中接受了考验。

"嫦娥一号"卫星在100千米圆轨道上共运行了13天，运行期间，卫星姿态稳定、能源平衡、整星舱内设备温度虽然有所上升，但都处于工作温度范围内；部分星上设备已超出设计指标，但与地面预示结果相当，各设备在超寿命、超指标情况下仍然运行正常；在进行星上设备试验的同时，卫星上的大部分有效载荷都开机工作，进行了多项相关试验，获取了较为理想的科学数据。

12月19日2时21分，随着科技人员发出轨道控制指令，运行在远月点上的"嫦娥一号"卫星轨道高度不断下降，由100千米×100千米圆轨道，逐渐下降到100千米×15千米椭圆轨道。

"嫦娥一号"卫星在距月面15千米高的轨道上飞行了大约一天半的时间，期间，获取了整星在轨温度数据。同时，科技人员进行了测轨、定轨精度、三向测距测速体制验证、激光高度计择机开机进行科学探测等在轨试验。在完成了上述试验后，"嫦娥一号"卫星又回到100千米高的月球轨道上，至此，卫星圆满完成了第二阶段在轨试验项目。经过技术人员对卫星状态进行的评估，认为卫星在轨运行状态良好，各系统工作正常，可按计划开展后续在轨试验。

"嫦娥一号"卫星在稳定运行一周年，完成了各项预定任务后，仍然马不停蹄地在高度为200千米、100千米和15千米的环月轨道上来回穿梭，进行各种在轨试验，这些试验到底有什么意义呢？

"嫦娥一号"卫星开展的在轨试验，为"嫦娥"二号、三号卫星的研制，提供了基础数据，对我国月球探测二期工程的开展和其他深空探测计划的实施，具有重要的工程意义、科学意义和实践意义。

第一，通过进行"嫦娥一号"卫星平台在各种极限条件下的试验，验证了各种临界工况的应对措施，这些在轨试验证明，卫星总体设计考虑周到，验证充分，具有很强的扩展性、灵活性和适应性，为今后卫星平台设计和优化，提供了第一手在轨数据。

第二，为我国后续月球探测任务进行先期试验验证。验证了通过调整卫星轨道，使卫星脱离原来设计的轨道，从200千米降到100千米高度，在不做大的在轨调整的情况下，就可以正常工作；证明了卫星对环境的适应性在设计上有很大的余量；初步体验了卫星从200千米的轨道下降至100千米和15千米的绕月轨道的环境，进一步修正了卫星热环境模型；通过卫星在各种不同的轨道上运行结果，验证了在不同轨道环境下卫星平台和测控系统的适应能力，并开展了测轨、定轨试验，验证了我国在月球轨道上对航天器的测轨、定轨能力，对在"嫦娥"二号、三号卫星研制中，在轨飞行控制程序设计提供了依据，增强了进行后续工程的信心。

第三，通过对卫星部分关键设备进行必要的长寿命可靠性考核，验证了其执行更遥远的深空探测任务的可能性。

第四，通过有效载荷的开机试验，最大限度地获取了一批丰富的科学探测数据。

值得一提的是，"嫦娥一号"卫星所开展的各项后续试验，一直是在有组织、有计划、分步骤进行的，试验的整个过程充分体现了目的明确，策划充分，方案细致，把握风险，步步推进的特点，因而，最大限度地充分挖掘和发挥了卫星的潜能，取得了重要的科研成果。

"嫦娥一号"在辉煌中谢幕

我国科学家经过缜密的思考决定，"嫦娥一号"采用在地面的控制下，自主降落到月球表面上硬着陆的形式结束她完美的一生。此举不仅可以最大限度地获取探测数据，同时，也是我国航天器首次接触另一个星球，并以这种完全受控的方式完成航天器的使命。

2009年3月1日下午3时许，"嫦娥一号"从月球背面冒了出来。北京航天飞行控制中心立即采取动作，让卫星进行180°转向，卫星内装备的发动机喷火减速，并调整轨道向下飞行，最终进入预定的撞击轨道。同时，科技人员向卫星发出了CCD相机开机的指令。

15时36分，"嫦娥一号"卫星开始减速，当卫星降落到距离月面60千米的高度时，CCD相机开机的指令传到了"嫦娥一号"。"嫦娥一号"立即打开了它的三线阵CCD立体照相机，一边下降一边推扫出月球表面的图像。图像的数据从卫星上传下来，首先被位于北京密云和云南昆明的两架大型射电望远镜接收到。然后立即被传输到位于国家天文台总部的地面应用系统控制中心，控制中心将数据处理后再传到北京航天飞行控制中心的指控大厅，随着相机由南向北推扫，月面在人们眼前慢慢延展。

不过，随着卫星距离月面越来越近，工作人员也开始担心起来：在月球表面的高温下，照相机还能正常工作吗？好在相机并没有令人失望的意思。

16时13分10秒，在地面发出指令的37分钟后，控制中心大厅的大屏幕上慢慢延展的画面突然静止不动了。此时，科技人员知道，在他们的准确控制下，"嫦娥一号"卫星已经以其矫健的身躯，飞向了与她相伴了494天的月球，准确落于月球东经52.36°、南纬1.50°的预定撞击点，在月球的丰富海区域，投向了月球的温暖怀抱，热烈地拥抱和亲吻了月亮女神。

"嫦娥一号"卫星以我国月球探测一期工程圆满成功的伟大壮举，完成了光辉的使命，走过了绚烂而短暂的生命周期，永远被镶嵌在遥远的月球上，成为中华民族的骄傲和永远的怀念。

其实，围绕着"嫦娥一号"的最后时刻怎样谢幕，科技人员曾经有过多重选择。

早在"嫦娥一号"升空之后，工程人员就在考虑最终以何种方式终结它的生命。"我们的想法是要主动终结，绝对不能被动终结。"我国月球探测工程首席科学家欧阳自远说。

像美国的"月球勘探者号"探测器那样在燃料基本耗尽的情况下撞向了月球南极的一个撞击坑中的阴影区寻找水，曾经是一个选择。"嫦娥一号"是否重复这一过程，继续撞击极地撞击坑以尝试解答月球水冰的悬疑？这种思路最终因缺乏创新性而被否定了。科学家认为用撞击行为找水的意义不大。"其实没有多少大的科学问题是撞击可以解决的。你要真解决月球的起源和演化等重大科学问题，除了精细的探测外，只有把它的东西拿过来，在地面上怎么仔细研究都可以。"欧阳这样说。

一些关心探月的科学家也提出了自己的设想。北京大学的空间探测专家焦维新等人在2008年12月曾形成过一个想法，他们所提出的撞击形式是历史上从未有过的。焦维新认为，撞击中要想得到较好的科学结果，只有撞击时在太空中正好还有其他月球卫星飞经撞击点上空，对撞击进行高分辨率的成像。这样做，或许可以得到撞击坑的大小的信息，甚至可以分辨出撞击坑壁的结构，或者通过光谱仪对撞击时的闪光进行分析，研究撞击点的矿物和元素成分。卫星撞击月面，激起月尘和碎石，这些物质可能包含有价值的信息，而这些信息几乎只能从红外波段获得，这让地面上主要从光学波段进行观测的天文台无用武之地。他们认为正在进行绕月探测的日本"月亮女神"探测器在理论上有可能完成这项工作。"月亮女神"除了能够做光学观测，还携有光谱仪，可进行分光观测，完全符合上述探测的需要。

焦维新随后托他的同事与日本"月亮女神"项目的国际协调员祖父江真一进行了沟通，在对方表示出兴趣的情况下将这件事情告诉了探月工程主管部门的一位负责人。3月1日，当"嫦娥一号"撞击月球后，焦维新立即给该负责人发了条短信，询问日方是否参与了撞击观测，对方很快打来电话，对焦的建议表示感谢，但说日方并未参与。这或许是因为，要"月亮女神"观测"嫦娥一号"是一件需要对方或双方对轨道"动筋骨"的事情，难度非常大，需要有足够的准备时间。

2009年3月1日之前，"嫦娥工程"的老总们召开了多次会议，讨论如何撞月的问题，当时，大家关心的主要问题之一是"嫦娥一号"是要撞击到月球的夜晚区域还是白昼区域。

如果"嫦娥一号"选择撞击月球夜间地区的话，那么由于卫星反射太阳光，地球上的观测者有可能在撞击前看到一颗"小星星"飞行在月牙旁，然后以一个稍亮的光点作为结束——那是撞击的瞬间。但是计算表明，这颗"小星星"的亮度刚好或者仅仅略大于地面天文望远镜的观测极限，很难保证能被观测到，况且这种观测从科学上讲价值不大，于是这种选择被放弃了。"嫦娥一号"最终选择撞向月球的白昼区域，这样一来虽然由于背景特别亮而更加不可能看到"小星星"，但这个方案让利用"嫦娥一号"携带的 CCD 照相机在下降过程中进行拍照成为可能，而相机在漆黑的夜里是无法拍出月面照片的。

"嫦娥一号"的拍摄是类似于摄影机的连续拍摄，画面在下降的过程中是完全连贯的。由于卫星在飞向月球的过程中，越来越低，相机的视域也随之变小，所以整幅照片的幅宽也愈来愈窄，它提供的被认为是撞击过程中最具有科学价值的照片上，展现出了月面的一些微细结构，这些结构是卫星在之前的高度所看不到的。撞击月球是"嫦娥一号"在科学上作出的最后一次贡献。而相比之下，专家认为，这次撞击更重要的是其技术意义。

欧阳自远强调："我们马上就要着陆月球了，那么这是一次很全面的训练，训练我们的计算能力、轨道设计、测控能力、卫星平台技术，也训练我们的队伍。这是很珍贵的，我看重的是这个。"

"嫦娥一号"留下的珍贵"遗产"

"嫦娥一号"在浴火中永生，在她的身后，留下的是十分珍贵的"遗产"。

获取最完整的月球影像图。"嫦娥一号"卫星于 2007 年 10 月 24 日发射成功后，11 月 26 日，国家航天局在北京航天飞行控制中心向全球正式发布了"嫦娥一号"卫星拍摄的第一张月面图片。国务院总理温家宝为第一张月面图揭幕。

2008 年 11 月 7 日，设计工作寿命一年的"嫦娥一号"卫星成功在轨运行一周年，绕月飞行 4000 多圈，完成了对月球的 12 次轨迹覆盖，实现了工程提出的"精确变轨，成功绕月，有效探测，寿命一年"的预定目标。

获取"全月面三维影像"是"嫦娥一号"卫星取得的重要成果之一。在一年的时间里，该卫星按计划完成了南北纬 70° 的全月面的三维成像，并首次获取了月表极区的全部影像。2008 年 11 月 12 日 15 时 05 分，根据"嫦娥一号"卫星获取数据制作完成的"中国第一幅全月球影像图"正式亮相。据介绍，这也是迄今为止世界上已公布的月球影像图中最完整的一幅影像。这幅约占全月球面积 94% 的月境真实影像，覆盖了月球西经 180° 到东经 180°，南北纬 90° 之间的范围，几乎涵盖了神秘月境的全部"领地"，是"嫦娥一号"2007 年 11 月 20 日"睁开眼睛"看月球后，至 2008 年 5 月 12 日"看到"并传回的 589 轨月球图像数据，经过辐射校正、几何校正和光度校正后镶嵌处理完成的。经专家评审认为，月表影像图像清晰，层次丰富，质量达到了国际先进水平。

根据中国探月工程指挥部的决定，卫星还开展了月球两极影像拍摄试验，至 2008 年 7 月 1 日，完整获取了月球两极的影像数据，补充制作了月球极区影像图。

经过整整一年的飞行和探测，"嫦娥一号"卫星共获得 1.37TB 的有效科学数据，圆满完成了科学探测任务。至此，"中国嫦娥"在其绚烂而短暂的生命期内，告诉了世人一个完整的月球图景。

在完成第一幅全月球影像图的基础上，用轨道参数和控制点制作全月球三维图的工作也正在开展之中。

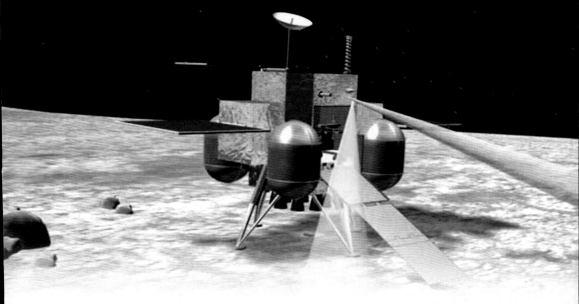

月球登陆

　　技术创新成果丰硕。探月工程是继人造地球卫星、载人航天之后，我国航天活动的第三个里程碑。"嫦娥一号"卫星首次绕月探测的圆满成功，树立了中国航天的第三个里程碑，突破并掌握一大批具有自主知识产权的核心技术和关键技术，使我国成为世界上为数不多的具有深空探测能力的国家，实现了中国航天史及航天器的"第一"：第一次研制并成功发射中国首颗绕月探测卫星；第一次实现了绕月飞行和科学探测；第一次形成了深空探测任务的总体设计思路和研制流程，这些都充分体现出我国综合国力显著增强，自主创新能力和科技水平不断提高。

　　正如中共中央总书记胡锦涛在庆祝我国月球探测工程圆满成功大会上讲话中指出的，我国首次月球探测工程的成功，是继人造地球卫星、载人航天飞行取得成功之后我国航天事业发展的又一座里程碑，实现了中华民族的千年奔月梦想，开启了中国人走向深空探索宇宙奥秘的时代，标志着我国已经进入世界具有深空探测能力的国家行列。这是我国推进自主创新、建设创新型国家取得的又一标志性成果，是中华民族在攀登世界科技高峰征程上实现的又一历史性跨越，是中华民族为人类和平开发利用外层空间作出的又一重大贡献。这一重大成就，是我国改革开放 29 年来综合国力不断提高的重要体现，是我们在实现中华民族伟大复兴征程上谱写的壮丽篇章。事实再一次向世人昭示，自强不息、勤劳智慧的中国人民有志气、有信心、有能力攀登世界科技高峰，不断为人类文明进步作出贡献。

　　科学数据推动月球科学研究的深入。"嫦娥一号"获取的大量科学数据，将提供国内和全世界的科学家研究分享。这将有助于推进宇宙学、比较行星学、月球科学、地球行星科学、空间物理学、材料科学、环境学等学科的发展，并带动更多学科的交叉渗透，得到更新的研究成果或科学发现。

打造了永远的"嫦娥精神"。在"嫦娥一号"卫星研制的岁月里，我国科技人员始终坚持使命高于一切、责任重于泰山的信念，埋头苦干，无私奉献，以国家需要为第一需要，以人民利益为最高利益，顽强奋战在工程第一线；始终坚持全局一盘棋、上下一条心、各方一股劲，万众一心，众志成城，充分发挥集体的智慧和力量，形成强大的合力；始终坚持科学求实的工作作风，攻坚克难，勇于超越，瞄准深空探测科学技术前沿，掌握了一大批具有自主知识产权的核心技术和关键技术；始终坚持科学管理，缜密决策，精心组织，在较短的时间内，高标准、高质量、高效率地实施了工程任务，同时，形成了宝贵的精神财富，这些，都将对完成我国月球探测二期、三期工程，推动中国航天又好又快的发展，发挥重要的作用，产生深远的影响。

"嫦娥一号"与国外同类月球探测器的水平比较

半个世纪以来，国外共发射了100多个月球探测器。苏联和美国的最初几次探月任务均失败，日本的首次探月任务未能完成预定的释放轨道器任务。"嫦娥一号"卫星是我国首次月球探测任务，取得圆满成功。

与2000年后发射和各国宣布将发射的月球环绕探测器相比，科学目标和工作轨道基本相同，各具特色："嫦娥一号"卫星发射质量与干重的比例、载荷与干重比、能源系统和工作寿命等指标都达到了国际同类水平；"嫦娥一号"卫星导航、制导与控制的能力和精度，无深空大天线支持条件下远距离的测控精度，热控水平等具有国际先进水平。

"嫦娥一号"卫星是完全依靠自有技术，是我国自主研制完成的。"嫦娥一号"研制是在充分继承成熟技术、坚持大胆创新、重点突破，同时加强系统优化设计、集成创新，才能又好又快地取得圆满成功。整个工作思路和实践充分体现了自主创新精神。作为我国首个月球环绕探测器，其技术水平足以跻身世界同类月球探测器的先进行列。

"嫦娥一号"卫星的技术创新

"嫦娥一号"卫星的技术创新可概括为十二个方面：总体优化设计、轨道设计、制导、导航与控制、热控设计、远距离测控通信、大角度机械扫描定向天线、整星自主管理、有效载荷、供配电、推进、结构设计、综合测试设计等。初步统计整星和各分系统的创新点共计44项。截至2007年底，"嫦娥一号"卫星及各分系统已经申请受理的专利共计20项，37项正在申请中，今后还将清理并申报更多的专利项目。

与地球卫星不同的是，"嫦娥一号"卫星必须解决轨道设计、推进系统的设计、制导导航与控制设计、热控设计、月食问题、电源系统设计、测控问题、有效载荷的研制、数据反演问题、地面验证等诸多新问题。

此外，由于我国在海外无测控站，而地球、卫星、月球多体运动关系决定的飞行过程，使"嫦娥一号"卫星在一些特定的时段处于测控不可见弧段内，为确保卫星的安全，需要卫星及各分系统具有较高的智能和良好的自主性。为满足飞行任务的需要，和以往地球卫星相比，整星及这些分系统功能需增强，性能要大大提高。"嫦娥一号"卫星研制队伍为此作出了许多努力，取得了一系列具有自主知识产权的新技术。这些相关技术的突破，为以后的深空探测打下了良好的基础。

"嫦娥"美好的祝愿

"经过一年的太空遨游，我的任务已经完成。我祝愿在'自主创新、重点跨越、支撑发展、引领未来'的方针指导下，中国的探月工程不断创造新的辉煌。"这是完成任务的那一刻，"嫦娥一号"卫星通过她的语音装置向地球传来的饱含深情的告别和对我国月球探测工程未来的美好祝愿。

"嫦娥一号"卫星的完美谢幕，既是中国航天的一个里程碑，更是一个新时代的开始。我们永远也不会忘记她的贡献，不会忘记打造"嫦娥一号"的艰难岁月，更不会忘记那些难忘的人和事。在浩瀚的深空，中国航天还将继续书写一个个更加美丽的神话。

在月球上永生的"嫦娥一号"将在那里等待"嫦娥"二号、三号……更多的同伴，等待着中国宇航员在月球上漫步那一天的到来。

"嫦娥二号"开辟新航程

月亮谜语

千百年来，谜语同中国文化其他体式的艺术一样，也与月亮结下了不解的情缘，流传着无数意趣隽永的佳作。

这些"月谜"就总体而论，可分成两大类：以月为谜面者和以月为谜底者。或许因为月亮那素华皎洁的美好形象，在人们的脑海间、心目中委实太熟稔，太深刻了，故而以月为谜底的谜语，其制作固然非易，猜度却不难中的。譬如："明天日全食"，打一"月"字；"中秋菊盛开"，打成语"花好月圆"；"蟾宫曲"，打曲牌名《月儿弯》；"冰轮乍涌"，打电影名《海上升明月》；等等。

这类"月谜"，有好些的确机巧飞灵，颇堪击节，但终究由于制作上受到单一谜底的局限，产量远不似以月为谜面的作品之繁之富。而后者，创作空间明显开阔，制谜者的手脚较少束缚，谜语的内涵因之大大扩张，几乎包罗万象，作品也更加精彩纷呈，引人入胜。事实上，这后一类谜作应该被视做"月谜"的主流。

以月为谜面的谜语，不少采取了诗词的句式出现，且又以引用人们熟识的唐诗宋词居多。譬如，以李白的"长安一片月"，打《水浒》人物名"秦明"；以杜甫的"月是故乡明"，打一农业名词："光照"；以贾岛之句"僧敲月下门"，打外国地名"关岛"；以苏轼所咏"月有阴晴圆缺"，打经济学名词"自负盈亏"等等，皆属此类。当然，亦不乏拈引现代诗家名句来创作的。毛泽东1950年10月曾写过一首著名的词《浣溪纱·和柳亚子先生》。柳氏原作中有句："歌声唱彻月儿圆"，便被引影射一句唐诗："此曲只应天上有"，谜面扣底，工稳而贴切。

许多"月谜"的风格，平易，通俗，焕发出一种质朴的平民气息。比如："二月平"，打一"朋"字；"月与星相依，日和月共存"，打一"腥"字；"一对明月毫不残，落在山下左右站"，打一"崩"字；"掬水月在手"，打成语"掌上明珠"；等等。这些"月谜""憨"态可掬，令人有一种亲切感贴近感。也有些"月谜"，则显然透露着一股雍容雅致的书卷之气。像"莫使金樽空对月"，以"掉尾格"打京剧剧目《夜光杯》；"石头城上月如钩"，打《聊斋志异》篇目《金陵乙》；"天涯月正圆"，打叶剑英元帅的诗目《远望》；"明月照我还"，打晚明文学家"归

上升舱飞离月球

有光"；还有清代留下的一则旧谜"辞家见月两回还"，打《四书》一句"望望然去之"；……

有意思的是，有些"月谜"，同一个谜面，却可以分别隐射数个内涵完全相左的谜底，好比掀起一块同样的红盖头，能够见到几个新娘的不同笑脸。譬如，"举杯邀明月"，既打曲牌名《朝天曲》，又打两个外国地名："仰光"、"巴尔干"；复又打成语"唯我独尊"；再打集邮名词"上品"；还打拼音字母四："YOWV"；合计谜底达五个之多，可谓"一谜数射"。

在众多的现代"月谜"中，有不少出自港、澳、台胞以及海外华侨的巧构。譬如，台湾的"天秋月又满"，打食品名"桂圆"；"清流映明月"，打生活日常用语"漂亮"；港澳的"残月斜照影成对"，打一"多"字；泰国华侨的"明月几时有"，打《诗经》一句："三五在东"；……咀嚼玩味这一个个"月谜"，你会发现，其中寄托着海外赤子们热盼祖国统一、骨肉团圆的一片殷殷深情。

2010年10月1日18时59分57秒，"嫦娥二号"卫星成功飞向太空。这标志着中国探月工程二期任务迈出坚实的第一步，"嫦娥二号"的成功发射，为新中国61周岁生日献上了一份厚礼。

"嫦娥二号"卫星是中国自主研制的第二颗月球探测卫星，也是中国探月工程二期的技术先导星。与"嫦娥一号"卫星相比，"嫦娥二号"卫星进行了多项技术改进，将为中国探月工程后续任务验证直接地月转移发射、近月100千米制动、环月轨道机动与定轨、爱克斯频段测控、高精度对月成像及监视相机爱克斯频段深空应答机等多项关键技术，并积累工程经验，与此同时，还将对"嫦娥三号"着陆区进行高精度成像，为着陆器选择着陆地址提供依据。

"嫦娥二号" 任务五大系统全面升级

探月工程"嫦娥二号"任务与"嫦娥一号"一样，也是由月球探测卫星、运载火箭、发射场、测控和地面应用等五大系统组成。这五大系统参与的单位约有上千家，参与的人员有数万人。正是各系统密切合作，大力协同，为着一个共同的目标团结奋斗，才铸就了我国月球探测新航程的辉煌。

月球探测卫星系统

我国月球探测工程于 2004 年 4 月 16 日正式立项，同年 12 月 20 日，有关部门为确保"嫦娥"一期工程的圆满成功，决定增加"嫦娥一号"备份卫星，该卫星飞行状态与"嫦娥一号"卫星一致，其正样产品于 2007 年已全部研制完成。

2007 年 12 月 17 日，"嫦娥一号"卫星任务工程目标圆满成功，这时，备份星到底干什么用，成为绕月探测工程领导小组思考的一个问题，经过缜密的研究，探月工程领导小组决定将"嫦娥一号"的备份星改造为探月工程二期的先导星，利用这颗备份星，进行技术改进，使用有限经费，在探月二期工程正式实施前，于 2009 年或 2010 年再发射一颗月球探测卫星，与此同时，国防科工局探月与航天工程中心组织各系统开展了备份星任务初步方案论证，并根据顺序命名原则，将备份星命名为"嫦娥二号"。

2008 年 6 月 24 日，"嫦娥二号"卫星研制工程专题研究会召开，会议明确提出："嫦娥二号"卫星作为探月工程二期的技术试验星，要以验证二期工程技术为重点，紧密围绕探月二期工程需要攻克的关键技术、技术跨度和"嫦娥"三号、四号探测器实现月面软着陆的关键技术，进行试验验证，合理确定工程目标和科学目标，为后续任务积累经验，深化月球科学

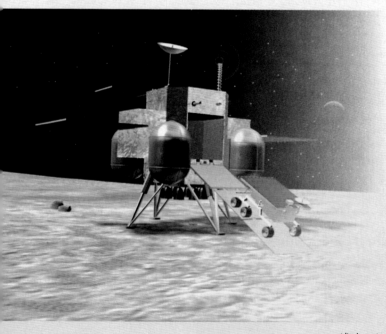

嫦娥工程

嫦娥二期工程

探测。根据这次会议精神，月球探测工程中心于次日组织各大系统召开"嫦娥二号"卫星任务方案补充论证会，确定了该卫星的技术状态。

　　承担"嫦娥二号"卫星研制任务的中国空间技术研究院于 2008 年 7 月完成第二轮总体方案论证工作并上报探月与航天工程中心。"嫦娥二号"卫星最终被确定为以"嫦娥一号"卫星为基础，根据任务要求进行技术改进后，作为"探月二期工程先导星"，开展先期的飞行试验，于 2008 年 10 月经国务院批准立项。

　　"嫦娥二号"原本是"嫦娥一号"的备份卫星，因此，两颗卫星在外形和重量上并没有太大差别，"嫦娥二号"的起飞重量是 2480 千克，略大于"嫦娥一号"卫星。最大的不同一是"嫦娥二号"的设计寿命为半年，"嫦娥一号"的设计寿命是一年，实际寿命是 494 天，其中环月运行 482 天；二是与"嫦娥一号"卫星相比，"嫦娥二号"将采取直接奔月飞行，飞行时间大约需要 120 个小时；第三，"嫦娥一号"奔月后，将向地面播放语音和歌曲，而"嫦娥二号"升空后的一系列任务以及试验活动中，没有计划音乐曲目回传和语音祝福回传的项目。

"嫦娥三号"探月卫星

运载火箭系统

　　发射"嫦娥二号"卫星所用的运载火箭是为此次任务精心打造的"长征三号"丙运载火箭。该火箭是"长征三号"的姊妹火箭，充分继承了"长征三号"甲和"长征三号"乙火箭的成熟技术和研制经验，火箭采用三级液体捆绑式，主要用于地球同步转移轨道卫星的发射任务。

　　与发射"嫦娥一号"的"长征三号"甲火箭相比，"长征三号"丙运载火箭增加了两个捆绑助推器，运载能力由2.6吨提高到了3.8吨。火箭的起飞重量约为345吨，总长54.84米，整流罩直径4米。为满足"嫦娥二号"卫星要求的入轨精度，"长征三号"丙火箭在保证运载能力完全满足该卫星要求的同时，采用了制导关机技术。除此之外，为了满足发射"嫦娥二号"任务的地月转移轨道、准时发射、多窗口、高可靠等需求，"长征三号"丙火箭对整流罩、控制系统箭上软件、常规和低温发动机、系统传感器、地面发射支持系统等进行了多项改进，对遥测参数、延时存储器和利用控制机配套数量进行了调整。

　　此前，"长征三号"系列火箭包括"长征三号"甲、"长征三号"乙两个型号。由于"长征三号"甲火箭运载能力为2.6吨，不足以把"嫦娥一号"直接送入奔月轨道，远地点只有5万多千米，达到不了38万千米，因此，只能将"嫦娥一号"卫星送入转移轨道，先让卫星围绕地球运行，靠卫星自己的推进器和能源使轨道远地点一点一点地抬高，最后达到38万千米的月球。而"长征三号"乙火箭是在"长征三号"甲火箭的基础上捆绑了 4 个助推器，运载能力达到了 5.5 吨，成为我国目前最大的高轨道运载火箭；因为 "嫦娥二号" 的起飞重量是 2.48 吨，使用 "长征三号" 乙太浪费了，因此，科技人员量体裁衣，在 "长征三号" 甲火箭的基础上捆绑了 2 个助推器，通过大量技术改进后，研制成功 "长征三号" 丙火箭，该火箭与 "长征三号" 甲的区别就是推力更大了，运载能力为 3.8 吨，可直接将 "嫦娥二号" 一次送入远地点高度接近 38 万千米的直接奔月轨道，不需要再围绕地球运行，这时卫星的速度达到奔月所需要的速度每秒 10.8 千米。这将是长征三号系列运载火箭第一次完成直接奔月轨道任务。

测控系统

测控系统是绕月探测工程的一个重要组成部分，负责运载火箭发射和 "嫦娥二号" 卫星整个飞行任务期间的轨道测量、遥测监视、遥控操作和飞行控制，以及卫星探测应用期间的任务计划的实施与操作管理，并通过高精度的测定轨，为地面应用系统科学探测数据的处理提供轨道数据保障。

"嫦娥二号" 测控系统由北京跟踪与通信技术研究所负责总体设计，北京航天飞行控制中心、西安卫星测控中心、中国卫星海上测控部和中科院上海天文台等单位承担实施任务，并与欧空局积极开展国际测控联网合作。主要任务是：完成火箭发射、卫星奔月和在轨工作等全寿命的测控任务，并支持卫星系统开展相关技术试验。

"嫦娥二号" 任务的测控系统主要由 3 个中心、3 条测量船、6 个位于国内的测控站、1 个建于国外的测控站、4 个天文观测站及 1 个国际联网测控站组成。它们由时间统一系统和通信系统按照统一时间标准联成一个有机的系统整体，通过与箭载和星载测控合作目标的配合，共同完成对火箭和卫星的各项测控任务。

"嫦娥二号" 任务测控系统的总体设计一方面要适应各系统与测控有关的技术状态，满足各系统的测控要求，另一方面要尽可能利用国内现有测控资源，同时力争开展国际联网合作。与 "嫦娥一号" 任务测控系统相比，肩负着更多科学试验和探测任务的 "嫦娥二号" 测控系统呈现出 5 项技术变化。

——"嫦娥一号" 任务中不同发射窗口采用的是相同发射弹道，测控系统利用 2 艘测量船即可完成测控任务。而 "嫦娥二号" 任务采用了可连续 3 天发射并将卫星直接送入地月转移轨道的发射方案，发射段测量船数量由 2 艘增至 3 艘。

——"嫦娥一号" 任务中曾

"嫦娥二号"卫星振动试验后，总装工人在进行包带解锁

使用欧空局的一个深空站作为国内测控站的备份，以保证测控系统的可靠性。国内测控站经过"嫦娥一号"任务的检验，同时由于智利圣地亚哥站完成建设并投入使用，因此，"嫦娥二号"任务不再使用欧空局和智利的测控站。

——"嫦娥二号"近月点轨道高度由 200 千米变为 100 千米，并将择机进入 100 千米 ×15 千米试验轨道，针对环月轨道的变化，测控系统利用"嫦娥一号"任务后期获取的轨道实际测轨数据，完成了精度分析和影响分析工作，并优化了轨道控制策略，满足了测定轨和轨控精度要求。

——"嫦娥一号"任务中卫星ＣＣＤ相机自主完成成像，图像分辨率较低，"嫦娥二号"任务为满足"虹湾"地区高分辨率成像要求，需要地面利用轨道预报生成ＣＣＤ相机相关参数数据，并注入卫星完成成像。

——为验证"嫦娥三号"任务关键技术，在"嫦娥二号"任务地月转移轨道段和环月轨道段新增加了爱克斯频段测控技术和新的遥测信道编译码两项试验。

执行"嫦娥二号"任务的 3 艘测量船是"两代船"。其中，"远望三号"船是我国第二代综合性航天远洋测量船，主要担负卫星、飞船和其他航天器全程飞行试验海上测量和控制任务，全船集中了 20 世纪 90 年代科学技术精华，船长 180 米，宽 22.2 米，高 37.8 米，排水量达 1.7 万吨，于 1995 年投入使用；而首次参加"嫦娥二号"任务的"远望"五号船和六号船是一对"姊妹船"，是我国第三代航天远洋测量船。这两艘船分别于 2007 年和 2008 年投入使用，具有国际先进水平。首次参加"嫦娥二号"任务，且这次任务与以往的任务有很大不同，具有相当大的挑战。

发射场系统

"嫦娥一号"卫星在西昌卫星发射中心发射。"嫦娥一号"卫星发射后两年多来，西昌卫星发射中心先后完成发射场空调系统、常规加注系统、氮氧站等一系列设备改造项目，测控通信系统更新大量设备，对相关设备设施进行了改造，包括更新测量雷达、更新遥测系统、改造光学仪器、优化加注系统等在内的技术改进达上百项，进一步提高了发射场的可靠性和整体发射能力，以适应"嫦娥二号"卫星发射任务的需要。

与此同时，针对"嫦娥二号"卫星及其运载火箭技术状态的变化情况，该中心组织科技人员开展分析研讨，修订试验文书，优化测试流程，广泛开展针对性训练，掌握设备状态，培养出一大批执行卫星发射任务的岗位技术能手。

为进一步提高星箭产品质量及发射任务全过程的管控能力，西昌卫星发射中心继通过国际标准质量管理体系认证并推广应用之后，根据适应"嫦娥二号"卫星发射任务的需求，又着手建设质量、环境和职业健康安全一体化管理体系，目前这一体系已在该中心航天发射任务中投入试运行，中心还先后通过了环境和职业健康安全两个国家标准的认证，并于2009年再次通过ISO9001国际质量管理体系认证，已经打造成为现代化的绿色生态型航天发射场。

由于"嫦娥二号"要直飞月球，推力要大。故与"嫦娥一号"选择"一塔制"的3号发射工位不同，"嫦娥二号"选择"两塔制"(包括脐带塔固定、勤务塔移动)的2号工位进行发射，看似简单的位置变化，带来的却是一连串新的技术挑战。为确保已使用20多年的2号工位胜任"嫦娥二号"发射任务，西昌卫星发射中心对其进行了相关技术升级和改造，开展了发射塔大封闭空调系统、常规加注系统等30余项技术改造，仅完成的设计施工图纸就达600多张。

尽管已经成功发射了"嫦娥一号"，但对西昌卫星发射

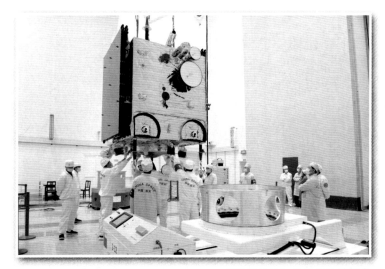

"嫦娥二号"卫星试验前准备

中心来说，每一次发射都是全新的挑战，必须从"零"开始。"嫦娥二号"发射任务发射位置变了，发射窗口小了，与"嫦娥一号"多次变轨奔月不同，"嫦娥二号"将直接飞向月球，因而发射窗口的限制更多、可选择时段更少。"嫦娥一号"发射窗口设计周期是1个月，"嫦娥二号"窗口周期则是半年。如错过2010年10月的发射时机，就只能等到2011年4月才能发射了。这种变化，对发射场的工作可靠性提出了新的更高的要求。为确保万无一失，发射中心严把测试数据关、质量归零关、数据复核关和阶段评审关，系统梳理完善了需重点关注的关键设备和应急预案，甚至预想到了防范多种意外灾害，专门对供配电分系统的某些地方进行了改造。

地面应用系统

形象地比喻，地面应用系统既是探月工程的"头"，又是探月工程的"尾"。在工程初期，地面应用系统要负责科学目标设定；任务实施时，它又是卫星有效载荷业务运行的管理中心，是探测数据的处理与管理中心。可以毫不夸张地说，这个系统"起得最早，睡得最晚"。

"嫦娥二号"地面应用系统由中国科学院国家天文台为主承担，负责科学探测计划制定，有效载荷的在轨运行管理，探测数据的接收、处理、解译和管理，并开展科学数据的研究与应用。"嫦娥二号"卫星一边奔月一边探测，等到了距月球15千米高时又要"睁眼"拍月球，而这一切数据都将源源不断地送到这里来。

地面应用系统由中科院空间科学与应用研究中心负责研制和建设，由数据接收、运行管理、数据预处理、数据管理、科学应用与研究五个分系统组成。

相比"嫦娥一号"而言，"嫦娥二号"任务对于地面应用系统来讲面临许多新的变化。有效载荷的变化是"嫦娥二号"的重要看点之一。"嫦娥一号"有效载荷是8种，"嫦娥二号"则为7种。尽管取消了"嫦娥一号"原有的干涉成像光谱仪，但对激光高度计、爱克斯射线谱仪等进行了适应性改造，"嫦娥二号"实际功能更精细更先进了。此外，还有一个变化值得关注："嫦娥一号"是到了月球近月轨道才打开有效载荷，这次"嫦娥二号"有效载荷则是一边奔月一边展开，以便更好探测地

"嫦娥二号"卫星领导在现场研讨技术问题

"嫦娥二号"研制人员正在进行现场测试

月空间环境。

随着有效载荷的变化,"嫦娥二号"数据接收任务也将发生重大改变。在"嫦娥一号"任务中,卫星在地月转移轨道,地面应用系统没有数据接收任务。而在"嫦娥二号"任务中,从卫星发射的第二天起,就开始有了数据接收任务。

此次"嫦娥二号"数据接收,同"嫦娥一号"一样,主要利用北京密云和云南昆明两个地面接收站。两个地面站分别拥有50米和40米口径天线的数据接收系统。为了保证探测数据接收的可靠性和完整性,两个地面站将同时工作,互为备份。

当然,为了更好地完成"嫦娥二号"任务,相关部门对有关地面数据接收系统进行了针对性改造,提高数据传输效率。数据接收码速率将从3兆/秒提高至6兆/秒,在任务过程中,这个系统还将试验更高的数据接收速度。

"嫦娥二号"相比于"嫦娥一号"而言,最大的一个技术亮点,就是CCD相机分辨率有了量级性提高。

2008年11月12日,"嫦娥一号"从距离月球200千米高空获取了中国第一幅全月球影像图。这一次,更值得国人关注的是:"嫦娥二号"从15千米近月点"睁开眼睛",拍摄未来"嫦娥三号"月球预选着陆区的高分辨率的三维影像图。呈现在人们面前的是更为清晰的"月亮的脸"……

需要指出的是,在探月工程各大系统的工程建设和实施中,各有关部门做到了凡有条件进行竞争择优的项目,都要通过招标的方式来确定承研承制单位。对不适宜竞

争的多学科技术集成项目，也通过设计方案公开征集、多方案优选或优化组合、联合研制开发等形式开展多层次的技术合作，充分利用全社会的科技力量。"嫦娥二号"任务实施以来，有近４０家高校和社会科研机构加入到探月工程中来。

"嫦娥工程"是社会大协作的结果。据初步统计，"嫦娥二号"任务中，仅火箭和卫星加起来，有８万多个元器件，在空中要点火起爆的火工品有200多种。这些火工品能不能准确起爆，这些焊缝有没有漏的，８万多个元器件质量有没有问题，任何一个出问题都会影响整个工程的成败。为确保万无一失，对于每个可能出现的风险，工程各系统都做好缜密的故障应对措施，制定完备的预案，比如，卫星和火箭系统最终形成111项应急处理预案；测控系统准备了108个应急预案，制定了153种故障处理对策；发射场系统则梳理了需重点关注的关键设备，完善了应急预案，确保每一项设备都"健康上岗。不放过一个微小失误，不遗留一个故障隐患，一步一个脚印，"嫦娥二号"任务就是这样一步步走向成功。

技术人员在进行"嫦娥二号"卫星设备安装

数说"嫦娥二号"卫星任务

与"嫦娥一号"卫星相比，"嫦娥二号"设备多，更复杂。"嫦娥二号"由十个部分组成，包括结与构机构、供配电、测控、数据传输等系统，整个卫星有214个设备，是一个集光、机、电、热相结合的复杂的高负荷性的系统，研制难度大；"嫦娥二号"的技术更新、难度更大，风险也比较大，要验证的技术比较多；另外在卫星携带的有效载荷上也进行了技术改进，主要是提高相机的分辨率，使得探测技术精度更高。因此，可以说，"嫦娥二号"卫星是"嫦娥一号"卫星的升级版，技术更加先进了。

两大任务

"嫦娥二号"承担着两项任务。在工程上，"嫦娥二号"作为探月二期工程的先导星，其主要任务是试验新的奔月轨道，试验验证与月面软着陆相关的部分关键技术和新设备，以最大限度地降低探月工程二期任务的技术风险。

在科学上，"嫦娥二号"的首要任务是对"嫦娥三号"的月面着陆区进行详查，获取更高精度月球表面三维影像，卫星相机的分辨率由"嫦娥一号"卫星的120米提高至优于10米；探测月球物质成分、月壤特性和地月与近月空间的环境。

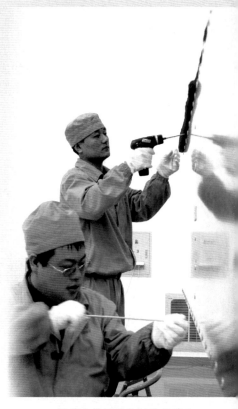

操作人员对结构板进行装配

三个挑战

"嫦娥二号"卫星在飞行过程中，将以近地点15千米的高度飞过虹湾地区，这样可以获得分辨率1米左右的图像，这些会给整个卫星从前期设计、制造到后期工作带来许多挑战。主要是：

第一，在月表温度可以达到130℃左右的情况下，对月表的热设计将带来严峻的挑战。印度发射的月球探测卫星最终还是由于热的问题导致了部分探测设备关机，并且提前结束了使命，所以在距月球15千米的高度上飞行，对"嫦娥二号"卫星是一个考验。第二，由于月球质量不均匀，有很多的引力异常区，卫星在100千米×15千米的轨道上飞行，轨道高度变化很大，另外，月面上有许多环形山，在这样的"山地"

飞行，如何保证卫星飞行的安全，对轨道设计的准确性和轨道控制与实施，都带来较高的要求。第三，"嫦娥二号"要拍照的虹湾地区朝向地球一面，为了对这一面进行成像，要在月球背面进行轨道机动，使卫星近地点15千米通过备选轴上空。通常航天器设计上关于这样重要的过程都放在可测控波段内，这样地面可以及时干预测控情况。由于地面测控站是无法对月球背面进行跟踪测量的，因此，卫星的机动过程就要靠卫星自主来完成，对卫星的轨道控制自主要求就非常高，因此，对卫星的自主轨道控制带来了严峻的挑战。

四大特点

"嫦娥一号"卫星发射后不到3年的时间，"嫦娥二号"卫星就顺利升空。"嫦娥二号"卫星的主要设备继承了"嫦娥一号"卫星，部分设备根据任务的不同进行了改进，在我国卫星型号快速研制方面积累了重要的经验。"嫦娥二号"卫星有四个方面的重要特点。

一是产品状态多。"嫦娥二号"卫星上共有214台硬件设备，它们有着不同的状态。其中，

科技人员进行设备检查

继承了"嫦娥一号"卫星的产品大约有85%，做过适应性修改的产品大约占10%，新研制的产品大约占5%。

"嫦娥一号"卫星研制时，所有的产品都统一上安装到卫星上，统一做试验，比较整齐。"嫦娥二号"卫星星上产品的不同状态带来的最大难题是，各类型产品的研制进程不一样，比如新研制的产品要经过方案、初样、正样等多个阶段。卫星研制过程中，往往存在正样产品和初样产品一起测试的情况，大大加大了风险。同时，也正是这样的困难，使一些关键新研制产品创造了时间上的新纪录。

二是试验验证难。"嫦娥二号"卫星上有很多新技术是原来没有使用或者遇到过的，比如卫星上使用的490牛发动机，在以往我国卫星上使用这种发动机的时候，其在卫星上工作的时间很短，一般卫星轨道确定后就切断了。这次"嫦娥二号"卫星上的490牛发动机不切断，要连续工作半年，多次使用这台发动机。为了保证这台发动机连续工作的可靠性，研制人员在地面做了半年多的可靠性验证试验，对其长期工作可靠性进行验证。再比如，"嫦娥二号"卫星上主相机为TDI-CCD相机，这种相机的测试要涉及地面系统、星上系统和测控系统，最终会形成高清晰的图像，因此，测试验证起

来就相当困难。

三是产品无备份。"嫦娥二号"卫星本来是"嫦娥一号"卫星的备份星，几乎所有的产品都没有备份，所以当星上产品出现问题的时候，没有备份产品可以马上使用，必须保证产品的高可靠，要做到万无一失。确保卫星在预定的时间内成功发射，稳定在轨运行，对技术人员的要求极高，研制难度加大。

四是研制队伍新。"嫦娥二号"卫星研制时，我国同时在进行"嫦娥三号"探测器的研制工作，因此，卫星的主要科研人员都在进行"嫦娥三号"探测器的研制攻关，这对"嫦娥二号"卫星的人员队伍组织构成了一个很大的挑战。在"嫦娥二号"卫星10个分系统的主任设计师中，只有一个是"嫦娥一号"卫星研制队伍中留下来的，其他的都是原来的副主任设计师，或者原来研制队伍中逐步走上重要技术岗位的年轻技术人员。在研制过程中，既要对年轻的队伍进行培养，还要严格控制质量，真正提高研制队伍的总体水平和能力。

五个关键点

关键点之一：发射入轨——"嫦娥"远驾他方

将"嫦娥一号"卫星送上太空的是"长征三号"甲运载火箭，而本次发射将使用"长征三号"丙运载火箭。火箭发射后的 146.6 秒、257.9 秒和 332.4 秒将分别进行二级分离、抛整流罩和三级分离、能否把卫星准确直接送入地月转移轨道……作为一个为此次任务打造的火箭的首次飞行，这些关键动作的顺利与否，都将对任务成败带来直接影响。

关键之点二：快速奔月——直接来到"家门口"

在运载火箭起飞后的 1533 秒进行星箭分离后，卫星将进入近地点高度 200 千米、远地点高度约 38 万千米的奔赴月球的大门口，此后就将直接奔月，而不是像"嫦娥一号"那样在环绕地球的调相过度轨道飞行 7 天后再进入地月转移轨道开始奔月，这是一大创新，也是对发射入轨的一次考验。"打个

科技人员聚精会神地工作

比方，"嫦娥一号"是我们的大姑娘，大姑娘远嫁月球，先围着"娘家"绕了3圈，走了14天才到月球；"嫦娥二号"是二姑娘，也要远嫁月球，我们希望她能够走捷径，直接进入38万千米的奔月轨道。"探月工程总设计师吴伟仁说，这样既可以节省火箭推进剂，也可以为卫星探测和试验留出更多的时间。

关键点之三：近月制动——深空中的"急刹车"

当星箭分离后，"嫦娥二号"卫星进入地月转移轨道时，其速度将超过第一宇宙速度，达到约11千米/秒。此后，"嫦娥二号"卫星将经历太阳翼展开、修正轨道、空间环境探测、巡航、爱克斯频段测试实验、紫外导航试验等步骤，这个过程将历时约112小时，与"嫦娥一号"卫星的114小时大致相当。

当卫星到达月球附近的特定位置时，卫星就必须"急刹车"，也就是近月制动，以确保卫星既能被月球准确捕获，还不会撞上月球，并由此进入近月点100千米、周期12小时的椭圆轨道。再经过两次轨道调整，进入100千米的极月圆轨道。

与"嫦娥一号"在距月面200千米处被月球捕获相比，"嫦娥二号"将在距月面100千米处进行"刹车"，飞行速度更快，轨道更低，制动量更大，同时月球不均匀的重力场对卫星轨道的摄动影响也相应增大，这大大提高了对卫星制动控制精度的要求。

关键点之四：降低轨道——与月球"亲密接触"

当"嫦娥二号"卫星在高度100千米的圆轨道上沿着月球两极飞行后，技术人员将择机实施卫星变轨，进入100千米×15千米椭圆轨道与月球"亲密接触"——用CCD立体相机在15千米近月点拍摄分辨率优于1.5米的虹湾预选着陆区图像，并验证轨道机动与快速测定轨等相关技术，为后续着陆任务做准备。

月球上的高山和沟谷与地球大体相似，按月平面计算的话，有10千米左右的高山，也有10千米左右的沟谷，这对卫星的控制技术和测控技术的要求更高了，因为弄不好就可能撞到月球上去。

关键点之五：抬高轨道——继续相关技术试验和科学探测

卫星在100千米×15千米轨道运行1~2天，拍摄完月球虹湾地区的图像后，将返回100千米环月轨道，全部载荷将开机，继续开展为期约半年的技术试验和科学探测。

上述五个关键点哪一个环节都不能出问题，否则就将影响整个任务的圆满完成。

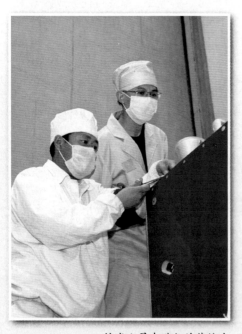

技术人员在进行总装检查

"嫦娥二号"卫星出厂前总装人员在进行卫星最后的吊转装箱

六项技术验证

"嫦娥二号"任务就像是一期工程向二期工程的一个跳板，增加了很多新技术，对探月工程后续任务起着承上启下的关键作用，对整个探月工程甚至航天事业的发展都具有十分重要的意义。归纳起来，"嫦娥二号"任务要实现六大方面的关键技术创新和突破。

一是突破运载火箭直接将卫星发射至地月转移轨道的发射技术。"嫦娥一号"是先发射到地球附近的过渡轨道，再经过自身多次调整进入奔月轨道；而"嫦娥二号"卫星将由运载火箭直接送入近地点 200 千米，远地点约 38 万千米的奔月轨道，这样效率更高。相比"嫦娥一号"任务，"嫦娥二号"任务对运载火箭推力要求更大，入轨精度和控制精度要求更高。

二是试验爱克斯频段深空测控技术，初步验证深空测控体制。"嫦娥二号"任务飞行测控将首次验证我国新建的 X 频段深空测控体制。相比"嫦娥一号"任务中使用的爱斯频段卫星测控网，爱克斯频段无线电传输信号频率更高，远距离测控通信效果更好。

三是验证 100 千米月球轨道捕获技术。"嫦娥一号"在距月面 200 千米处被月球捕获，"嫦娥二号"将在距月面 100 千米处进行制动，飞行速度更快，轨道更低，制动量更大，同时月球不均匀重力场对卫星轨道的摄动影响也相应增大，大大提高了对卫星制动控

制精度的要求。

四是验证 100 千米 × 15 千米轨道机动与快速测定轨技术。"嫦娥二号"要验证 100 千米 × 15 千米轨道机动与快速测定轨技术，测试将飞行轨道由 100 千米圆轨道调整为远月点 100 千米、近月点 15 千米的椭圆轨道的能力。

五是试验全新的着陆相机。"嫦娥二号"增加配置了降落相机，以检验对月成像能力，为"嫦娥三号"月面软着陆做准备。数据传输速率也由"嫦娥一号"的 3 兆每秒增加为 6 兆每秒，还将进行 12 兆每秒的传播速率试验。

六是对"嫦娥三号"预选着陆区进行高分辨率成像试验。"嫦娥一号"搭载的 CCD 相机分辨率为 120 米。而"嫦娥二号"在 100 千米圆轨道和 100 千米 × 15 千米轨道的近月点处，将分别对"嫦娥三号"的预选着陆区进行优于 10 米和 1.5 米分辨率的成像试验，分辨率有了很大提高。

与"嫦娥一号"相比，"嫦娥二号"任务要在技术上实现多项新的突破，在许多关键技术方面都要进行原始创新，任务更加艰巨，风险性更大。

七种武器看月球

"嫦娥二号"携带七种有效载荷，这"七种武器"将帮助"嫦娥二号"完成一系列的科学探测任务。这"七种武器"包括：CCD 立体相机、激光高度计、爱克斯射线谱仪、伽马射线谱仪、微波探测器、太阳高能粒子探测器、太阳风离子探测器。"嫦娥二号"卫星重量为 2480 千克，其中燃料重量约 1300 千克，七种科学探测设备重约 140 千克。

"嫦娥二号"卫星将利用ＣＣＤ立体相机和改进的激光高度计进行月面地形地貌探测，获得分辨率优于 10 米的月表图像和更精细的月表高程数据，为后续着陆区优选提供依据，同时为划分月球表面的地貌单元精细结构、断裂和环形构造提供原始资料。此外，"嫦娥二号"卫星还将利用改进的伽马／爱克斯射线谱仪、微波辐射计、空间环境探测仪等设备，对月表元素和物质成分、月壤特性、地月空间环境进行探测，以估算月壤厚度，获得更高空间分辨率和探测精度的元素分布图。

这"七种武器"可分为四类。

第一类是用来完成月球表面三维成像的，包括 CCD 立体相机和激

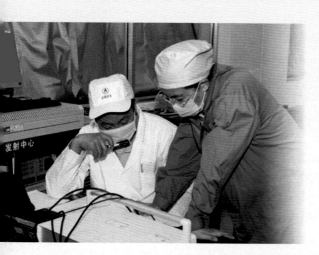

科技人员在研究测试报告

"嫦娥二号"部装俯视图

光高度计。"嫦娥一号"也有相机和激光高度计，但此次"嫦娥二号"任务，这两个设备都重新进行了研制，性能大大提高。"嫦娥一号"相机的分辨率是 120 米，"嫦娥二号"的分辨率要求小于 10 米。激光高度计原来是一秒钟测一次，这次是一秒钟测五次。

第二类是用来探测月球表面物质的化学成分的，包括爱克斯射线谱仪、伽马射线谱仪。"嫦娥一号"也有这两种载荷，但"嫦娥二号"伽马谱仪的探测晶体灵敏度提高了，爱克斯射线谱仪的谱段的选择也做了一些调整，应该能得到更好的探测结果。"嫦娥一号"探测的元素有 14 种，"嫦娥二号"调整为重点探测 3 种月表天然放射性元素和 6 种主要造岩元素的含量。

第三类是用于月壤探测的微波探测器。这是中国探月卫星的特点——国外的月壤探测没有采用微波频段，只能看到表面，没法穿透，"嫦娥二号"采用四个微波的频段可以穿透月壤。这个微波探测器没有做太大改动，但是微波的特点是统计性的，数据越多分辨率越高，"嫦娥二号"探测结果将会改进"嫦娥一号"所获得的一些数据。

第四类是用于探测地月空间环境的，包括太阳高能粒子探测器、太阳风离子探测器。与"嫦娥一号"相比，这两个探测器没怎么变。由于目前正处在第 24 个太阳风年，太阳活动比"嫦娥一号"卫星发射时剧烈，所以"嫦娥二号"的这两个探测器还肩负着对新的太阳风年进行探测的使命。

"嫦娥二号"的有效载荷比"嫦娥一号"少了一种，就是干涉成像光谱仪。"嫦娥一号"的相机分成 CCD 相机与干涉成像光谱仪两部分，经过"嫦娥一号"的测试，科技人员觉得干涉成像光谱仪能够提供的信息不多，所以把它去掉，换成一台高分辨率的相机。

八大技术突破

总体来讲，"嫦娥二号"执行的是对月球"精细探测"的任务，以利于今后"嫦娥三号"能够安全地在月球表面软着陆，它的表现将为探月二期的实施成功奠定科学和技术基础。相对"嫦娥一号"来说，"嫦娥二号"做了多方面改进和提高，概括起来有八个方面：

第一，"嫦娥二号"与"嫦娥一号"的轨道设计不同，"嫦娥二号"新开辟地月之间的"直航航线"，即直接发射至地月转移轨道，这将使"嫦娥二号"的地月飞行时间大大缩短。

第二，"嫦娥二号"卫星将在距月球表面约 100 千米高度的极轨轨道上绕月运行，较"嫦娥一号"距月表 200 千米的轨道要低，有利于对重点地区做精细测绘。

第三，"嫦娥二号"直飞月球的方式对运载火箭的入轨精度和入轨速度提出了更高的要求，执行此次任务验证的直飞技术将在以后的月球探测和其他深空探测任务中使用。

第四，为获得着陆区的精细地形数据，"嫦娥二号"激光高度计在月面上留下的"激光足印"间距更小，激光测距精度也可达 5 米，从而获得月球上几个重点区域的高密度高程测量数据。

第五，突破了高分辨率相机研制技术。"嫦娥二号"所携带的 CCD 立体相机的空间分辨率由"嫦娥一号"时期的 120 米左右提高到小于 10 米，其他探测设备也将有所改进，所探测到的有关月球的数据将更加详实。

第六，"嫦娥二号"的主要科学目标是对月球着陆区和其他重点区域进行精细测绘、

技术人员在全神贯注地工作

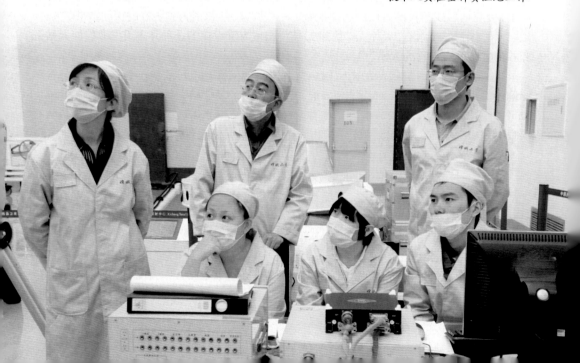

立体成像，精细探测月面的元素成分与分布，月壤的电磁特性、粒度纬度和月壤层厚度，近月空间的环境等。"嫦娥二号"将获得的这些更高空间分辨率的探测数据可以与"嫦娥一号"的探测数据进行互相校核。

第七，"嫦娥二号"将演练"嫦娥三号"软着陆前的15千米×100千米椭圆轨道，这是探月卫星首次如此近地接近月表。

第八，根据月球探测二期工程的要求，新增了爱克斯频段的

"嫦娥二号"深空应答机调试工作现场

测控，使得我国深空测控通信能力将扩展到"地球—火星"间的距离。

九大使命

试验使命：

第一，配合运载火箭验证地月转移轨道直接发射技术。

第二，验证距月面100千米近月制动的月球轨道捕获技术。

第三，验证轨道机动与飞行技术。

第四，对二期工程的备选着陆区进行高分辨率成像试验。

第五，搭载轻小型化爱克斯频段深空应答机，配合我国新建的爱克斯频段地面测控站，试验爱克斯频段测控技术。

第六，试验遥测信道低密度奇偶校验码（LDPC）编码技术，月地高速数据传输技术及降落相机技术。

第七，获取更高精度月球表面三维影像。

第八，探测月球物质成分和月壤特性。

第九，探测地月与近月空间环境。

十倍"眼力"

"嫦娥二号"搭载在卫星上的7种有效载荷，将帮助"嫦娥二号"实现获取月球表面三维影像、探测月球物质成分、探测月壤特性、探测地月与近月空间环境等四大科学目标。其中，新研制的CCD相机能够将图像分辨率从"嫦娥一号"的120米提高至优于10米。

"嫦娥二号"卫星电测

"嫦娥二号"卫星迎大考

如果考虑到将完成的一系列试验和探测任务的复杂性,那么把"嫦娥二号"卫星比作一个要在严酷环境中进行高难度表演的杂技演员是毫不为过的。"嫦娥二号"卫星完成的一系列高难度复杂动作中,存在着诸多风险,并且风险的难度系数相比于"嫦娥一号"卫星要大大提高,作为承上启下的先导星,在许多方面对卫星提出了严峻的考研。

奔月之旅充满风险

能否顺利进入地月转移轨道入口,是"嫦娥二号"卫星面临的第一个风险。"嫦娥二号"卫星怎样奔月,在整个任务期间,都有哪些关键的轨道修正动作呢?

"长征三号"丙运载火箭飞行 25 分钟后,星箭分离,"嫦娥二号"卫星顺利进入近地点高度 200 千米,远地点高度约 38 万千米的地月转移轨道,这是中国首次运用火箭发射技术成功将卫星直接送入地月转移轨道。

根据地月日的运动规律,卫星进入地月转移轨道的窗口时间非常短,如果星箭分离时卫星没有准确进入地月转移轨道入口,那么就需要对卫星轨道进行调整,会使卫星上的燃料提前消耗,如果偏差过大,将影响后续任务的执行。

"嫦娥二号"原本设计需要在奔月过程中进行两次轨道修正，在10月2日，北京航天控制中心对姿控扰动建立了精确的补偿模型，通过认真计算、反复复核，对卫星成功实施了首次轨道中途修正。从对修正后的轨道测量计算结果分析来看，控制非常精准，满足卫星到达近月制动点的精度要求，所以，原计划于此后进行的2次中途修正就取消了。这标志着我国航天轨道测定及控制技术达到精确水平。接连取消中途轨道修正，将为"嫦娥二号"卫星节约部分燃料，为卫星在环月轨道开展绕月探测工作提供更多动力支持。

"刹车"效果影响成败

　　"嫦娥二号"卫星面临的最大风险是能否精准"刹车"，即卫星通过近月制动能否被月球重力场捕获。

　　在近月制动点的时候，卫星对于月球来说实际上处在非闭合的轨道上，如果不及时"刹车"，这时卫星就不能成为月球卫星。如果"刹车"不够，卫星仍然会飞出了月球的引力范围，而不被月球捕获，从而不能环绕月球。

　　如果"刹车"失灵，从理论上讲，可能几个月甚至半年之后，技术人员将有机会使卫星重新被捕获。但到那时候，可能就要几乎耗尽所有的燃料来控制卫星回到月球，而此时可能的代价是卫星重新回到月球后已经没有了燃料或者只有很少的燃料，后续的科学任务就没有办法完成。

　　所以第一次近月制动至关重要，"刹车"成功的话，卫星会处在近月点200千米、远月点38000千米左右的椭圆轨道上。这时候卫星就是月球卫星了，它已经不可能跑出月球的引力范围了。第一次近月制动还存在着另一种风险：如果"刹车"力量过大，卫星就会撞上月球，其后果同样不堪设想。

　　"嫦娥二号"卫星的一个特殊任务是从100千米的圆轨道过渡到近月点15千米、远月点100千米的椭圆轨道。这一动作一方面验证卫星的测定轨技术，另一方面对后续工程的备选着陆区进行高分辨率成像。这使卫星再次面临巨大的风险。

　　地月运动的规律是这样的：月球运转的自转周期，和它绕地球的公转周

"嫦娥二号"微小相机研制组在工作

"嫦娥工程"领导现场检查工作

期一样都是半个月左右，所以在地球上始终只能看到月球的一面，另一面永远无法看到。"嫦娥二号"卫星要成像的备选着陆区在月球的正面，就是月球朝着地球的一面。那么要实施近月点 15 千米、远月点 100 千米的轨道变轨，让这个轨道的近月点正好在备选区域的话，卫星就必须在月球无法朝着地球的那一面变轨。

而此时，地面的遥测信号无法进行传递，卫星是不可人为干预和控制的，只能依靠卫星上已经设置好的自动程序进行。这一点，相比于"嫦娥一号"卫星来说，"嫦娥二号"卫星的风险大大提高了。

在卫星自动程序运行时，如果发动机点火不成功，那只能等待下一个变轨的机会。而如果点火过了的话，卫星将面临致命风险。同时，如果点火时间过长，造成卫星轨道低于 15 千米。此时卫星的飞行速度是每秒 2 千米左右，即使每秒米级的误差，也可能撞上月球。根据人类现有月球探测数据，月球上最高的山在 10 千米以上。如果卫星点火的时机不对，就会加大卫星撞上高山的可能性。

"嫦娥二号"卫星验证的工程任务内容很多，很繁重，往往是一环扣一环，因此协调好它们之间的关系，要进行得十分精确。比如说，近月点 15 千米、远月点 100 千米的椭圆轨道变轨，实际上有多重目的在里面，除了验证轨道以外，还要对月球指定区域进行高分辨率成像，同时还要进行爱克斯频段测控体制方面的验证。这些任务的密度非常大。

因此，技术人员能否对卫星进行精准操作，构成了卫星的另一重风险。为了规避操作上的风险，确保"嫦娥二号"卫星的安全，卫星型号队伍提出了"操作零缺陷"的要求。

还有一种风险来自月球具有的特殊空间环境。这种特殊空间环境主要是指月球表面的物质分布非常不均匀，造成月球不同区域的重力场并不一样。因此，卫星在轨运行期间，其轨道要经常进行维护。

恶劣月球环境

太阳每11年左右都有一个活跃期，会形成太阳风暴，这对卫星会造成影响，如果严重的话可能造成电子元器件或者设备损坏。在"嫦娥二号"卫星在轨运行的预定时间内，正好是太阳活跃期的上升段，卫星也将面临这方面的挑战。

在卫星研制中，技术人员在产品设计和研制过程中已经考虑到了太阳风暴的可能危害，并做了一些抵抗性试验，加强了卫星这方面的抵抗能力。在太阳风暴来袭的时候，或许卫星会出现一些临时性的故障，这对其飞行会带来一定的威胁，比如说会迫使卫星转入安全模式，这时就要利用地面设备发出指令，让卫星重新回到工作状态。

月球热环境大"烤"

我国卫星专家透露，"嫦娥一号"卫星在完成既定任务后，又做了多项额外的技术验证和科学试验。其中重要的一项就是验证月球100千米轨道的热环境。

在早先的试验验证中，科技人员发现，和200千米轨道相比，100千米轨道上的热流增加了20%~30%。"嫦娥一号"卫星在100千米轨道上短期运行后温度升高了15℃左右。因此，"嫦娥二号"卫星的100千米轨道"工作环境"将面临100℃左右的高温。为了应对如此高温的大"烤"，技术人员采取了多个方面的有效措施。

"嫦娥二号"卫星进行部装

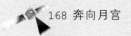

重新设计热控系统

月表的热量主要来自太阳光。但是，由于月表具有很强的反射性，所以月球卫星实际上面临太阳的炙烤和月表反射光的强烈照射。这也是 100 千米轨道处温度高达 100℃ 的主要原因。另外，月球上没有空气等作为热传导的介质，因此卫星上受到光线照射的部分温度会很高，而没有光线照射的地方会在 0℃ 以下，卫星的两面可能相差 300 多度。

对于卫星内部元器件来说，0℃~20℃ 的温度是最理想的工作温度。

那么，如何在卫星处于高温区的时候把星内温度降下来呢？为了解决这个问题，卫星技术人员重新设计了热控系统，对卫星舱内的气、液和管路等方面的热交换系统进行了重新设计和布局，卫星受到照射的部分和没有受到照射的部分之间能够迅速实现热交换，从而使其不至于高者过高、低者过低，而是维持一种平衡的状态。

金银外衣犹如空调

我们大部分人都在电视或者照片上见过卫星表明闪光发亮的东西，这就是卫星的防辐射覆膜。对于"嫦娥二号"卫星来说，亮光灿灿的覆膜不但有着和其他卫星覆膜同样的功能，而且更起到了在 100℃ 高温环境中的天然空调作用。

卫星表面的覆膜，比羽绒服还薄，共 13 层。虽然覆膜不是热控系统的一部分，但它有着特殊的结构，可以传导星内的热量，形成热流交换。因此它可以帮助热控系统有效地形成星内的热平衡环境。

同时，如果卫星舱内温度过高，覆膜可以把热量散发掉；如果星内温度过低，它则可以保护星内热量不会流失。同时，覆膜对光线的反射率很高，可以把照在上面的太阳光和月表太阳反射光反射掉。所以，覆膜实际上起到了空调的作用。

更加灵活的太阳翼

太阳翼帆板是最直接接触外部环境的卫星部件。一般情况下，卫星的太阳翼帆板会通过太阳敏感器对太阳位置的感应而由驱动机构自动调整至与太阳光垂直的角度，它总是保持太阳光线能够直射到太阳翼帆板上。工作状态的卫星基本上都是靠太阳翼帆板来供电的。但是，"嫦娥二号"卫星处在高温环境中，太阳光的持续直射，可能造成帆板温度过高而失效，国外已经有探月卫星因为太阳翼帆板失效而整星失踪。为了使"嫦娥二号"卫星的太阳翼帆板在高温环境中保持良好的工作状态，技术人员采用多种方法来保护帆板。首先是避开太阳直射，设计人员设计太阳翼的时候使其和太阳成 30° 夹角，而不是直接垂直于太阳光线，这样温度就会大大降低。另外，"嫦娥二号"卫星上的太阳翼帆板可以进行任意角度的旋转，以达到最佳的保护效果。星上有一套软件系统，在温度达到一定的高度时，软件可以支持卫星让帆板停转，这时太阳翼帆板会停留在和太阳光呈 60° 的夹角的地方，帆板温度就会降下来。

"长征火箭"的完美航程

　　"嫦娥二号"卫星的成功发射，长征火箭又铸就了中国航天发射史上一个新的里程碑：中国从此完全掌握地月转移轨道发射技术，为后续探月及深空探测工程的开展架设了新的"天梯"。掌握地月转移轨道发射技术，意味着我国不但可以顺利地推进'落'和'回'阶段的后续探月工程，而且对我国今后有条件时进行火星、金星等深空探测奠定了坚实的基础。"

打造更快捷的登月"天梯"

　　有人做过这样形象的比喻："嫦娥一号"卫星采用的调相发射轨道犹如让卫星通过"走步梯"的方式，在星箭分离后依靠自身的动力达到奔月点，而"嫦娥二号"卫星直接由火箭送入地月转移轨道奔月口，好像坐的是"电梯"，一步到位。这个比喻形象地说明了两种发射方式的不同。

　　为什么两颗卫星采用了不同的发射入轨方式呢？原来"嫦娥一号"卫星发射的时候，考虑最多的是首次飞行的成功要求，所以采用了火箭的常规发射方式。"嫦娥二号"卫星发射时，已经积累了"嫦娥一号"卫星发射成功的经验，所以就采用了新的发射方式。这种发射方式对探月工程后续发展和深空探测具有非同一般的意义。

　　"嫦娥二号"卫星总设计师黄江川介绍，对于月球探测和深空探测的航天器来说，其上天成本甚至是几倍于同重量的黄金。因此，我国要想实现更大重量或者更远距离的空间探测，必须最充分地利用火箭的推力，减少卫星燃料的消耗。也正是从这个意义上说，"长征三号"丙火箭采用地月转移轨道发射"嫦娥二号"卫星，实际上使我国月球探测和深空探测具有了一种全新的能力，打造了更快捷的"天梯"。

　　与此同时，这种地月转移轨道发射方式，可以大大缩短卫星奔月的时间。与"嫦娥一号"卫星相比，"嫦娥二号"卫星的奔月时间缩短了一半还多。

　　专家指出，"嫦娥二号"卫星的发射成功，充分验证了火箭直接把卫星送上地月转移轨道的技术和能力，它将成为我国探月后续工程采用的轨道方式。

从"固定靶"到"移动靶"

　　从原理上讲，火箭发射的不同轨道只是火箭最终达到点和最终速度的不同。其实，轨道设计很复杂。

　　地月转移轨道的轨道设计要受到多方面因素的制约，其中主要包括火箭一级落区、测控覆盖范围和地、月、日三者之间的运动规律。

　　第一个因素是火箭一级落区。我国在西昌卫星发射中心发射的火箭，其一二级分离后，一级火箭的壳体和发动机按规定要落在云南省特定的区域内。在这个区域，已经形成了发射时人员撤离的惯例，对地面人员的安全容易管理。所以设计轨道时，必须把一级火箭的落区限定在原有特定区域。这使火箭在一级飞行时的轨道没有"自由发挥"的余地。

　　第二个因素是我国发射测控网的限制。在现阶段，我国的测控网主要包括三个部分，一部分是我国陆上建设的测控站，另一部分是通过合作可以使用的外国陆上测控站，还有一部分就是我国目前在役使用的测控船。这些不同的设施构成了我国火箭发射时可利用的测控网。

　　火箭发射时，测控系统要对火箭进行实时测控。因此，其飞行轨道必须处于测控网覆盖的范围内，这对一种新轨道的选择形成了一个很苛刻的限制。

　　第三个制约因素来自地、月、日的运动规律。地月转移轨道要求星箭分离时，卫星必须处在奔月轨道的入口处，否则只有通过卫星机动的方式进行轨道调整，违背了节省卫星燃料的最基本要求。所以，对于火箭来说，必须把卫星准确送入轨道的入口处，就意味着星箭分离时卫星具有符合要求的初速度、太阳翼必须处于太阳直射光线下以便卫星有足够的能源。发射的时间不同，轨道的入口也不同，同时太阳直射光线的角度也会发生变化，所以，必须严密考虑地、月、日三者之间的相互关系和运动规律。相比于"嫦娥一号"卫星发射时的火箭飞行轨道，本次发射由"固定靶"升级为"移动靶"，难度自然大大增加。

　　"嫦娥二号"卫星发射对火箭入轨精度提出了很高的要求。入轨精度问题是一个专门的工程，需要设计人员进行很多的分析和计算。精度问题也是一门专门的学问，有很多优秀设计人员在做这方面的工作。影响精度的因素很多，有测量问题，测量的误差，也有使用的工具和方法带来的误差等，怎么消除这些误差，提高精度，是设计人员、专家重点要攻克的难题。

　　对于过去运载火箭精度上的问题，因为发射任务的目标不同，有的飞行器并不要求太高的精度，就没有必要花很大的代价去完成一个高精度的火箭。如果一个飞行器要求发射的精度很高，那么要采取特殊的方式，比如"嫦娥二号"卫星，因此，火箭上除了原来的测量系统——平台惯性测量系统，还增加了激光测量系统。在方法误差上，通过上千条的计算来优化弹道设计和轨道设计，以提高精度。

　　"长征三号"丙运载火箭的规定动作主要体现在飞行时序。在发射的时候可以看到调度指挥进行倒计时，倒计时零时刻就要点火。随着点火指令的下达，火箭的发动机会喷出火焰，火箭会缓缓离开发射台。点火后，随着飞行的持续，两个助推器首先分离，然后实现一二级分离，二三级分离，最后是星箭分离，把卫星送入预定轨道，到此，运载火箭的任务就结束了。

　　整个飞行过程中的动作就是点火后正常飞行，可靠分离，精确入轨。发射圆满完成的标志，动作上就是完整的星箭分离，技术上来说有一整套的技术指标来对运载火箭进行考核。如果动作上完整地星箭分离，技术指标上不超出规定的范围，那么发射任务就是成功了。

"零窗口"发射

"长征三号"丙在发射"嫦娥二号"卫星的时候，实现了"零窗口"的发射，即在预先设计要求的时间内，一分一秒也不差的把卫星发射出去，并送入预定的轨道。

在这里，让我们先来了解一下卫星的发射窗口知识。

早期火箭的发射窗口是根据光学观察条件来确定的，发射时间一般选择在凌晨或傍晚，这时太阳处于地平线的位置上，阳光能照射到火箭，而大地处于比较暗的环境中，产生较大的反差，形成较好的光学观察条件，以便对火箭飞行进行光学测量研究。

应用卫星出现后，卫星对发射条件的要求更为复杂，这时光学观察条件成为极为次要的条件。由于卫星的功能、用途各不相同，各类卫星对运载火箭发射条件有不同的要求，相应发射窗口也不尽相同。

发射窗口的条件。一般来说，发射窗口主要有下列九项约束条件：太阳照射卫星飞行下方（星下点）地面目标的光照条件（如气象、资源等卫星）；卫星太阳帆板与太阳光线的相对关系（太阳能电池供电的要求）；卫星姿态测量精度要求的地球、卫星、太阳的几何关系；卫星温度控制要求太阳只能照射卫星某些方向；卫星处于地球阴影内时间长短的要求（太阳能电池供电的要求）；着落回收时间的要求（如返回式卫星、载人飞船等）；对卫星轨道面的特定要求（如移动通信卫星星座、轨道交会、轨道拦截等）；地球与目标天体相对位置的要求（如月球探测器、行星探测器等）；其他如地面跟踪测量条件、气象条件等。

确定发射窗口，实际上是根据约束条件来确定飞行轨道与特定对象（如太阳、月球、交会对象等）之间的相对位置，同时也选择适当的发射环境条件。

发射窗的规律。根据各项约束条件，各类卫星的发射窗口也各有规律。资源卫星、照相侦察卫星、中轨道气象卫星等，要求对地面目标区域有较好的光照条件，发射窗口要选择在白天。载人飞船除了要对地观察外，同时要求在白天返回着落场，因此发射窗口也在白天，其发射窗口宽度则要受到姿态测量和温控的制约，另外卫星运行区域和载人飞船着落场区的气象条件也是发射窗口需要考虑的因素。地球同步卫星（包括地球同步通信卫星、地球同步气象卫星等）的发射窗口主要取决于太阳角、地影、日地张角、地面测量等约束条件，因此它与太阳位置、卫星姿态、轨道、卫星控制方式（自旋稳定方式或三轴稳定方式）、轨道变轨方式、卫星的布局形式以及地面站位置等有关。

对不同的卫星即使轨道相同，发射窗口也有可能有较大的差别。一般来说，由于发射地球同步轨道卫星时火箭发射段的航程较长，发射点所在的子午面与转移轨道主轴（轨道近地点与远地点的连线）的夹角较大，而卫星的变轨操作等都是在转移轨道的远地点进行的，如果为了满足太阳角和日地张角等的约束，远地点应处在白天环境下，这时地球同步轨道卫星的发射就要在晚间进行。发射窗口宽度一般为1小时左右。

对于卫星星座、轨道交会、轨道拦截等发射任务而言，由于要求将卫星送入惯性空间中预定的轨道面，因此对发射时间有更严格的要求，发射时间由轨道面在惯性空

间中的指向（轨道升交点赤径）确定，在一天 24 小时内都有可能。发射窗口的宽度取决于轨道面的误差要求。

月球探测器和行星探测器的发射窗口主要取决于目标天体（月球或行星）的位置，发射必须在地球与目标天体处于一定的相对位置之时间范围内进行。如果错过这段时间，地球与目标天体的相对位置发生变化，则相应要调整火箭的发射方位角或飞行路线。

与"嫦娥一号"多次变轨奔月不同，"嫦娥二号"是直接飞向月球，因而发射窗口的限制更多、可选择时段更少。"嫦娥一号"发射窗口设计周期是 1 个月，"嫦娥二号"窗口周期则是半年。如错过 2010 年 10 月的发射时机，就只能等到 2010 年 4 月了。发射窗口变小了。"嫦娥二号"发射窗口的变化，也对发射场系统设备的可靠性提出了更高要求。"长征三号"丙运载火箭、发射场系统、测控和"嫦娥二号"卫星系统密切配合，实现"嫦娥二号"卫星的"零窗口"的发射，表明我国卫星发射技术实现了新的跨越。

"嫦娥二号"任务的完美收官

月面虹湾局部影像图揭幕

2010 年 11 月 8 日上午，探月工程"嫦娥二号"月面虹湾局部影像图揭幕仪式在北京国防科技工业局举行。中共中央政治局常委、国务院总理温家宝出席揭幕仪式并为影像图揭幕。中共中央政治局委员、中央军委副主席郭伯雄，国务委员兼国务院秘书长马凯，中央军委委员、总后勤部部长廖锡龙，中央军委委员、总装备部部长常万全以及各有关部门的领导参加了揭幕仪式，共同见证了这一辉煌的时刻。

上午 10 时许，温家宝来到国家国防科技工业局办公楼一层大厅，亲切看望和慰问了"嫦娥二号"任务参研参试人员代表，并与他们合影留念。随后，温家宝来到二楼会议大厅，观看了"嫦娥二号"任务汇报短片，并听取了探月工程总指挥陈求发关于工程任务完成情况的汇报。

10 时 18 分，在全场热烈的掌声中，温家宝走上揭幕台，为"嫦娥二号"月面虹湾局部影像图揭幕。

这张月面虹湾局部影像图成像时间为 10 月 28 日 18 时 25 分，卫星距月面约 18.7 千米，分辨率约为 1.3 米。影像图中心位置为西经 31°3′、北纬 43°4′，对应月面东西宽约 8 千米，南北长约 15.9 千米。影像图显示，该区域表面较平坦，由玄武岩质的月壤覆盖，分布有不同大小的环形坑和石块，其中最大的环形坑直径约 2 千米。影像图的传回，标志着"嫦娥二号"任务所确定的工程目标全部实现，科学目标也正在陆续实现，探月工程二期"嫦娥二号"任务取得圆满成功。

中共中央政治局委员、国务院副总理张德江宣读了《中共中央 国务院 中央军委对

嫦娥二号虹湾局部影像图

月球虹湾局部影像图由嫦娥二号卫星CCD相机拍摄，经辐射、光度、几何等校正处理后制作而成。成像时间为2010年10月28日18时25分，卫星距月面约18.7千米，像元分辨率约1.3米。影像图中心位置为西经31°3′、北纬43°4′，对应月面东西宽约8.0千米，南北长约15.9千米。该区域表面较平坦，

由玄武岩质的月壤覆盖，分布有不同大小的环形坑和石块，其中最大的环形坑直径约2.0千米。

影像位置示意图

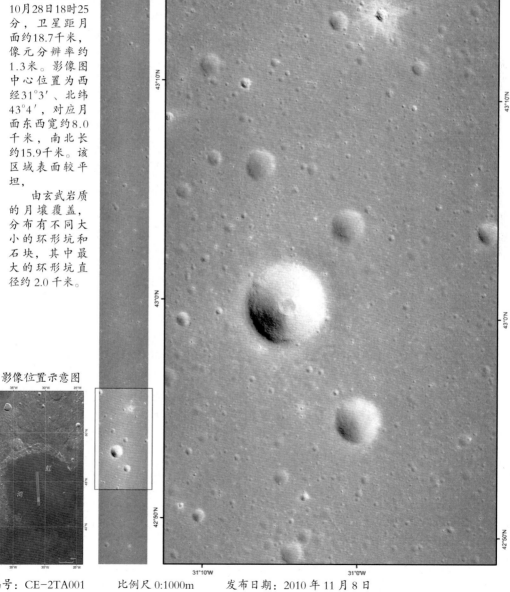

编号：CE-2TA001   比例尺 0:1000m   发布日期：2010 年 11 月 8 日

虹湾局部三维景观图

虹湾局部三维景观图由嫦娥二号 CCD 立体相机在距月面 19 千米轨道上获得的影像数据，结合两线阵摄影测量处理获得的数字高程模型 (DEM) 数据，经三维场景渲染后制作而成。图像分辨率约 1.3 米，DEM 空间分辨率约 4 米。图中最大的环形坑直径约 2 千米，深约 450 米。数据获取时间为 2010 年 10 月 28 日。

第一幅图三维景观

探月工程"嫦娥二号"任务取得圆满成功的贺电》，贺电称赞这一壮举对于进一步推动我国航天事业发展，提升我国综合国力和民族凝聚力，激励全党全国各族人民更加意气风发地投身改革开放和社会主义现代化建设，不断把中国特色社会主义伟大事业推向前进，具有重大而深远的意义。

2010 年 12 月 20 日，中共中央、国务院、中央军委在北京人民大会堂举行大会，隆重庆祝我国探月工程"嫦娥二号"任务圆满成功。中共中央总书记、国家主席、中央军委主席胡锦涛发表重要讲话。

胡锦涛强调，实施探月工程，是我们从建设创新型国家、推动经济社会又好又快发展的高度作出的战略决策；"嫦娥二号"任务工程目标和科学目标的实现，不仅突

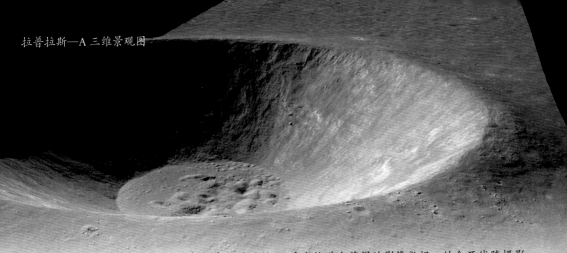

本图使用嫦娥二号 CCD 立体相机在距月面约 20 千米轨道上获得的影像数据，结合两线阵摄影测量处理获得的数字高程模型 (DEM) 数据，经三维场景渲染后制作而成。图像分辨率约 1.4 米，DEM 空间分辨率约 4 米。图中环形坑为拉普拉斯－A(Laplace A)，位于雨海虹湾区域，直径约 9 千米，深约 1.7 千米。数据获取时间为 2010 年 10 月 28 日。

拉普拉斯－APrintt 图片

破了一批核心技术和关键技术、取得了一系列重大科技创新成果，而且带动了我国基础科学和应用技术深入发展，推动了信息技术和工业技术交叉融合，进一步形成和积累了中国特色重大科技工程管理方式和经验，培养造就了高素质科技人才和管理人才队伍。

飞行控制取得取四项关键技术突破

作为世界三大航天飞行控制中心之一，北京航天飞行控制中心在"嫦娥二号"任务中成功突破四项关键飞控技术。

——直接地月转移轨道重构技术。北京航天飞行控制中心对不同入轨偏差进行各种分析计算，保证了入轨大偏差下的卫星成功飞向月球。

——姿控力精确补偿定轨技术。有效攻克了因频繁姿控力扰动影响定轨道计算精度的难题，提高了卫星精密定轨能力。

——近月点非对称轨道控制技术。有效解决了"嫦娥二号"任务 15 千米降轨控制点在月球背面实施导致测控不可见、月球非球形引力场下轨道近月点漂移率迅速加快导致控后轨道在到达"虹湾"前近月点漂离目标区域等技术难题。

——飞行控制智能规划技术。实现快速准确完成各类事件和指令任务智能规划的功能，全面满足各类飞控事件的实施要求。

据"嫦娥二号"总设计师黄江川介绍，为圆满完成"嫦娥二号"任务，研制队伍进行了多项创新，创造了七个第一，即第一次实现直接发射转移轨道技术、第一次采用爱克斯波段测控技术、第一次采用新的信道编码技术、第一次开展姿控敏感器导航试验、第一次实现距月面 15 千米环月稳定飞行、第一次采用数字化深空应答机、第一次实现姿控敏感器的姿态确定和科学探测功能应用。同时，为实现工程的科学目标，还对该卫星的有效载荷性能进行了多项改进，提高了对月科学探测的精度。"嫦娥二号"卫星任务期间所取得的技术创新和科学研究成果，将为有效降低我国探月工程二期任务的风

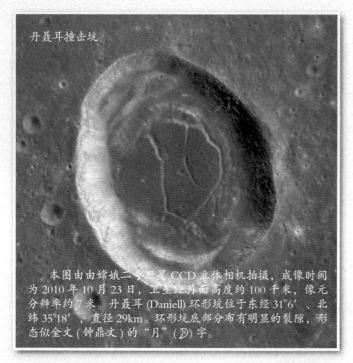

丹聂耳撞击坑

本图由嫦娥二号卫星CCD立体相机拍摄，成像时间为2010年10月23日，卫星距月面高度约100千米，像元分辨率约7米。丹聂耳(Daniell)环形坑位于东经31°6′、北纬35°18′，直径29km。环形坑底部分布有明显的裂隙，形态似金文（钟鼎文）的"月"(𝔇)字。

丹聂耳

极区典型环形坑

本图由由嫦娥二号卫星CCD立体相机拍摄，成像时间为2010年10月25日，卫星距月面高度约100千米，像元分辨率约7米。图中环形坑位于东经23°30′、南纬78°30′，直径约30千米。影像图表现了环形坑边缘地貌，阴影区和光照区界限分明，阴影区无明显地貌信息，光照区可清晰分辨坑壁的细节和坑缘分布的石块。

南极 print

险，进一步加深对月球表面环境的了解，把握深空探测技术发展规律，推动我国深空探测技术的跨越发展，奠定坚实的基础。

"嫦娥二号"成功应对月食

2010年12月21日14时50分，正在绕月飞行的"嫦娥二号"卫星首次遭遇月食，北京航天飞行控制中心根据计划安排对卫星实施控制，约3个小时后，卫星顺利走出阴影区，顺利通过月食考验。

月食期间，"嫦娥二号"卫星主要面临三大考验：一是只能靠蓄电池提供能量长时间维持运行。由于地球把太阳光完全遮蔽，卫星无法得到太阳能，必须依靠蓄电池储存的电能长时间为设备供电。二是卫星将长时间遭遇"极寒"。卫星在月食过程中处于阴影中，星上设备必须经受太空零下200余摄氏度的低温环境考验。三是受地球自转、月食发生时刻的影响，卫星经历月食的过程中，国内测控站不能全程跟踪和控制卫星。卫星为经历月食所做的许多工作状态的设置和调整，均由北京航天飞行控制中心按照预先设定的流程，将控制指令注入卫星，卫星要无差错地自主执行每一条指令。

面对挑战，北京航天飞行控制中心提前缜密设计，制订有效措施。11月30日开始对卫星进行相位调整，即通过调整轨道，每圈改变它的轨道周期约10秒，经过20多天的累积，使12月21日月食发生时卫星处于最佳位置，确保其处于阴影区的时长最短。同时，为了降低卫星负载和功耗，节约卫星能源，对"嫦娥二号"卫星实施的另一大控制是逐步关闭卫星上的CCD相机等"非必需"设备，就像进入"冬眠"状态，只保证核心设备运行，等卫星走出月食环境后再逐步打开星上设备。"嫦娥二号"卫星的设备关闭是从2010年12月20日22时开始的，到21日17时57分卫星走出有效阴影区后，陆续开启设备。另外，科技人员还采取了调整卫星姿态的应对措施，使太阳帆板一直对着太阳，这样就能确保在进入月食之前，卫星蓄电池保持充满状态，而一旦走出月食见到太阳后也能马上进行充电。

由于"嫦娥二号"卫星进入月食阴影前6小时并不在国内测控站跟踪范围之内，为填补这期间的测控空白，通过国际合作，由欧洲空间局测控站为"嫦娥二号"卫星提供测控支持，保证了卫星在月食前后均能获得有效监测，确保了卫星安全度过月食。

拍摄一批精彩CCD图片

"嫦娥二号"在距离月面100千米的轨道上运行，对月球进行约7米分辨率的CCD图像数据的采集工作。在半年的时间里，有关部门采集了对月球全覆盖的图像数据。专家表示，这些数据将经过整理后，向社会公布。

专家介绍，有关部门还通过"嫦娥二号"卫星采集到大量有关月球成分、土壤和环境等方面的信息，积累了大量资料。

航天测控技术实现新突破

"嫦娥二号"卫星测控系统总体设计单位的相关专家认为，针对工程目标与科学目标的变化要求，"嫦娥二号"卫星测控系统的科技人员经过积极探索，大胆创新，实现了如下几项技术突破。

——"嫦娥二号"任务将首次进行爱克斯频段测控体制试验，为实施此项试验项目，先后攻克了大口径天线高精度指向控制、大口径天线性能测试与标定技术以及天线反射面修正调整等多个技术难题，成功研制出满足当前和后续任务需求的爱克斯频段地面测控设备。

——首次开展有关月球噪声对测控链路影响的试验项目，验证星地链路计算的正确性和有效性，科技人员为此提出并制定了月球噪声的测量方案，分别针对参加"嫦娥二号"卫星测控任务的喀什站和青岛站的测控设备开展月球辐射噪声测量试验。

——在"嫦娥二号"卫星任务中采用新的编码技术，即下行遥测数据的低密度校验码遥测信道编码技术。这套由我国自主研发的编译码器已通过在地面进行的试验验证，各种功能和性能完全符合既定的技术指标。

——首次开展的甚长基线干涉测量试验，经过验证，为以后我国开展包括火星探测在内的深空探测奠定了基础。

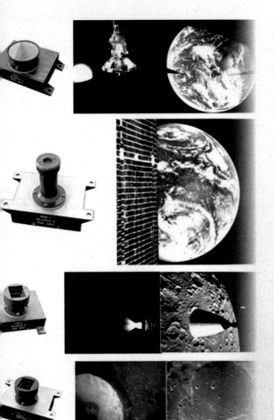

微小相机眼中的卫星奔月景象

10万千米外看地球

在"嫦娥二号"卫星身上，还首次安装了四台小相机，在2010年11月8日月面虹湾局部影像图揭幕后，国防科工局首次对外公布这些相机拍摄的画面与视频。据介绍，这是我国首次在10万千米以外看到地球的景象。

这四台小相机包括三台监视相机与一台降落相机，三台监视相机分别监视发动机、定向天线和太阳翼的适时状态。

在公布的画面中，不仅可以看到太阳翼展开的状态，还能看到太阳翼与地球交相辉映的画面。画面中深蓝色的地球只见一半，另一半被闪闪发光的太阳翼所遮挡。

"嫦娥工程"地面应用系统总设计师李春来介绍，因为一般气象卫星太阳同步轨道是800~1000千米的轨道，通信卫星在36000千米但不照相。所以，这是我们在最远的地方看地球的景象。

根据"嫦娥二号"卫星发动机监视相机实拍照片串成的视频，还展现了"嫦娥二号"卫星拍摄的在近月制动期间"转动"的月球。发动机喷射出的红色火苗和凹凸不平的环形坑在视频中都得到清晰的体现。第二次近月制动拍摄的画面让我们看到了发动机的点火过程以及飞行状态下拍摄到的月球和月表细节。

而在第三次近月制动期间，"嫦娥二号"卫星精确地拍摄到了卫星在调整姿态时的角度转换，这相当于卫星在太空打了一把方向盘，视频中可以看到仿佛月球在镜头下转动，形象地拍摄出卫星动作幅度的变化以及月球的角度变化。

"嫦娥二号"所搭载的四台小相机传回来的照片质量和回传速度都超过了预期。

"嫦娥二号"向祖国和人民交出了一份完美的答卷。但这不是一个结束，而是又一个新的起点。在迈向深空探测的征途上，中国航天，必将向前再向前，不断续写新的辉煌！

在探月工程"嫦娥二号"任务取得圆满成功的时候，有记者曾就一些问题提问了我国月球探测应用系统首席科学家欧阳自远。

从"嫦娥二号"上采用的相机等各种仪器的技术指标来看，我们达到国际领先水平了吗？

欧阳自远说道，只能说达到了我们需要的标准。"嫦娥二号"上的很多仪器和技术，都是世界上比较先进的，但不是领先的。利用"嫦娥一号"获取的科学数据，我们制作了世界上全覆盖月面、符合二百五十万分之一测绘制图标准的、质量最高的全月球影像图。这次根据"嫦娥二号"传回的数据，有望制成分辨率为 7 米的全月球影像图，月球上的许多细节将更为清晰和细致。这确实很难得，但也不值得我们骄傲。人家没做出来，是因为他们追求的目标和我们不一样。

我觉得，在航天科技上，每个国家都有创新，可谓各有千秋。我们强调某方面"第一"，很没意思，也会助长盲目自信。我们需要踏踏实实地做好自己的工作，提高水平和能力，尽快缩小与世界的差距。

"嫦娥工程"立项过程堪称"十年磨一剑"，为什么要论证这么久？

欧阳自远说道，因为很多人的思想认识不一样。中国有没有能力去探测月球？国外探测月球已经几十年了，中国能有什么特色和创新？搞月球探测对经济发展和科技进步有多大意义？要花多少钱？这些都要讲清楚，大家得统一思想，包括各级领导、相关专业的科学家、工程技术人员以及广大公众，要让大家真正认识到中国完全有必要搞、有能力搞，也值得搞探月工程，而且还要加快搞。这些都通过后，我们还要研究，中国究竟该怎么搞探月，包括无人的月球探测、载人登月和建设月球基地等，要有一个发展战略和长远规划。无人月球探测阶段我们又划分为绕、落、回三期，都要有具体方案。特别是第一期绕月探测要详细设计科学目标、载荷配置和研制总要求等各项科学技术指标，要达到能够实施的程度，不能盲目地去搞，等都论证完、讨论完，10 年也就差不多过去了，很正常。不过，最后上报到国务院，很快就立项了。欧阳自远还补充说，经过审查与核算，"嫦娥一号"的经费一共是 14 亿元，相当于北京修两千米地铁的钱。"嫦娥二号"原本是"嫦娥一号"的备份星，完成两次月球探测的任务加一起不到 20 亿元。

"嫦娥二号"奔月大事记

2010 年 10 月 1 日 18 时 59 分 57 秒，"嫦娥二号"卫星成功送入太空。

2010 年 10 月 1 日 19 时 26 分成功星箭分离，19 时 56 分许，卫星太阳翼帆板展开，"嫦娥二号"卫星发射取得圆满成功。

2010 年 10 月 2 日凌晨 3 点 39 分，经过一系列姿态调整，"嫦娥二号"用自己携带的一部监视相机拍下它的第一幅摄影作品。2 日早上 8 点 49 分，随着卫星的第一组数据回传，这幅对地球成像的照片也已经被传回。

庆祝探月工程"嫦娥二号"任务圆满成功大会

2010年10月2日中午12时25分，"嫦娥二号"卫星按照原定计划开始了第一次中途修正。

2010年10月5日，正在"奔月"途中的"嫦娥二号"卫星发回第一轨数据。

2010年10月6日上午，"嫦娥二号"在近月点100千米处踩下刹车，成功实施第一次近月制动，"嫦娥二号"由地月转移轨道进入周期约12小时的环月轨道。

2010年10月26日21时27分，北京航天飞行控制中心对"嫦娥二号"卫星实施了降轨控制，约18分钟后，卫星成功进入了远月点100千米、近月点15千米的试验轨道，为在月球虹湾区拍摄图像做好准备。

2010年10月27日，"嫦娥二号"卫星上的CCD相机开始为月球虹湾区进行拍照。

2010年10月28日18时25分，"嫦娥二号"拍摄月球虹湾局部影像图，成像时卫星距月面约18.7千米，分辨率约为1.3米。

2010年10月29日10时34分，北京航天飞行控制中心对"嫦娥二号"卫星实施了升轨控制，"嫦娥二号"对月球虹湾区成像活动圆满结束，卫星近月点返回100千米。

2010年10月30日，对卫星实施轨道维持，卫星返回到100千米×100千米的圆轨道。

2010年11月8日，国家国防科技工业局首次公布"嫦娥二号"卫星传回的"嫦娥三号"预选着陆区月球虹湾区域局部影像图，影像图的传回，标志着"嫦娥二号"任务所确定的工程目标全部实现，科学目标也正在陆续实现，探月工程二期"嫦娥二号"工程任务取得圆满成功。

2010年12月20日，中共中央、国务院和中央军委在人民大会堂举行大会，隆重庆祝中国探月工程"嫦娥二号"任务圆满成功。中共中央总书记、国家主席、中央军委主席胡锦涛发表重要讲话。

中国正在迈出探月第二步

月亮诗词

  美丽的月亮，给人类留下了悠悠的情思。在我国，月亮一开始就不是一个普通的星体，在我国民间，不仅留下了无数关于月亮美丽的神话传说，和用漂亮且多少带有神秘色彩的名字来称呼月亮，还常常用用最美的语言赞美月亮。月亮，承载着我国劳动人民深刻的原始文化信息，凝聚我们古老民族深厚的生命感情和审美感情。

  千百年来，文人墨客们留下了无数关于月亮的不朽诗篇，在这些诗篇里，倾注了诗人对月亮的赞美和深情。

  一轮明月高悬夜空，轻柔的银光洒向大地，诗情浪漫的图画，勾起了多少文人墨客的感伤和情怀。约1500年前，著名诗人苏轼对月亮曾经好奇地发问："明月几时有？把酒问青天。不知天上宫阙，今夕是何年？我欲乘风归去，又恐琼楼玉宇，高处不胜寒。"以月亮为体裁，留下的不朽诗词，在我国诗词宝库中占有重要的地位，仅以唐代为例。唐代诗仙李白曾经用"今人不见古时月，今月曾经照古人"，"窗前明月光，疑是地上霜，举头望明月，低头思故乡"，宣泄着思乡、忧伤的心情。

  李白在《月下独酌》中写道：花间一壶酒，独酌无相亲。举杯邀明月，对影成三人。月既不解饮，影徒随我身。暂伴月将影，行乐须及春。我歌月徘徊，我舞影零乱。醒时同交欢，醉后各分散。永结无情游，相期邈云汉。

  李白在《关山月》中写道：明月出天山，苍茫云海间。长风几万里，吹度玉门关。汉下白登道，胡窥青海湾。由来征战地，不见有人还。戍客望边色，思归多苦颜。高楼当此夜，叹息未应闲。

  李白在《把酒问月》中写道：青天有月来几时，我今停杯一问之：人攀明月不可得，月行却与人相随。皎如飞镜临丹阙，绿烟灭尽清辉发。但见宵从海上来，宁知晓向云间没？白兔捣药秋复春，嫦娥孤栖与谁邻？今人不见古时月，今月曾经照古人。古人今人若流水，共看明月皆如此。唯愿当歌对酒时，月光长照金樽里。

  张九龄：海上生明月，天涯共此时。情人怨遥夜，竟夕起相思！灭烛怜光满，披衣觉露滋。不堪盈手赠，还寝梦佳期。

  杜甫：戍鼓断人行，边秋一雁声。露从今夜白，月是故乡明。有弟皆分散，无家问死生。寄书长不达，况乃未休兵。

  王维：空山新雨后，天气晚来秋。明月松间照，清泉石上流。竹喧归浣女，莲动下渔舟。随意春芳歇，王孙自可留。

  杜牧：旅馆无良伴，凝情自悄然。寒灯思旧事，断雁警愁眠。远梦归侵晓，家书到隔年。沧江好烟月，门系钓鱼船。

  杜牧：烟笼寒水月笼沙，夜泊秦淮近酒家。商女不知亡国恨，隔江犹唱后庭花。

  曹邺：剑外九华英，缄题下玉京。开时微月上，碾处乱泉声。半夜招僧至，孤吟对

月烹。碧沉霞脚碎，香泛乳花轻。六腑睡神去，数朝诗思清。月余不敢费，留伴肘书行。

白居易：一道残阳铺水中，半江瑟瑟半江红。可怜九月初三夜，露似珍珠月似弓。

李商隐：初闻征雁已无蝉，百尺楼台水接天。青女素娥俱耐冷，月中霜里斗婵娟。

张继：月落乌啼霜满天，江枫渔火对愁眠。姑苏城外寒山寺，夜半钟声到客船。

李冶：离人无语月无声，明月有光人有情。别后相思人似月，云间水上到层城。

赵嘏：独上江楼思悄然，月光如水水如天。同来玩月人何在，风景依稀似去年。

王建：中庭地白树栖鸦，冷露无声湿桂花。今夜月明人尽望，不知秋思落谁家？

牛希济：新月曲如眉，未有团圆意。红豆不堪看，满眼相思泪。终日劈桃瓤，仁儿在心里。两朵隔墙花，早晚成连理。

戴叔伦：边草，边草，边草尽来兵老。山南山北雪晴，千里万里月明。明月，明月，胡笳一声愁绝。

冯延巳：梅花吹入谁家笛，行云半夜凝空碧。欹枕不成暝，关山人未还。声随幽怨绝，云断澄霜月。月影下重帘，轻风花满檐。

李煜：无言独上西楼，月如钩，寂寞梧桐深院锁清秋。剪不断，理还乱，是离愁，别有一般滋味在心头。

……

在有关月亮的诗词里，人们最熟悉的还有毛泽东同志那首怀念杨开慧同志的《蝶恋花·答李淑一》了：我失骄杨君失柳，杨柳青飏直上重霄九，问询吴刚何所有，吴刚捧出桂花酒，寂寞嫦娥舒广袖，万里长空且为忠魂舞，忽报人间曾伏虎，泪飞顿作倾盆雨。

这些诗句赞美了月亮素华皎洁的美好形象，抒发了诗人的情怀，给月亮凭添了几多美丽，几多情愫，几多幽婉。

按照我国"嫦娥工程""三步走"的发展思路，一期工程为绕月，二期工程为落月、三期工程为采样返回。月球软着陆探测是一种亲临其境的探测方式，在探测深度和精度方面远比用卫星环月探测要高得多，两者数据又可互相补充、互相验证。月球软着陆探测与载人着陆探测相比，在技术难度、成本和风险上要低得多。因此，在人类对月球、行星及其卫星的探测中，软着陆探测方式占据了重要的地位。目前，中国航天科技工作者正在进行探月工程二期任务的准备工作。

月球上的环形山

"嫦娥"二期工程紧锣密鼓

　　根据有关部门的初步计划,我国"嫦娥工程"二期工程将实施首次月球软着陆和自动巡视勘测。通过这一工程的开展,试验月球软着陆技术,通过月面自动巡视探测器进行高分辨率摄影,获取月面环境、月形、月岩的化学成分与物理性质等数据,供科学研究和为将来月球基地的选址提供数据。

"嫦娥工程"二期工程担负什么任务?

　　我国"嫦娥工程"二期工程既是一期工程的延伸与拓展,更是一期工程的深化与跨越。通过二期工程的开展,不仅可以获得高精度的新的月球探测数据,增加我国科学工作者对月球的进一步了解,取得更加丰硕的月球探测技术成果,推动我国对月球科学研究的进一步深化,获得一批自主创新的月球科研成果,而且可以使我国月球探测相关技术实现新的突破,使我国掌握开展深空探测所需要的一系列关键技术,建立起较为完整配套的深空探测工程体系,建立设计、生产、试验系统和研究、应用体系,培养一支高素质的人才队伍,为进一步的深空探测科学研究和航天活动奠定坚实的技术、物质和人才基础,带动相关产业发展并促进科学技术进步。因此,我国月球探测二期工程的开展,无论对于促进月球探测科学研究的深入还是促进深空探测技术的发展,都具有十分重要的科学和应用意义。

　　特别需要指出的是,我国通过"嫦娥工程"二期工程的开展,将产生大量的技术创新成果,这些新技术不仅可以应用于其他航天工程,还可直接二次开发应用于其他民用领域,包括:增强天文观测能力;提高我国自动化智能机器人水平;发展可应用于医学、工业制造、国防工业的遥科学、人工智能和自主控制技术;促进微电子、微机械的发展。这些技术创新将促进我国工业技术创新和国民经济发展,为建设创新型国家提供技术手段。

"嫦娥工程"二期工程科学目标

　　通过对苏联与美国在这一阶段进行月面软着陆探测科学目标的分析,我国科学家认为,苏联和美国的月球软着陆就位探测与月球车巡视勘察存在以下不足之处:基本上是为月面软着陆、月球车巡视勘察和取样返回的纯工程目标提供科学资料;月球软着陆就位探测与月球车巡视勘察是各自独立开展,二者没有有机结合,因而月球车勘察的科学目标与软着陆的探测目标十分雷同。

　　我国月球探测工程首席科学家欧阳自远在阐述"嫦娥工程"二期工程科学目标的时候指出:我国月球探测二期工程将是一期工程的跨越式发展,探测对象由"面"向区域性的"点、面、内部"一体化的综合性探测,探测方式是月球软着陆探测和月面巡视勘察。

我国月球软着陆就位探测和月球车巡视勘察总体科学目标的优选原则为：有限目标、重点突破、承前继后，循序渐进、持续发展；科学上有创新，技术上有突破，探测上有特色，成果上力争领先。

"嫦娥工程"二期工程实施"月球软着陆就位探测和月球车巡视勘察"的四项总体科学目标：

月球形貌与地质构造调查

实施着陆区和巡视区月表形貌和地质构造调查，通过调查，获得月表形貌、地质构造、月壳结构、撞击坑和月壤厚度的数据，建立区域月貌与地质演化模式，深化月球探测一期工程的探测与研究成果。探测内容主要包括探测区的月表形貌探测与地质构造分析、探测区撞击坑的调查与研究、探测区的月壤特性、厚度与月壳浅层结构探测等三个方面。

月表物质成分和可利用资源调查

月球物质成分是了解月球演化历史的关键。同地球科学一样，月球科学最为基础的工作是获取月球的化学成分、矿物组成、岩石类型及其分布规律。月球蕴藏着丰富的矿产和能源资源，开发和利用月球资源是人力进行月球探测的源动力之一。探测内容主要包括探测区矿物组成与化学成分的就位分析和探测区矿产和能源资源调查等。

月球内部的结构研究

月球内部结构是研究月球形成和演化历史的基础。探测月震和小天体引起的月震波可以反演月球的内部结构。月球轨道参数的精确测量是研究月球动力学的基本手段，通过月球动力学模型的研究可以了解月球的内部结构。探测内容主要包括月震与小天体撞击的记录与研究、月球轨道参数的精确测量与月球动力学研究等。

日－地－月空间环境探测与月基天文观测

日—地—月空间环境是影响人类生存与发展的重要因素。太阳耀斑和日冕物质抛射会释放出巨大的能量和物质，制约着地球空间的月表环境，对人类健康和航天活动造成重要影响。在月球表面进行日—地—月空间环境探测和月基光学天文观测，具有干扰小、无屏蔽、可长时间连续观测等优势。由于地球空间环境的影响，甚低频段的探测一直在地面无法实现，月球表面是科学家开展甚低频射电探测梦寐以求的场所。探测内容主要包括地球等离子层的极紫外探测与研究、日地空间和太阳系外天体的甚低频干涉观测与研究、太阳系外行星系统、星震和活动星系核的光学观测与研究、月表空间环境探测与研究等内容。

月球探测二期工程的应用目标

月球探测的应用目标是指月球探测产生的科学成果、探测数据和创新技术，应用于工程规定之外的领域，所产生的社会和经济效益。

（1）月球探测是深空探测的起点，在现有人造地球卫星航天工程系统的基础上，构建的月球探测航天工程体系，将来可以应用于火星探测和其他深空探测任务。

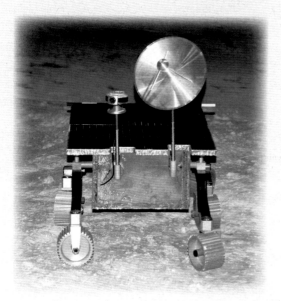
月球车

（2）工程将产生大量科学数据，除了完成工程规定的科学目标研究外，还可以进一步开发和挖掘，产生更多的应用成果。月球探测产生的数据和科学成果，可以带动相关学科的发展。

（3）月球蕴藏着大量的有用元素，具有巨大的开发应用前景；月表环境可用于试验和生产地面环境中无法获得新材料、新器件和生物制品；月球表面环境非常适合于天文观测和对地观测。月球探测二期工程的实施将促进我国对月球资源、能源、空间环境的开发利用。

二期工程拟携带的有效载荷

我国有关领域科学家认为，月球探测二期工程根据完成上述月球探测的科学目标，将携带 20 种左右有效载荷。

软着陆平台配置的有效载荷主要为：全色摄像 / 照相机、激光反射器、粒子激发爱克斯射线谱仪、红外光谱仪、光学天文望远镜、极紫外相机、月震仪、空间环境探测器、降落相机和机械臂等。

月球车配置的有效载荷为：立体成像系统、测月雷达、粒子激发爱克斯射线谱仪、红外光谱仪、质谱仪和机械臂等。

月球车在月面上行驶

着陆器

哪里是"嫦娥三号"的家

我国月球探测二期工程实现"嫦娥三号"探测器在月球表面软着陆是最为引人注目的一笔，实现这一目标的关键有三个：一是着陆器能否在月面上成功着陆，二是着陆器在哪里着陆，三是着陆器着陆后能否完成科学探测任务。其中，着陆器在哪里实施软着陆，是一个十分重要的问题，它对于着陆器软着陆是否顺利，是否成功，后续的探测任务能否完成影响巨大。

月球探测软着陆场选择需遵循的原则

科学家认为，为了完成月球软着陆探测任务，软着陆区域的选择应该既能满足科学探测的需要，又具有现实可行性。那么，选择探测器软着陆区应该遵循哪些原则呢？

（1）有利于实现科学探测目标。为了实现科学探测目标，着陆区无疑应该选择在地质现象丰富的地区，如月海和高地的接触带、大型山脉、典型撞击坑构造区域等，以满足月球地质研究的需要；着陆区应该选择在成熟月壤和矿产资源丰富的地区，以满足月球资源利用和研究的需要；着陆区的地质现象和地理位置是国外所没有探测过的，这样既可以体现我国月球科学探测的独特性，又可以与国外已经开展的月球区域探测实现互补。

（2）有利于整个工程的实施。着陆区应该选择在开阔平坦的地区，以降低软着陆的风险；着陆区应该保证提供良好的光照条件与适宜的热环境，以提供足够的能源和保证探测器的工作环境。

为了保证着陆器在月面上着陆后不翻跟头，月面软着陆场必须选择在相对平坦的地区。通过对国外有关资料的分析，科学家认为，为保证着陆安全，对着陆区地形地貌的初步要求是：在长700千米，宽10千米区域的着陆航迹内，没有高于1千

气囊的充气展开试验

米的高山；在1千米×1千米的着陆区内，地面斜坡应该不大于10度。如果着陆器腿的跨度为6米，倾斜15度不翻倒为前提，则允许两着陆腿高度差约1.5米，经过初步分析，在着陆区域每10米×10米的范围内，直径大于0.8米的石块不能大于1块，直径大于3米的环坑不能多于一个。

探测器上的太阳电池帆板只有在有太阳光线照射的情况下，太阳电池帆板才能产生电能，为了保证着陆器获得持续的电源和有效的探测，着陆区的选择要考虑到光照条件。尽管目前设计的着陆探测器的太阳电池阵可实现对日定向，但是，如果考虑到一定的地形遮挡等因素，要求太阳入射角只有在大于10°的情况下，才能满足太阳电池帆板的工作需求。

由于巡视探测器的地形识别对太阳入射角提出了相应的需求，因此，着陆器必须满足太阳高度角的要求。我们知道，地形识别可依靠光学成像或激光扫描成像等不同的途径，而光学成像要求太阳入射角最好在15°左右，以形成较明显的地形凹凸阴影，便于地形确定。

（3）有利于与地球的通信联系。我们知道，月球只有一面始终对准地球，而

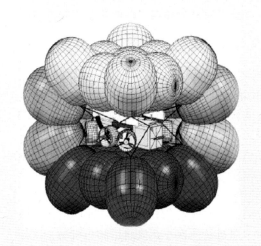

气囊的充气展开结构图

月球登陆

另一面我们永远也看不见,这种情况使得月球表面与地球通信的可见区域分为永远可见、有时可见和永远不可见三种情况。为保证探测器在月面着陆后可以连续与地面通信,着陆区应该选择在月球正面。经过分析,月球正面可以连续保持与地面通信的区域为东西经 70° 范围内,纬度在南北纬 80° 之间。因此,着陆点应该选择在这一区域内。

在月球表面着陆后的探测器,与地面的可通信条件与环月飞行的探测器不同。为传输探测数据,需要使用高增益的定向天线。月面上一个固定点相对地面某个测控站的方位角与高度角在一年时间内呈现周期性变化,这样的角度变化对定向天线的波束宽度和转动自由度设计有很大影响。因此,为满足测控数据传输的要求,要求定向天线要具有两轴转动的能力。

(4)卫星轨道的可达性。为了确保探测器能够在预定的着陆点着陆,专家认为有三种环月轨道可以选择:即月球 0 倾角赤道轨道、月球倾斜轨道和月球极轨道。具体是:如果着陆区选择在月球赤道,则选择 0 倾角的环月轨道,可以保证每个轨道周期内均有着陆机会,且测控条件较好。如果选择极区,那么,只能选择极轨道,才可保证每个轨道周期内有着陆机会。但是对于位于赤道与极区间的着陆地区,可以选择轨道倾角大于着陆区纬度的轨道。轨道在一个月球日内对指定着陆区的着陆机会均只有一次,如果希望增加连续的着陆机会,则要做适当的轨道倾角机动。由于月球自转速度很慢,每天自西向东约转动 13.2°,平均每小时转 0.55°。对于一个轨道周期约 2 小时的环月轨道来说,如果错过了一次着陆机会后,可对卫星进行一次小角度轨道倾角机动,这样就可以满足下一个着陆机会的需求。

理论上讲，在地球上的给定发射场，对应不同的环月轨道要求，总可以找到对应的地球至月球转移轨道。同时，计算表明，不同倾角的环月轨道，对地月转移及近月制动所需要消耗的能量差别很小。因此，任何的着陆区在轨道设计上都是可实现的。

（5）充分考虑着陆场的热环境。有关资料表明，对应不同纬度，随着太阳入射角从 0 度逐渐变大，月面温度上升很快。在太阳下山的过程中，月球降温过程也很快。在低于 20° 的低纬度地区，当太阳入射角达到 10° 以上时，月面的环境温度已升至 0℃以上，可以满足探测器的工作温度条件要求。而对于高纬度地区，太阳入射角要超过 20° 后，月面温度才可能达到 0℃ 以上。因此，从热环境的角度考虑，对于 20° 以下的低纬度地区，着陆区在着陆时刻的太阳入射角大于 10°；随着着陆区纬度的升高，要求着陆时刻的太阳入射角也增大。而在月夜期间，不同纬度地区的最低温度基本相同，达到 −180℃ 左右。

在月球赤道上，太阳入射角每个地球日变化 12.85°。因此，对于 20° 以下的低纬度着陆区，考虑太阳入射角的影响，探测器在月球可以工作的时间大约为连续 12 个地球日。

考虑到月面光照条件。各个着陆区所受光照周期约为 28 天。即在 28 天范围内，有连续 14 天左右的时间着陆区处于太阳光照范围内，其余时间均为阴影区。在着陆区太阳光照范围内，太阳入射角（太阳光线与月面方向的夹角）的最大值约为 90°，而太阳入射角的最小值近似为着陆区当地的地理纬度值，太阳入射角越小越好，说明当地的光照条件越好。

"嫦娥三号"着陆器可能的家园

为了实现既可以保证工程的实现，又可以保证科学目标的实现，目前，我国许多专家建议，我国月球探测二期工程探测器的着陆场应该从月球的下列 5 个地区中选择一个。

（1）虹海。虹海是雨海西北角为 260 千米 × 400 千米的撞击坑填充平原，虹海的西部和北部的边缘保存良好，那里，布满了月海玄武岩，地势较为开阔、平坦，位于大型撞击坑、月海、高地（山脉）交汇地区，有利于科学考察目标的选择。由于苏联和美国载人和不载人的软着陆地点的纬度都低于 30°，而这里的纬度达 40°，自然，这个地方也是苏联和美国所没有探测过的，如果选择在这里软着陆，我国将实现探测器在月面上最高纬度的地方软着陆。

（2）阿里斯基撞击坑附近。阿里斯基撞击坑位于雨海东部，地形开阔、平坦，纬度达 34°，是另一个较高纬度的软着陆候选地点。雨海是面积最大的月海盆地，布满了月海物质和辐射纹，并紧邻阿基米德坑、澳托利斯坑和卡西尼坑，地质现象丰富，有利于科学探测目标的选择。与开普勒坑类似，该撞击坑是地质年代最新的撞击构造，周围到处都散布着岩石碎块，在这个地方着陆，可以使月面巡视探测器很容易找到月岩等分析对象。

（3）酒海。酒海位于月球正面的南半球，直径约 333 千米，是国外至今还没有进行过着陆探测的地区。该地区地势较开阔、平坦，靠近月陆，盆地物质主要为下雨海纪玄武岩，地质现象丰富，有利于科学考察目标的选择。

（4）湿海。湿海位于月球正面南半球的小型环形月海，直径约 389 千米，也是国外至今还没有进行过着陆探测的地区。该区域地势较开阔、平坦，靠近月陆，环形湿海的山脉恰好分隔撞击盆地的边界，地质现象丰富，有利于科学考察目标的选择。

（5）开普勒撞击坑附近。开普勒撞击坑位于月球风暴洋的中东部地区，风暴洋是位于月球西部的大型月海，由玄武质火山喷发岩浆填充形成。开普勒坑发育有辐射纹，具有显著的视觉特征，易于辨识。该区位于月海，又靠近撞击坑，由于撞击抛射物堆积，与上述地区相比，这个地方的地形稍为复杂一些，尽管如此，总体上仍然是相当开阔、平坦的。这个撞击坑太阳反照率很高，是地质年代最新（哥白尼期）的撞击构造，风化程度很低。由于撞击作用将月表以下几千米的岩石"挖掘"到了月表，大大小小的岩石碎片随处可见，探测器在这个地方实施软着陆，月球车可以非常顺利地找到月岩等分析对象，对这些来自月球地下的石头进行分析，对于研究月表和月壳物质的组成，具有重要的地质意义。

"嫦娥二号"传回第二批高清大图

"嫦娥"二期工程任务艰巨

我国月球探测二期工程怎样实施？在"嫦娥一号"还没有上天的时候，国内许多业内专家就开始了论证工作。我国月球探测二期工程将实现探测器在月球上软着陆，并通过施放无人探测器对月球表面进行勘查。

具体计划是：在2010年发射"嫦娥二号"卫星，作为二期工程的先导星，用于试验验证，以降低二期工程的风险。此后发射"嫦娥三号"卫星，携带月面巡视探测器（月球车）实施首次月球软着陆，其目的是掌握地球至月球转移轨道发射技术，突破月球软着陆、月面巡视和遥操作技术、深空测控通信技术、轻小型化技术，掌握科学探测多源数据处理、解译与应用技术，试验月面巡视探测器月夜生存技术。

具体内容是：在实现月面巡视探测器首次月面软着陆之前，完成着陆探测器和月面巡视探测器（月球车）的研制，完成"嫦娥三号"卫星的研制和发射，经过中途修正和近月制动后，进入200千米高度的极月圆轨道，选择适当的时机在预定着陆区域实施首次月面软着陆，同时释放月球车开展月面就位巡视勘察。着陆探测器和月球车在月面工作时间为3个月。整个任务期间将新建深空探测网和USB系统提供测控支持，地面应用系统负责接收和解译科学探测数据，完成预定任务。

与月球探测一期工程实施探测器绕月探测所不同的是，二期工程最关键的是要把探测器直接送到月球上，对月球进行直接的、零距离的触摸。通过二期工程的开展，我国将突破以下关键技术：

一是突破探测器在月球表面上软着陆和对月球表面自动巡视探测的相关技术。这一技术是我国过去从来没有进行过的，比如，探测器在月球表面上软着陆技术、自动巡视技术、遥操作和遥控分析技术、月球特殊环境下探测器的热控与电源技术等。

二是研制能够分别进行就位探测、巡视探测和环月探测的着陆探测器、巡视探测器，并根据需要组成探测器系统，开展预定的科学探测活动。

三是从工程技术实现的角度来看，要突破以下几项关键技术：第一，着陆轨道设计与制导、导航控制技术；第二，着陆缓冲技术；第三，月面探测的测控通信技术；第四，月面工作的热控与电源技术。

四是为保证我国月球探测二期工程的实施，必须建立月球探测器系统、深空测控网系统、地面应用和数据处理系统、运载火箭系统和发射场系统。这五大系统需要依据月球探测二期工程各阶段的任务要求，分工合作，共同完成探测任务，并为月球探测后续工程及其深空探测活动奠定基础。

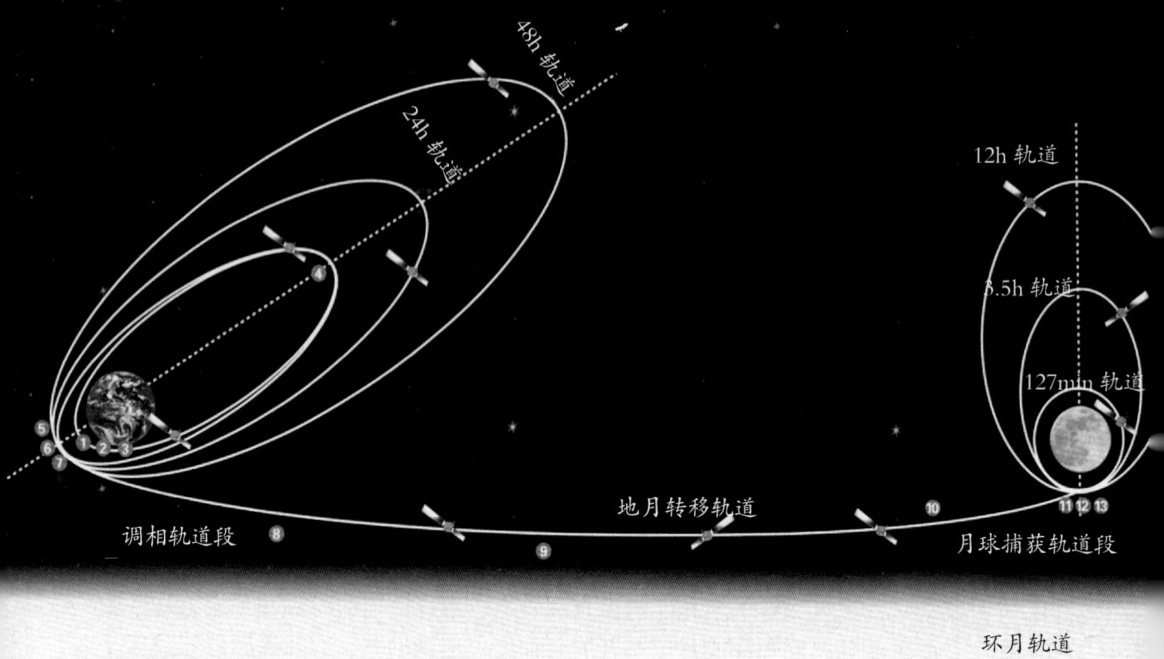

24h 轨道

48h 轨道

12h 轨道

3.5h 轨道

127min 轨道

调相轨道段

地月转移轨道

月球捕获轨道段

环月轨道

嫦娥再次奔月的路途

　　嫦娥再度奔月轨道和缓冲装置的选择，是我国月球探测二期工程的重要环节，对此，许多科学家进行了大量的研究论证工作，在许多问题上达成了共识。

运载火箭和发射轨道的选择

　　减少探测器重量的主要方式是减少所携带的燃料，而减少燃料将影响探测器的寿命，在携带一定重量燃料的前提下，减少燃料的使用，将为延长探测器在轨运行寿命提供条件，而减少携带燃料的使用，就需要增大运载火箭的推力，把卫星送得更远一些。因此，专家建议，我国月球探测二期工程使用"长征三号"乙火箭，直接将探测器送入地球至月球转移轨道。

地球至月球转移轨道初步选择

　　我国科学家通过初步研究认为，探测器在月球软着陆的飞行方式基本上可以分为两类：

　　第一，从地球直接进入近月点和月球相交的地月转移轨道，探测器在接近月球时制动，最后实现在月表软着陆。这种方式轨道较简单，飞行时间短，大约需要3~4天，但是对轨道的测控精度要求较高，减速过载较大，对发射窗口要求极其严格，落点精度不高。第二，从地球进入近月点和月球不相交的地月转移轨道，在月球附近制动进入环月轨道，再从环月轨道进行降轨着陆。这种方式可有比较充分的环月运行时间，用于选择、控制着陆时机和对设备进行测试，落点精度高。但是飞行时间比较长，大约需要 6~7 天。

我国专家在比较两种方法的优点和缺点的同时，并参考国外的方案，建议选定第二种着陆方法。这样既可以继承"嫦娥"一号、二号探月过程中的轨道设计与控制技术，又可以为未来载人登月打下良好的基础。

环月轨道的初步选择

探测器在月球上软着陆前，必须经过环月飞行阶段，这就涉及环月轨道的选择问题。环月轨道的选择主要考虑对发射轨道和着陆阶段的影响。环月轨道高度越低，整个飞行过程最终所需要的速度增量越小，考虑到与"嫦娥一号"首次探月技术的继承性，月球软着陆探测器在到达近月点后，将首先通过近月制动，使探测器进入环月运行轨道，即 200 千米高度的圆轨道，然后进行变轨，使之进入 15 千米 × 200 千米的极月轨道，再开始实施下一步的着陆下降过程。

着陆段的轨道选择

近月点高度越高，必然造成着陆器着陆制动减速时间过长，增大着陆点的误差，而降低探测器近月点的高度，虽然对减小着陆点误差有好处，但是，近月点高度降低后，对轨道控制的要求却提高了，同时，由于我们对月球重力场的了解还不充分，近月点高度降低后，在着陆前探测器撞击月球表面的风险增大。鉴于这种情况，我国科学家在参考国外的资料，考虑到我国月球探测工程的实际情况，建议探测器着陆段的轨道初步选择近月点的高度为 15 千米。

"嫦娥二号"助推器分离

着陆缓冲装置的选择

软着陆器在月面上安全着陆，是一项十分关键的技术，如果着陆器不能在月面上安全着陆，科技人员的一切努力都将功亏一篑，月球探测的目标将无法实现。

着陆器在月球上软着陆，必须突破缓冲技术，减缓探测器下降过程中产生的巨大冲击力，使着陆器安全着陆。迄今为止，国外发射的探测器在月球和火星上着陆所使用的着陆缓冲装置可以分为两类，一类是气囊式，另一类是着陆架式。气囊式采用充气气囊来减缓探测器下降过程中产生的巨大冲击力，而着陆架式是在着陆腿内安装各种形式的吸能装置，起到缓冲作用。

1. 着陆架式缓冲装置

着陆架式缓冲装置简单说来就是在探测器的下边，安装了着陆腿，着陆腿的内部设计了类似于弹簧一样的缓冲机构，在探测器与星体表面接触的一瞬间，依靠着陆腿内部的缓冲机构，在探测器与星体表面接触的一瞬间，吸收大量的能量，从而减缓了对探测器的冲击。其特点是着陆姿态稳定，通过机构设计可以实现不反弹，装置系统简单，承载能力也比较强。着陆架式缓冲装置一般可以分为"三腿式"和"四腿式"两种。"三腿式"相对简单一些，而"四腿式"可靠性高，安装布局方便，因此，采用"四腿式"着陆缓冲机构应该成为我国月球探测二期工程着陆器设计中着重研究的方案。

近些年来，着陆架式结构在月球软着陆探测及火星探测、小行星等天体探测中，被广泛使用。在以往苏联、美国已经实现的月球着陆探测中，只有月球 –9 号、13 号这样重量仅在 100 千克左右的小型着陆装置使用气囊式缓冲系统外，其余均采用着陆架式缓冲系统。

2. 气囊式着陆缓冲装置

通过对国外的相关资料进行分析，可以发现，气囊式着陆缓冲装置可以分为单个气囊和多个气囊组合两种方式，一般包括气囊、连接框、气体发生器、气体释放装置等。这个装置就好像一个大气球，包裹在整个探测器的外边，由于里边充满了气体，在探测器与星球表面接触的一瞬间，产生巨大的弹力，从而减缓了对探测器的冲击。

近几年来，美国在火星着陆探测中，采用了气囊式缓冲系统。其特点是，在着陆过程中反弹，稳定的时间比较长。比如，美国火星车着陆火星后，探测器反弹高度约为气囊释放高度的 12 倍，着陆后气囊稳定及放气的时间超过 2 小时。气囊式着陆缓冲系统适合于有大气的、多石块的天体，但是系统组成比较复杂，对充气和放气控制有较高的要求，并且适合于小型着陆探测器。

美国在火星着陆探测中，早期也采用着陆架式，后来采用气囊式缓冲系统，主要原因在于：火星有大气层，可先采用气动减速衰减绝大部分相对火星表面的速度，并保持气囊抛下的时候垂直火星表面的姿态；火星表面是多坚硬石块的地形，易撞坏着陆腿。目前着陆的火星探测器体积质量均不大（火星车 170 千克），其气囊式缓冲系统总重约 120 千克，包括气囊、气囊的收拢与释放装置、支撑结构、高压气体、充气装置、气压释放装置等组成部分，因此，采用了气囊式缓冲系统。

通过对上述情况的研究分析，我国科学家认为，鉴于月球表面没有大气，且地势相对平坦等情况，从既能保证二期工程的实施，又能与三期和将来实施载人登月的技术相衔接，采用着陆架式缓冲结构更加适合于我国月球探测二期工程的实际。

需要突破的关键技术

在继承一期工程取得的技术成果的基础上，根据二期工程的科学目标，需要突破的关键技术主要有：

探测器系统总体方案设计技术

我国月球探测二期工程的探测器相对于以往的卫星、飞船等是完全新型的航天器，与"嫦娥一号"相比，其设计思路也将有很大的不同，核心任务是实现探测设备登上月球，并进行科学探测。主要工程技术目标是突破月球软着陆、月球车及其他相关技术，研制和发射月球软着陆探测器和月球车，建立月球探测航天工程基本系统。月球软着陆探测与以往的地球轨道返回着陆有着本质的不同和很大技术难点。专家设想，我国的月球软着陆探测将由着陆器和探测器和两部分，或者再加上轨道器三个部分组成，相互配合完成探测任务。同时，探测器系统承载的科学仪器种类繁多，工作模式需相互切换，对探测器系统的总体设计提出了新的要求；探测器系统经历运载火箭发射段和着陆冲击段两段力学环境和月面复杂的空间与地理条件，比以往的航天器面临更多的考验。探测器系统的组成、轨道设计与优化、总体构形设计、主要技术指标确定、各分系统技术要求与技术指标的匹配性分析等，都是必须解决的关键技术。

着陆器结构与缓冲机构技术

着陆缓冲机构是着陆安全的重要保证。需可靠吸收着陆冲击能量，并在一定的地形条件下，保证着陆器不反弹、不翻倒。由于着陆器携带大量燃料、服务设备及科学仪器，因此，专家认为，架式结构更适应我国月球探测二期工程的需求，而大型承力式桁架结构是我国以往航天器上没有采用过的，包括桁架的承力路径分析、材料的选取、接头杆件的设计等。缓冲方式的选择、缓冲材料的选取、缓冲系统各参数的选取与优化是必须解决的关键技术。

月面探测的测控通信技术

在地面深空网建立的情况下，仍需对探测器上的测控通信系统进行进一步研究，包括研究高增益的编码技术，研制双频应答机，比较不同类型的天线的优劣等。同时，为解决着陆器和月面巡视器在月面上工作期间相互间的通信问题，需研究月面的电波传输特性、绕射特性，并探讨超视距通信的可行性。

月面生存的热控技术

月夜的恶劣温度环境、没有太阳能可利用给热控带来了极大的挑战。同位素技术

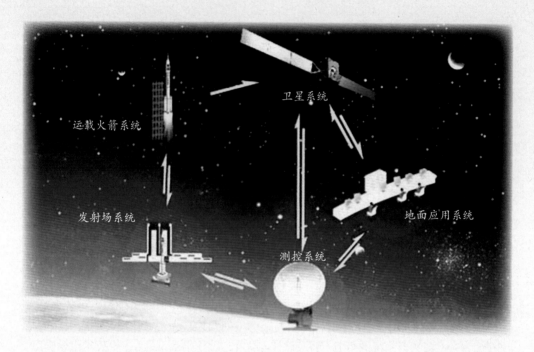

是解决探测器渡过漫长月夜的必须手段，这种技术在我国航天器上是首次使用。研究同位素系统的设计，研究热能的利用、相应的热控措施、试验验证、辐射防护等。同时，在月面复杂外热流环境下，需采用新型的热控技术才能保证顺利渡过高温和低温环境。如热开关、相变材料等。

月面巡视探测器（月球车）研制技术

月球车是一种能够在月球表面移动，完成探测、采样、运载等任务的月球探测器。利用月球车对月面进行就位探测，是我国月球探测二期工程的重头戏，月球车虽小，却五脏具全，技术含量非常高。因此，需要突破月球车总体方案设计与优化、月球车移动技术、定位、路径规划与控制等大量的新技术。

月球软着陆自主导航与控制技术

月球软着陆的工程不同于地球轨道航天器的气动返回。由于月面环境的不确定性和着陆轨迹的复杂性，需依靠探测器的制导导航与控制系统实现基于敏感器的自主导航，并研究相应的算法实现着陆段的地形识别与避障，以保证着陆的精度与安全性。对月测速、测高及地形识别的敏感器是以往航天器上没有使用过的，同时，对作为控制系统执行机构的发动机与推力器也有更高的要求。需研究发动机的延长寿命、提高比冲等问题。

运载火箭发射技术

由于月球软着陆探测任务具有发射要求速度增量大、入轨精度要求高、发射窗口较小、发射轨道需随发射时间而改变等特点，因此，对运载火箭发射技术而言，面临着提高运载能力、入轨精度、提高发射适应性等关键技术问题。早日突破新型运载火箭关键技术，是实施我国月球探测工程的重要保证。

测控通信技术

深空测控通信系统是人类与深空探测器联系的通道和纽带，在深空探测任务中起着关键的作用。由于深空探测任务周期长、通信时延大、链路带宽有限、信号微弱、数据更加关键可贵等一系列原因，使得深空测控通信实现起来更为困难，无论对星上设备还是对地面设备等都带来新的挑战。

专家认为，为完成软着陆探测任务，地面应建立相应的深空测控网。其中的大口径多频段高增益天线站技术，测控通信站的规模和布局、深空测控系统采用的频段、信号形式和调制方式、测量精度更高的同波束干涉技术、差分单向测距测量技术、实时性更强的高精度连接单元干涉技术、天基深空数据中继的组网技术、针对各种深空测控体制的不同测量数据类型的系统误差修正技术等都是需解决的关键技术。需组织开展技术攻关的深空测控通信关键技术主要包括：深空测控总体技术、深空测控体制研究、轨道测定与控制技术、深空测控设备及相关技术、天线组阵技术等。

此外，还要攻克小型化电子技术、月面巡视探测技术、月面工作机构研制技术、仿真与地面试验验证技术和月面特殊环境及其与探测器的作用效应研究等关键技术。

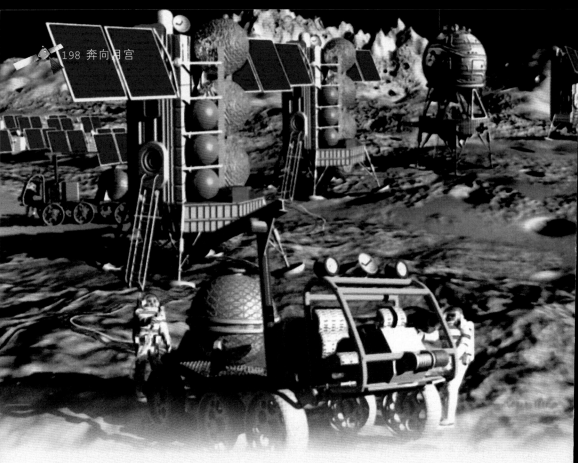

用月球车运输设备

漫谈月球车

月亮地名

    给月球上的地貌取名，最早发端于 17 世纪的意大利天文学家伽利略。伽利略从 1608 年开始用望远镜观察月球，并把月面上最明显的高山，用他家乡的亚平宁山脉命名。从伽利略发明望远镜开始，月亮上的绝大多数撞击坑多以地球上的地名和世界各国历史上著名科学家的名字来命名，以示纪念。从 1935 年开始，国际月面地名命名委员会相继对这些地名进行了整理和确认，得到了最初的月球地名表。但由于受到肉眼和望远镜分辨能力的制约，当时命名的主要是月球正面（朝向地球的一面）的大的地形单元。但随着航天技术的发展和一系列月球探测高潮的兴起，首次获得了覆盖整个月球的地形图，许多名人的名字出现在月亮的背面。至今被命名的撞击坑有 1333 座之多。如爱迪生、门捷列夫、巴甫洛夫、居里夫人、宇航之父齐奥尔科夫斯基等。

    除了以科学家的名字为月球撞击坑命名外，还有许多以航天领域著名人物命名的地名和地貌。加加林是人类历史上第一个进入太空的宇航员，具有无与伦比的知名度，所以以他的名字命名了月球背面最大的撞击坑。月球背面东南方向最大的撞击坑——阿波罗撞击坑，则是美国人为了纪念阿波罗登月计划而命名的。1970 年，国际天文学联合会专门工作组，以宇航员名字命名了一批撞击坑，其中美国6人，苏联6人。这些以航天员名字命名的撞击坑，有3座在月球正面，9座在月球背面。在正面的有以阿波罗11号航天员阿姆斯特朗、奥尔德林和柯林斯命名的撞击坑，这些撞击坑环绕在阿波罗11号飞船着陆点附近。以6名苏联航天员名字命名的撞击坑，均分布在月球背面的莫斯科海周边。

我国历史上有着长达数千年完整、系统的天文观测记录，中国古人通过对月球的长期观测与研究，在古代历法的制订、日食和月食的成因分析、宇宙结构理论的形成、潮汐现象的解释等方面，作出了创新性的贡献，形成了中华民族对月球的科学认识。作为文明古国之一，我国的古代天文学家有过极辉煌的成就，出现过许多杰出的天文学家。然而，直至20世纪50年代"空间时代"到来之前，为月面环形山冠名的人物，仍几乎全部都是欧美天文学家熟知的古今西欧哲人、西欧和北美天文学家和其他领域的科学家。

20世纪60年代初，苏联空间探测器实现环月飞行之后，将5个环形山冠以中国古代天文学家和发明家之名，这是除小行星外，第一次出现以中国人的名字命名的天体。在月球背面的环形山中，有四座以中国古代天文学家的名字命名的环形山，它们是：石申环形山、张衡环形山、祖冲之环形山、郭守敬环形山。此外，还有一座以中国古代官职"万户"命名的环形山，以及以中国神话人物嫦娥、著名瓷都景德镇等名字命名的撞击坑。1976年和1985年，有两条月球正面的月溪，国际天文学联合会用两个中国妇女的名字命名。遗憾的是，由于文献资料的缺乏，至今无法确认这两位发音为"Wan—Yu"和"Sung—Me"的中国女性指的是谁。

后来，环形山和月面结构中又出现了李白、高平子、景德、宋梅、万玉的名字。2010年8月初，国际天文学联合会(IAU)批准由中国科学家利用绕月探测工程全月面影像数据首次申报的月球地理实体命名，将月面三个撞击坑分别命名为蔡伦、毕昇和张钰哲。至此，月球上共计以14个中国人的名称命名了19个月球地理实体，包括12个撞击坑、2个月溪和5个卫星坑。这些科学家都对人类科学发展作出了重要贡献，比如，郭守敬，元朝卓越的天文学家、水利学家、数学家和仪表制造家。他编撰的天文历法著作有《推步》、《立成》、《历议拟稿》、《仪象法式》、《上中下三历注式》和《修

收拢状态的月球车原理样机

中国空间技术研究院研制的月球车原理样机在沙漠上进行试验

历源流》等十四种，共 105 卷；蔡伦，中国古代四大发明中造纸术的发明人；毕昇（约 970~1051 年），北宋时期著名发明家，中国古代四大发明中活字排版印刷术的发明人；高平子是中国近代最有成就的天文学者之一，也是我国现代天文事业的奠基者和创建者之一；张钰哲（1902~1986 年），中国近代天文学的奠基人，新中国首任天文台台长。

可以相信，更多的新的地形单元，包括处于永久阴影中的月球南北极的一些地形单元，将在 21 世纪初新一轮的月球探测高潮中被发现和确认，届时将有更多的名人的名字被写在月亮之上。

上世纪 90 年代以来，美国、日本、俄罗斯、欧盟、印度等国家和组织，为迎接大规模月球和火星探测高潮的到来，都提出研制和发射各种具有不同特点的月球车的月球探测计划。

近几年来，国内相关研制单位、高校为了配合"嫦娥工程"二期、三期工程的实施，竞相开展了月球车技术的研究，一些样机频频出现在各种场合，取得了初步的成果。

什么是月球车？月球车也称月面巡视探测器，是一种能够在月球表面移动，完成探测、采样、运载等任务高度集成的航天器，也可以描述为能适应月球环境，携带科学仪器在月面进行巡视探测的月球探测器，是在月球上完成零距离科学探测任务的重要平台。当今世界上，只有苏联和美国研制成功月球车，并成功实施了月球车在月球上的探测活动。

月球车的五脏六腑

月球车是一类特殊的航天器，它不同于传统的卫星、飞船，在月球目标着陆前，月球车是着陆器的有效载荷，着陆后，月球车是独立、完整的移动探测器。

月球车的基本用途

月球车是一种在月球（行星）表面行驶并研究星球表面土壤物理和力学性质与成分的自动行走装置。利用月球车可以进行各种科学研究：研究星球某区域的地形、地质和形态特征；确立星球土壤的化学成分和物理、力学性质；研究星球表面辐射和环境状况；沿移动轨迹获取星球表面图像信息等；考察和收集星球表面的岩石样品。

月球车（火星车）的基本结构

月球车/火星车可以分为有人驾驶漫游车和无人驾驶漫游车两类。

无人驾驶漫游车

无人驾驶月球车由轮式底盘和仪器舱两部分组成，用太阳电池和蓄电池联合供电。底盘上装有电动机驱动和使用电池继电器制动的轮子，靠弹性吊架减震。轮子上装有解锁机构，可根据地面指令使轮子和传动机构脱开，变主动轮为被动轮，实现机动行驶。当出现紧急情况（车子横倾和纵倾超过规定角度）时，解锁机构可使全部轮子与传动机构脱开，避免漫游车倾覆。仪器舱内装有土壤采集分析装置、光谱测量仪、辐射剂量仪、照相机、摄像机和通信收发装置等。为使仪器不受月球的昼夜温差变化影响，仪器舱还设有温度控制用的热辐射器（夜晚盖上，白天打开）。由地面上的操作控制人员利用地面和探测器上的各种无线电装置对漫游车进行遥控，保证发射和接收遥控指令、遥测信息和视频图像。

有人驾驶漫游车

有人驾驶月球车由宇航员驾驶在月面上行走，

未来新型的月球探测车

主要用于扩大宇航员的活动范围和减少宇航员的体力消耗，存放和运输宇航员采集的岩石和土壤标本。有人驾驶月球车由蓄电池供电，每个轮子各由一台电动机驱动。轮子通常由特制橡胶制成，在-100℃低温下也有弹性。宇航员操纵手柄驾驶月球车前进、后退、转弯和爬坡。车上装有照相机、摄像机、磁强计等设备，用来拍摄月面照片和探测月球物理性质。

现以苏联的月球车-1为例，简单介绍月球车的构造。

苏联的月球车-1是世界上第一个研究月球表面的自动行走装置——自动移动式实验室，它是由月球-17探测器送到月面上去的。

月球车-1的基本组成结构

月球车-1基本上由两部分组成，它包括装有仪器的密封仪器舱和自动行走底盘。

（1）仪器舱。仪器舱用于安装月球车的机载仪器，在苛刻的空间环境下，它可以保护仪器不受外界环境的影响。月球车-1的仪器舱像一个被割截了的圆锥，上下底部凸出，用镁合金材料制成，质量轻巧，而且有足够的机械强度。

仪器舱安装在8轮自动行走底盘上，底盘的作用是使月球车沿月面移动。同所承载的负荷相比，底盘的重量很轻，这是由于它采用了轻质合金材料（钛、铝等）。精细的结构，最佳外形选取，都是为了保证它的安全运转（电流保护，横倾、纵倾保护）。此外，良好的通行能力是底盘结构的另一特点。由于底盘推进器结构与电动机械传动机构设计合理，所以它耗电很小。

（2）自动行走底盘。底盘包括承压结构、行走部分（弹性支架和推进器）、电动机械传动机构（电动机和传动装置）、解锁机构、测量传感器组合及底盘自动装置组合。

承压结构是无框架式的结构，上面装有月球车仪器舱的承力底盘。底盘上固定有轮组的四个安装支架。铝合金制成的安装支架是为了安装和固定弹性吊架部件。

行走部分由车轮推进器和弹性吊架组成。底盘的吊架是独立的。导向装置（平衡器）保证车轮在底盘的纵向平面里摇摆。采用扭簧作弹性元件。

电动机械传动机构包括牵引电动机、减速器、电磁控制机械制动器、温度传感器、车轮转速

月球车-1号

传感器、电插头和电缆线。在电动机械传动机构里，采用简单可靠的直流电机，它的电刷是用专门材料做成的，为使电动机在真空条件下能够工作。

解锁机构的作用是根据来自地面的指令，用破坏传动装置输出轴的方法，断开电动传动机构的传动链。这时，主动轮变成了被动轮。解锁是在应急情况下进行的，同时可以解锁 5 个轮子而不致失去月球车的移动性能。

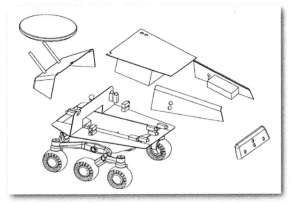

月球车分解图

测量传感器组用来检查底盘各个环节的状态和控制指令执行情况。传感器组包括电动机械传动装置的温度传感器，牵引电动机的电流传感器，横倾和纵倾角实时值传感器，第三轮、第六轮和第九轮转数传感器以及监视每个轮子转动的传感器。

底盘自动装置用来变换遥控系统的指令，并将它们送往执行机构、形成月球车安全运行指令、变换测量传感器的信号、编制估算通行能力仪器的工作程序，并传送经过变换的测量结果。

底盘自动装置包括控制运动组、测量检查组、控制估算通行能力的仪器组，每一组包括若干个功能单元。运动组合要求用最少的指令数保证底盘运动的高度机动性，该组合由逻辑电路和执行机构组成。运动指令送入逻辑电路输入端，指令形式是短时间的脉冲电压。执行机构（开关）给牵引发动机供电。

制动组合在需要停车时将牵引发动机切换到动力制动状态，用电磁制动实现制动。

停车组合使用电磁继电器，当从地面或安全运动组合收到"停车"指令时，停车组合向运动组合发出停车信号。

安全运动组合的任务是形成指令，将底盘自动停车。

当月球车底盘处在危险的纵倾角和横倾角状态时；某一电动机过载时（电流保护组合）；超过定量运动的预定时间（起止状态组合）；完成了规定的转弯角时（定量转弯组合），月球车上的控制系统将发出指令，让月球车停止运行。这时，月球车向地面发出停车原因的遥测信号。纵倾和横倾保护组合从纵倾和横倾陀螺传感器读出信号，当纵倾和横倾角超过预定值时，保护组合就发出底盘停车信号。安全运动系统保证轮子紧急解锁。

在控制和测量组合里，有测量电动机电流的单元、纵倾和横倾实时值的测量单元、行程测量单元和月球车温度测量单元。

月球车 –1 的热控与电源

仪器舱的上底部还作为月球车温控系统的热辐射器。在热辐射器的上面有盖，在

月球的夜晚，将辐射器盖上，阻止仪器舱的热流向外辐射；在月球的白天，将盖打开。开盖机构能将盖置于 0°~180° 的任一倾角位置。顶盖向仪器舱面装有太阳电池片，白天将盖打开，电池片被太阳照射，产生电流，并向蓄电池充电，供给月球车以需要的电能。

月球车 –1 的控制系统

对月球车的远距离控制，采用闭环式控制系统，它保证月球车在给定的方向上以最大的平均速度沿月面安全移动。在远距离控制月球车运动时，要利用地面和着陆器上的各种无线电设施，以保证发射和接收遥控指令、遥测信息和电视图像，由地球上的机组人员和操作手对月球车实行远距离控制。

月球车 –1 的有效载荷

在仪器舱壳体的前部安装有电视摄像机用的舷窗、活动式定向性天线的电动机械传动装置、固定式圆锥形螺旋天线、一系列的科学探测仪器，以及光学角反射器。

在仪器舱的外侧面，装有 2 个杆式天线，用来接收来自地球的指令，以及 4 个全景远摄照相机。在仪器舱的后侧面安装有同位素热能源，用于加热装置内部的循环气体，在靠近同位素辐射源的地方装有第九轮的起落电动传动机构，用来估计月球车的通过能力及确定月球土壤物理—力学性质的仪器。在仪器舱内还装有无线电接收和发送设备、远距离控制月球车的仪器、供电系统、换流器，自动化装置、温度保障系统、科学仪器的电子变换器等。

苏联月球车 –2 的结构基本上与月球车 –1 相似，仅有几处小变化。月球车 –2 装载了与月球车 –1 相同的科学有效载荷，大约工作了 5 个月。

月球车怎样在月面上行驶？

月球车在月面上行驶主要有自主控制、半自主控制和依靠地面遥控操作三种方式。

自主控制的方式就是不依靠地面的指令，完全由月球车上的控制系统完成识别月球环境、避开各种障碍、选择月球车所经过的道路、控制月球车的行为、对地球通信和故障的检测等任务。地面控制系统与月球车之间主要以任务命令的形式交互。这种方式由于技术难度大，

月球车 –2 号

美国的"阿波罗"月球车

目前，还没有非常成功的实践，在技术上还不成熟。

地面遥控操作控制是通过地面控制中心间接控制月球车。月球车将看到的月面情况发到地面控制中心，地面控制中心根据情况向月球车发去指令，实施对月球车的控制，这种模式的特点是由于远距离通信时滞大，不能做到对月球车的及时控制，不利于及时处置月面上发生的应急情况，可能产生意外，同时，相对于自主控制，地面遥控操作控制方式虽然简单，但由于地球和月球之间通信距离远，来来回回将耗掉大量的时间，因此，使探测效率受到影响。

根据探测任务和目前的技术水平，月球车控制还采取半自动控制方式。这种方式是介于自主控制和遥控操作控制之间的控制方式，是将自主控制和遥控操作控制两种控制方式综合到一起的应用。在月球车工作期间，其任务的划分，通常由地面控制中心进行远距离路径规划，而把避开障碍、短距离路径规划等任务交给月球车来承担。

月球车的基本特点

月球车具有移动性、适应性、自主性和功能性等四个特点：

（1）移动性：月球车之所以叫车，就是必须能够在月球表面上行走、移动，由于具有一定范围的移动空间，因此，扩展了探测范围，为科学目标的实现提供了重要手段。

（2）适应性：必须具备环境适应性，不仅要解决近地航天器面临的真空、低温、

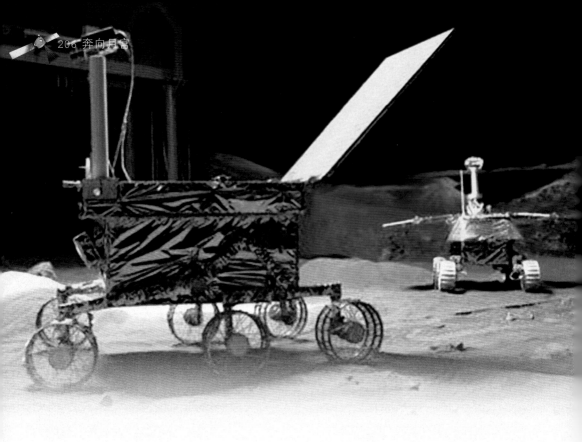

辐射等环境适应性问题，而且还必须解决月面地貌、月尘、月面红外辐射等特殊的环境适应性问题，具备抗倾覆、月夜生存等能力，确保其正常工作。

（3）自主性：必须考虑月面巡视的实际通信条件，克服时延、带宽等限制，需具有较强的环境感知与识别、路径规划等能力，具有较强的任务分析、规划及实现能力。

（4）功能性：月球车主要功能是携带科学仪器，对感兴趣的月面目标实施就位探测，实现在月面进行亲临其境的科学考察和巡视勘察。

通过对国外月球车研究的历程进行分析发现，月球车受质量、体积和功耗的限制，设计时需考虑功能的集成；月夜条件下月球车长时间无光照，同位素温差电池技术是解决月球车过夜所需能量问题的优选途径；考虑到月面环境的复杂性和通信的时延，月球车导航控制方式是遥操作与自主相结合，逐步向自主的方向发展；目前国外成功的月球车和地面样机移动分系统以轮式结构为主；月球车研制工作必须进行充分的仿真与地面验证。

月球车设计要考虑哪些月球环境？

月球环境可以对航天器造成很大的影响。主要有：灰尘可以造成表面涂层和机械部件磨损，辐射可以造成意外事故和光学涂层老化，真空环境可以造成紫外辐射老化和除气作用，热环境可造成航天温度急剧变化，地形环境可以造成航天器被困于陷坑，微小陨石可以撞击损坏，太阳地球月球几何可以造成长日/夜循环和固定的地球视野。

因此，"嫦娥三号"卫星乃至月球车在设计中，必须考虑7个方面的月球环境：即灰尘环境、辐射环境、真空环境、热环境、地形环境、微小陨石环境、太阳地球月球几何。

真空环境

月球空间属于高真空环境，单位体积粒子数量比低地轨道还要低两个数量级。高真空环境使月球车不能使用许多普通塑料和橡胶，由于这些普通材料含有挥发成分，在真空环境中它们的强度和柔韧性都大大降低。挥发物质也能聚集到光学器件和传感器表面，这将降低这些部件的效率。可以使用经充分试验后具有较低气压的有机物、有机金属和有机硅烷聚合物（和共聚物）材料，前提是它们的光学和/或机械特性足够稳定，能够经受住太阳辐射的影响，且它们的温度要保持在出现玻璃态转变的温度之上。由于月球空间的真空程度和低地轨道不同，可以用于低地轨道的聚合物材料未必适用于月球。

辐射环境

在运行期间，月球车将遭遇严峻的空间电离辐射环境：很大通量的低能太阳风粒子，较小通量的高能银河宇宙辐射（GCR），偶尔有太阳耀斑发出的强粒子辐射（SCR）。除了电离辐射可以到达月球表面外，也有相当数量的软性X射线和紫外线到达月球表面。

太阳风粒子是攻击月球车的数量最多的粒子，但是由于太阳风粒子能量相对较低，其对月球车的影响要小于银河宇宙辐射和太阳耀斑事件。太阳耀斑一年可能出现几次，能够以相对较高的能量放射出大量的粒子。这些耀斑的持续时间从几个小时到许多天不等，能够发出高能粒子轰击月球车，损坏月球车的表面、结构整体和电子元件。这

些高能质子能够使光学材料电离，由于数量很大，它们可以使那些材料充满瑕疵。在选择结构材料和月球车内的零件安装位置时必须考虑这一辐射因素。

尽管粒子数量不是问题，但是由于具有很高的能量，它们能够损坏电子元件。一个单一的粒子就能够使一个电子元件损坏，它可以通过能量损失、弹性和非弹性散射过程使该元件发生故障。太阳紫外线和软性 X 射线光子的能量足以使光学材料产生缺陷点，能够在较浅深度导致暗色化。

灰尘环境

在多年的探月活动中，人们除了对月球形貌、土壤结构等的研究外，也发现了月球环境中一种奇特的现象——月尘。月尘在月球表面，细腻且呈粉末状，宇航员能用脚尖将它们轻轻挑起，靴子的两侧和底部粘满了碳粉一样的月尘。在人类登陆月球的活动中，相继验证了月尘的存在。月球灰尘可能导致许多问题。1969 年 11 月，"阿波罗" 12 号飞船从月亮上带回许多试验样品，包括电视摄像机、抛光铝制管和电缆等，地面测试表明，月尘确实粘附在上述部件表面，会对月球着陆器造成一定的危害。一是悬浮尘埃落在仪器设备表面形成粘附薄层，增大了设备机械传动部件的摩擦，可以使轴承、齿轮和密封不够好的其他机械机构产生磨损，从而引起传动部件之间的磨损效应，造成仪器设备使用寿命降低或甚至失效。二是悬浮尘埃粘附在太阳能电池片上，引起太阳能电池输出功率降低，造成月球着陆器整个系统工作寿命降低。月尘还将对材料及光学探测设备的影响。地面测试结果表明，"阿波罗" 飞船从月亮上带回的热控涂层试验样品具有褪色特性，经过仔细分析，认为引起热控涂层褪色的主要原由之

一为表面覆盖的月尘污染。在随后的检验中，发现飞船摄像机系统中的反射镜也受到了月尘的污染，经过分析，认为摄像机系统图象对比度的明显降低是由于反射镜受月尘污染而引起的。综上所述，月尘对材料及光学探测设备具有严重的危害性，造成热控材料性能下降甚

苏联月球车 17 号探测器

至失效，造成光学系统成像质量下降。如果在系统或光学有效载荷设计过程中没有针对月尘尘埃污染的防护设计，那么，系统或光学有效载荷将不能正常工作或失效，影响任务的顺利完成。

随着人类探月活动的进一步开展，人们开始对月尘的起源和特性进行了相关研究，开展了月尘对探月仪器设备影响的分析，美国科学家和工程师们早就重新开始研究月球灰尘的基本特性及对月球基地和相关仪器设备的影响。美国为了在月球上建立月球基地，在月尘对太阳能电池影响的研究方面，开展了许多研究工作，在理论研究中主要针对晨昏线区域悬浮尘埃的起因进行了分析，在地面模拟实验方面，为了研究月尘对太阳能电池系统的影响，建立了专门的月尘地面模拟设备。

针对我国探月二、三期工程总体设计要求和完成的总体目标，科技人员建议应该加强月尘主要构成及分布模型、月尘防护技术、月尘模拟器设计方案、月尘模拟器研制和对月尘对探月设备影响的地面模拟试验等研究研究工作，为探月二、三期工程奠定基础。

热环境

月球车周围的热环境包括来自太阳的直接太阳通量、月球反射通量和月面直接发出的红外辐射。在月球白昼期间，这些热环境使月球车升温，在月球黑夜期间它们不提供任何热量。

太阳通量是指太阳发出的在给定距离上通过给定面积的能量数量。在月球轨道上，从破晓到日暮，这一数值的变化约为 1%。在月球黑夜期间，太阳通量为零。

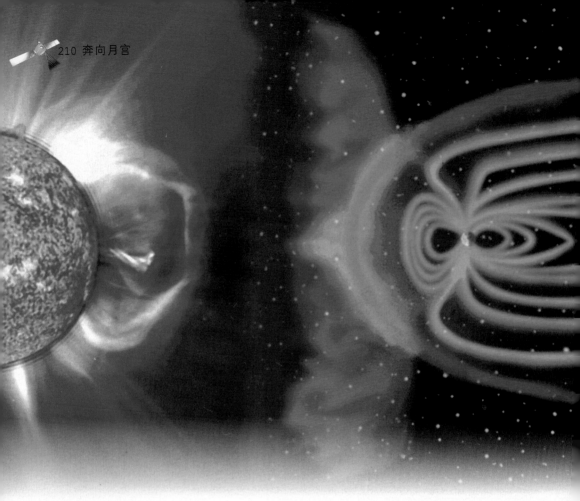

太阳风粒子

　　月球车处于极端环境中，这一极端环境相当于月球车从极高温蒸气环境到液态氮的极低温环境。

月球地形环境

　　月球表面的地形形态是由陨石撞击形成的。持续不断的微流星体撞击使月球形成了极端精细和松散型紧密的土壤。许多大型的地貌特征，如陡峭的环形山壁和巨石，对月球车来说是难以逾越的障碍。幸运的是，由于陨石撞击是随机性的，与地球的地质特征相比，这些地形的分布不规则的多。因此，月球车可以绕过障碍向目标移动。

　　估计月球车遇到的最大斜坡约为25度~30度。在整个任务过程中，平均坡度将小于2度。月面的外表面是浮土层，其静止角接近35度。在陨坑附近软土层很深，因此必须尽量减小车轮接触压力。

地球月球几何

　　地球和太阳相对于月球车方向上的差异将影响图像获取和通信链接。月球日约为28个地球日，在此期间太阳从头顶越过，落下，升起，和回到头顶。因此，图像系统必须能够应对强烈的阴影、褪色的地形和黯淡的光线环境。

形形色色的月球车

苏联和美国在月球及行星巡视探测器方面处于领先于世界的地位。20世纪70年代，苏联在探月过程中，成功地将人类第一台月球车送上了月球，开始了近距离月球探测活动，先后发射成功"月球–1"和"月球–2"月球车。据有关资料，在进行月球探测过程中，苏联和美国先后研制了5款月球车。美国已成功地把火星车送到了火星表面，并出色地完成了火星探测任务，先后发射成功"索杰纳号"、"机遇号"和"勇气号"火星车。

1970年11月17日，航天史上的第一辆月球车搭乘苏联"月球17号"探测器登陆月球，释放了"月球–1"月球车。"月球–1"长约2.94米，宽约19.6米，质量756千克，车体结构分为上下两部分，由轮式底盘和仪器舱组成，用太阳能电池板和蓄电池联合供电。

这辆月球车的底盘上装有8个直径为51厘米的轮子，通过电动机驱动和使用电磁继电器制动。仪器舱内安置了遥测系统和电视摄像系统，由位于莫斯科附近深空探测中心的5位科学家来对它进行控制操作。

该月球车的目的是检验月球光度条件，以确定进行天文观察的可行性。这辆月球车出色完成了月球到地球的激光测距试验，观测了太阳光的爱克斯射线，测量了月球表面的磁场特性和500处土壤，传回了20000张电视画面。

月球车的下边有8个轮子，各车轮内部组装了电子机械驱动机构，可以登上30度的斜坡，越过40厘米高的障碍和60厘米宽的沟壑。由于月面坎坷不平，加之无线电信号在月球和地球之间来往传输的延迟，实际运动速度仅为0.1千米/小时。

"月球–1"总共行驶了10540米，考察了80000平方米范围的月面，拍摄照片超过20000张，在行车线的500个点上对月壤进行了物理力学特性分析，并对25个点的月壤进行了化学

法国 IARES 验证器（漫游车）

分析。这辆原本设计寿命只有 90 天的月球车，在月球"雨海"地区游历了 10 个半月，直至携带的核能耗尽。

1971 年 7 月 26 日，"阿波罗 15 号"飞船把美国第一辆月球车——"巡行者 1 号"带上月面。与"月球 –1 号"不同的是，这是一款有人驾驶的月球车。"巡行者 1 号"价值 4000 万美元，长 3 米，宽 1.8 米，重 209 千克。它是一个双座四轮的自动行走装置，以电池为动力，最高时速可达 16 千米。7 月 31 日，"阿波罗 15 号"飞船上的宇航员开始驾驶这辆月球车在月面上遨游。他们总共出舱活动 3 次，时间长达 18 个小时。其中驾车时间大约 6 个小时，在 27.9 千米的旅程中，把清晰的彩色图像传回地面，场面激动人心。"巡行者 1 号"似乎在设计上有一些瑕疵，在一次旅行中它的前舵轮操作不灵，回转系统出了故障，只得靠后轮拐弯。

1972 年 4 月 22 日，"阿波罗 16 号"飞船的两名宇航员在月面笛卡儿高地乘坐"巡行者 2 号"行驶了 9.5 千米。7 个月后的 12 月 6 日，"巡行者 3 号"，也是美国到目前为止最后一辆月球车搭乘"阿波罗 17 号"飞船在月面陶拉斯·利特罗山脉登陆。宇航员在月球上历时 75 小时，乘月球车行进距离达到 35 千米。

1972 年 12 月 14 日，"阿波罗 17 号"成为离开月球的最后一个载人航天器，宇航员格尔曼成为最后一个将足迹留在月球的人。但是人类对月球的探索并未终止，1973

中国空间技术研究院月球车外场试验人员合影留念

年 1 月 8 日，前苏联再次把一辆无人驾驶型"月球 -2"释放在月面的"澄海"地区。这辆更为先进的月球车重 840 千克，在 4 个月的时间里漫游了 37 千米，发回大量的月面全景图，并用车载的爱克斯射线分光计对月球土壤进行了化学分析。

索杰纳火星车

　　1997 年 7 月 4 日，美国的巡视探测器"索杰纳号"成功完成了对火星表面实地探测的预演，在着陆器附近 100 米范围内进行了探测。该探测器的质量为 11.5 千克，全部展开后几何尺寸为 65 厘米 × 48 厘米 × 30 厘米，距地面净高 15 厘米；车轮直径 13 厘米，宽度 6 厘米移动子系统采用六轮驱动，四轮转向，每侧三个车轮间采用摇臂结构连接，两侧车轮之间以枢轴连接，车体固定在枢轴上。车轮装有 6 台驱动电机，每台角轮有一台转向电机，实现六轮驱动和四轮转向，转向半径为 74 厘米，静态稳定性 35 度，最大移动速度为 0.7 厘米 / 秒主要工作模式是局部自动加遥控操作。

　　2004 年 1 月着陆火星的美国"机遇"号和"勇气"号探测器，最主要的科学使命是通过取样、观察沉积、蒸发、冲击渗透或水热活动，寻找火星是否会有水的迹象。液态水的存在与否能表明火星上是否有生命的存在，表征火星气候、地质特征。探测器质量为 185 千克，外形尺寸 150 厘米 × 230 厘米 × 160 厘米，车轮直径 25 厘米，宽度 20 厘米。探测器装备有带 6 个轮子的摇臂悬挂系统，在粗糙不平的路面运动能够保证 6 个轮子都与地面接触，能越过 25 厘米高的岩石，轮毂花纹满足在柔软

中国月球车工作示意图

的沙地和突出的不规则的岩石上爬坡的要求。每个轮子都有独立运转的电机驱动，前后两个轮子各带有转向装置，可以使车体在原地做 360° 转向，也能使车做突然转向和曲线运动。在 45 度斜坡上以任意方位保持不倾覆。在坚硬平直表面上的最大速度是 50 毫米 / 秒，但出于安全考虑，自带的规避障碍软件会让车每行进 10 秒，就停下来花 20 秒进行车体定位，所以实际速度是 10 毫米 / 秒。主要工作模式是长距离的自主导航加遥控操作，具有自主判断和决策能力，例如寻找阳光、自主通信、自动重新启动、故障诊断和健康自报，以及温度监视等资源管理，在行进中能够自主导航，到达目的地。当地面指挥系统指示其到某个特定地点后，能够根据所掌握的火星实际情况，选择行进路线。

随着新一轮月球探测热的兴起，不少国家都制定了月球车探测计划。综观世界主要航天国家的计划，计划发射的月球探测器可携带的月球车情况如下：

美国：Aitken 采样返回，组成：着陆器 + 返回器；任务目标：南极采样返回，着陆器是其主要组成部分。

欧洲：EURO2000，组成：着陆器 + 轨道器 + 微型巡视探测器；任务目标：着陆器在月球南极，探测氢等物质成分。全月面遥感和重力场测量。

美国的"勇气"号和"机遇"号火星车

目前，欧空局（ESA）已同欧洲工业界以及研究机构合作，开始实施一项"技术研究和开发计划"（TRP）。"移动仪器部署装置"（MIDD）是该计划的一部分，即研制轻重量、结实耐用的漫游车。这样的漫游车需具备一定的移动性能，提供在预选的、着陆点附近的科学目标点进行移动科学测量的能力。

欧洲研制的微型漫游车——MIDD

随着欧空局包括月球探测、火星探测在内的一系列科学计划的实施，提出了在行星表面进行漫游测量的需求。根据科学研究的需要，要在着陆点附近部署多个仪器测量感兴趣的目标，特别是对行星表面岩石的测量与分析。根据美国"海盗"（Viking）系列探测器的飞行任务经验（海盗-1、2分别于1975年和1976年在火星表面着陆），由于取样臂长度的限制，仅具有有限的研究岩石能力，而对于离着陆点较远的区域无法进行探测。因此，携带科学仪器的小型漫游车将会提供行星表面若干个目标点的详细研究能力。

根据具有基本的运行能力这一原则对漫游车的方案进行选择，MIDD选择了独特的设计方案——不装备单独的电源，而是利用着陆器的几个典型分系统。

它通过一个系链由着陆器供电（即不装备独立电源）和与着

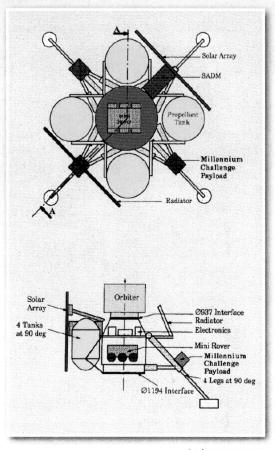

欧洲 EURO2000

美国 Aitken 采样返回

陆器间进行指令及数据的传输，这样就可以尽可能降低移动（漫游）车的重量和复杂性。

首先选择和确定了移动车距着陆器的距离为 50 米半径的范围，以简化该移动装置的设计。虽然范围不是很大，与着陆器装置的操作器比较，仍然使可研究的区域增加几个数量级。

MIDD 的设计目标是，在总重量 5 千克以内安排合适的科学有效载荷研究着陆点附近的区域。

法国 IARES 验证器（漫游车）具有先进的移动底盘和机械臂，也具有机器自动控制和遥控操作所需的所有设备和功能。该项目代表了欧洲为未来的行星任务设计、开发、总装和验证移动（漫游）机器人的能力。

日本：SELENE-B，组成：着陆器 + 巡视探测器；任务目标：着陆在月面环形坑的中央处，研究月球起源与演化。

日本 SELENE-B

"中国牌"月球车将在月球干什么

　　开展月球车研制，既是我国月球探测二期工程研制中的重头戏，又将为我国未来深空探测奠定基础，带动我国相关科学和技术的发展。我国月球车的研究已完成概念、理论研究和展示样机的试验阶段，很多与工程紧密相关的月面巡视探测器关键技术已经突破，尽管如此，与俄罗斯和美国等先进国家的差距还很大，需要借鉴国外月球车研制已取得的技术经验，开展大量的研究工作。特别是关键技术尚待月球探测二期工程正式实施时，到月球上进行实地的检验和考验。

中国空间技术研究院研制的月球车原理样机在沙漠上进行试验

我国月球车探测总体科学目标及特点

苏联与美国的月球软着陆与巡视勘察的科学目标可归纳为以下几个方面：着陆区近距离、高精度摄影，研究月面形貌和地质构造特征；月壤物质成分分析与月壤物理力学参数测定；月球表面空间辐射环境探测；月球软着陆与月球车及相关关键探测技术的研究。

在综合分析与总结美国与苏联月球软着陆就位探测与月球车巡视勘察的科学目标、有效载荷配置、关键技术与研究成果的基础上，进一步结合月球探测的发展趋势与我国的科技能力，我国月球软着陆就位探测和月球车巡视勘察总体科学目标的优选原则为：有限目标、重点突破、承前继后，循序渐进、持续发展；科学上有创新，技术上有突破，探测上有特色，成果上力争领先。紧密结合我国经济与科技发展的需求，我国月球软着陆就为探测和月球车巡视勘察的总体科学目标大致是：

（1）月表的区域形貌与地质构造调查；

（2）月表物质成分就位探测与巡视分析；

（3）月球内部结构探测与月球动力学研究；

（4）日—地—月空间辐射环境探测与月基天文观测。

根据上述月球探测的科学目标，初步提出月球车配置的有效载荷为：立体成像系统（与导航系统一起考虑）、测月雷达、粒子激发爱克斯射线谱仪、红外光谱仪、低频射电探测仪、数据转发器、质谱仪、多光谱显微镜、研磨器和机械臂等。

我国月球车的主要任务

月球车作为我国月球探测二期工程探测器系统的重要组成部分，承担着在月球表面运动并实施多点就位探测的任务。

根据月球探测二期工程的总体规划以及探测器系统所承担的任务，我国月球车的科学探测任务大致包括：①月表形貌与地质构造调查；②月表物质成分和资源勘察；③月球内部结构研究；④月壤物理特性探测。

实施在月球表面的巡视勘察，是我国第一次在地球以外的天体上进行多点就位探测，完成上述任务，对月球车在技术上提出了很高的要求：①月球车上要能够承载探测仪器在月球表面进行多点就位探测；②月球车要在月球表面一定区域安全行驶，并顺利接近感兴趣的探测目标；③虽然月球车以地面遥操作控制为主，但必须具备自主实现危险应急和局部避障；④月球车要能够适应月面环境，安全渡过月球黑夜，也就是说，在经过月球寒冷的环境后，不能"死机"。

"中国牌"月球车的关键技术

为适应月球环境，专家认为，我国研制月球车需要解决的关键技术主要包括：①月面巡视探测器总体方案设计与优化；②月面巡视探测器移动技术；③月面巡视探测器的定位、路径规划与控制技术；④同位素温差电源及其相关技术；⑤月面巡视探测器新型热控技术；⑥月面巡视探测器测控通信技术；⑦月面巡视探测器仿真与地面验证技术。

在珠海航展上参展的月球车样机

集成化设计：质量轻、体积小、功耗低历来是航天器设计的重要问题，在月球车设计中更需要重点关注。质量、体积主要受运载火箭、着陆器的限制，设计过程中，必须重点考虑系统集成问题，从系统划分的角度，主要考虑将各分系统和各个科学仪器的供电和配电、数据管理、数据处理等功能集成，取代分散的科学仪器电控箱和电路盒，管理所有科学仪器，获取、处理和分发来自地面的注入数据，满足工程目标要求。月面巡视探测器的能源需要满足驱动、天线、科学探

参观者兴致勃勃观看月面巡视探测车活动

测的需求，而太阳能的获得又受到太阳能电池阵面积的限制，设计中必须考虑降低功耗需求。仪器设备研制过程中需要重点落实设备轻型化、低功耗，实现综合集成目标。

月球车在月球表面巡视探测，受到构形布局的限制，其科学仪器的安装、操作方式与一般的卫星、飞船上的科学仪器不一样，具有种类多、操作复杂等特点，如展开与伸展机构实现重复展开和收拢的功能，以满足静止运动、工作等状态下构形和包络的不同要求；另外，受质量、体积和功能等限制，需要将各子系统的功能进行一体化集成设计，如轮子驱动和转向、机械臂关节等遵循模块化的思想进行设计，月球车的构形设计、总体布局和一体化为需要重点考虑的关键技术。

月球车的定位、路径规划与控制技术。在月面复杂的自然环境下，月球车的定位较地面无人自主车辆、移动机器人等的定位有更大的难度，目前，国外月球车主要采

用基于轨道图像、软着陆降落段图像和车载视觉系统的图像匹配等实现局部定位，这些定位技术对于月球车的自主定位和导航至关重要。因此，要在长距离导航中获得精度较高、且能满足不同定位需要的位置信息，应当充分利用各种方法的优势，结合测角和测距技术，采用组合定位的方法。

月球车与环境的相互作用复杂，执行任务的时候所需要的资源是不相同的，这些因素给路径规划带来了很大的困难，路径规划的效率直接影响控制的复杂程度和探测效率，采用基于多种传感器信息融和的路径规划是实现月面巡视探测器自主运动和完成科学仪器操作的关键技术。

月球车在松软的月表环境下运动，存在严重的滑移、滑转，为了适应地形，每个轮子分配的负载不同，因此，如何实现最佳的协调轮子转动、转向，优化驱动效率，应当突破月球车驱动、转向控制技术，实现能量优化控制。

时间延迟和通信带宽给月球车的地面遥控操作带来了很大的困难。由于月球车任务的复杂性和作业环境的不确定性，目前尚难以实现月球车的完全自主控制，基于人机交互的局部自主加遥操作是实现月面巡视探测器控制、科学仪器操作和提高探测效率的关键技术。月球车的机械臂子系统也同样存在定位、路径规划与控制技术需要解决，但是，与上述技术并不完全相同。

同位素温差电源及其相关技术。采用同位素温差电池是解决月面巡视探测器渡过月夜所需要能源的优选技术途径，但是除了需要解决同位素温差电池的同位素源、封装、安全性等问题外，还需要解决功率调节方法、同位素电源热控制等相关技术问题，作为工程应用的技术基础。

月球车的移动技术。通过月面环境条件下的地面建模分析，奠定月球车研制的技术基础，提出月球车运动性能的评价方法。研究内容包括建立月球车的运动学、动力学模型；车轮形状优化及地面力学分析；开展驱动机构的小型化和轻量化设计研究。

月球车的热控技术。由于月球车的行走方向不确定，外热流环境十分复杂，热控分系统需要解决复杂外热流、复杂仪器工作模式下的温度控制问题，工作模式变化较大，工作时间需要考虑散热问题，关机时又需要考虑保温问题，对其热控制具有一定的难度。

月球车使用较多的外露部件，包括运动副、机械臂关节、电机等，需要合理的热防护方法保证其处于可以工作的温度条件，同时，还要开展适用温度范围更为宽广的电机、谐波齿轮的研制，考虑使用温度范围更为宽广的材料、器件。

月球车仿真与地面验证技术。由于月球车与典型的航天器相比，具有极强的特殊性，在设计过程中，必须进行充分的仿真与地面试验验证工作，达到总体方案比较、关键技术问题分析、技术途径验证等目的。

月球车在月面执行探测任务期间，会遭遇到这种严酷的粒子

月球车样车

辐照环境。撞击到月球车上最多的粒子是太阳风，但是，由于其能量比较低，与银河宇宙射线和太阳耀斑粒子相比，引起的关注较少。太阳耀斑每年发生多次，喷射出大量的高能粒子，耀斑事件能持续数小时甚至数天，这些高能粒子撞击到月球车上，聚集很高的电势，可对电子器件构成伤害，甚至对月球车表面和结构也构成伤害，这些高能粒子使光学材料电离，从而，引起这些材料的表面产生缺陷。因此，在选择结构材料和组件的布置时，必须考虑到这些辐射的影响。

月球车是特殊材料制成的，必须能够防止在超高真空环境下再放气，在超高真空和极限温度循环下保持材料特性的稳定性。

要充分考虑到月球车所处的月球重力场环境。所有物体（包括人）从地球送到月球上，则其重量降低至1/6的地球重量，对人的操作和运动机械的动力性能造成影响。如人进行某项操作，其手臂的力量输出不会受环境影响，假设人手臂输出力量一定，当人的体重将至1/6，则人会感觉有劲使不上，会有"脚跟浅"的感觉。因为人对某个物体进行操作，整个力量是通过人的脚与地面的作用力来实现的，人的体重降低了5/6，则脚与地面的接触力同样降低了5/6。

要适应月面巨大的温差影响。为保证探测仪器的正常工作，月球车必须采用温度控制装置，使用热隔离系统、覆盖层等被动温控装置；或者采用电加热器等主动温控装置，以保证月球车及其探测仪器正常工作。

正在研究的月球车

　　月壤的物理力学特性对月球车运动影响也是很大的。在进行月球车轮设计时，需要充分考虑到月壤的承载能力。月球车的牵引力是通过车轮的接触力来实现的。由于月球重力场的影响，车轮的接触力也受到影响。月壤的结合力，尤其在月球的斜坡上月壤的结合力，对接触力的影响很大，考虑到月壤对接触力的影响以及月球车本身行走的稳定性、自主能力和越障能力的需要，要求月球车行走速度比较缓慢。另外，月壤的热特性对月球探测器的温度影响也很大。

　　月面地形环境复杂，月球车必须具有能够爬过20度斜坡的能力，月球车还应该具有翻越20厘米高度障碍物的能力；对大于20厘米的岩石裸露，月球车应该具有自主规避的能力。

　　月球车的运动机构对尺寸的稳定性要求极高。由于材料在高低温环境下的热胀冷缩作用，可能会破坏月球车运动机构的尺寸精度要求，严重时会造成运动机构失灵。

　　考虑到月球车设备、科学仪器的布局，相机、天线、太阳能电池阵一般安放在探测器的顶部，如果探测器倾覆，就无法继续完成后续科学探测任务，因此探测器在执行巡视探测任务中，安全是必须予以保证的前提条件。由于存在延时，必须增强月球车的安全监测、危险感知、自我危险处理能力。等等。

"登月"路上"赛车"忙

　　月球车在某种意义上说属于机器人技术。月球车无论是轮式的还是腿式的，都应具有前进、后退、转弯、爬坡、取物、采样等基本功能，甚至具有初级人工智能，例如，识别、爬越或绕过障碍物等。这些都与现代机器人所具有的功能相似。近年来，国内在机器人研究开发方面开展了大量的工作，一些科研院所和高等学校都取得了不少成果，达到了一定水平，将机器人的研发成果移植到月球车也似乎是顺理成章的事。但是，月球车仅有这些功能是不够的。它是一种在太空特殊环境下执行探测任务的机器人——太空机器人，既有机器人的属性，更具有航天器的特点，不同于地面使用的工业机器人、医学机器人和家用机器人。

　　地面原理样机与真正的工程机之间有着天渊之别，岂止是材料的不同！至于"按照月球表面实际环境"来打造月球车，真的不是一句空话，而是一项非常高的要求。

　　月球车应该是机器人技术与航天器技术相结合的产物，月球车的研究开发，更多的是要在"适应月球表面实际环境"，遵循航天器的研制规律上狠下工夫。一般说来，应满足以下要求。

适应特殊航天环境

　　月球车必须适应奔月途中和月球的特殊环境，包括力学环境和空间环境。力学环境指月球车在发射上升过程中运载火箭产生的冲击、振动、过载、噪声；在月面降落过程中制动火箭产生的冲击、过载。月球车必须经得起这些严峻的考验。

　　空间环境包括地—月之间和月球表面的空间环境。力学环境作用是短时间（以分钟计），而空间环境的影响则是常年累月、长期持续的。航天器在轨道上发生故障大多是由空间环境因素引起的。与近地环境相比，我们对地—月之间和月球表面的环境知之更少，更需要认真对待。月球车的设计应研究分析以下空间环境因素的作用，从而采取防护措施。

　　（1）抗辐射：首先应了解地—月和月面空间辐射的类型、能量和强度。对月球车上使用的电子部件，特别是

在上海科技馆展示的月球车模型

对辐射尤为敏感的高集成度微电子器件，应采取相应的抗辐射加固措施。

（2）防冷焊：月球车上的机构及其他活动部件，例如车轮及其驱动、转向机构，天线的展开及指向机构、采掘机械臂等，在高真空条件下收藏、压紧100多小时后，应保证不会"焊住"或卡死，能顺利展开和活动。

（3）对极端温度的防护：月球表面白昼和黑夜温差达300多摄氏度，这种严酷条件是过去环地运行航天器所未曾遇到过的，如何保证月球车在长时间极端温度条件下正常工作，是月球车也是月球探测工程需要解决的关键技术。

（4）适应低重力：月球表面重力只有地球表面重力的六分之一。某些在地面上能正常完成的机械运动，特别是依靠机构自身重量完成的动作，在低重力的月球表面是否仍能正常作动，也还是待解之谜。

轻重量、小体积、低功耗

"重量轻，体积小，耗功低"从来就是航天器设计的金科玉律，追求"轻、小、低"是航天器研发的永恒主题。从地球飞到月球，如此遥远的距离，如此高的要求，对月球探测器的重量、体积和功耗要求更轻、更小、更低。对月球车的重量要克克计较，无论如何轻也不过分。

月球车是一个可移动的平台，它要携带若干有效载荷，如探测仪器或挖掘采样器等。这些设备和装置必须小型化、轻型化。月球车的电源来之不易，用太阳电池发电，其面积重量与功耗大小成正比；若用一次性电池，重量与使用时间成正比，为了减轻重量，也必须降低功耗。因此，月球车的设计必须充分采用微电子器件、微型机械、轻型材料，在开发应用微机电系统上应该有所突破。

月球车

充分的地面模拟试验

我国卫星、飞船研制成功的重要经验之一，是研制过程中进行充分的地面模拟试验。月球车在设计阶段可采用各种计算机仿真技术，以提高设计效率，优化设计方案，例如，通过月球表面环境仿真、月球车三维实体模型和月球车动力学仿真等试验分析，确定月球车的总体方案和结构、机构、运动控制、热控制及遥控操作等分系统方案，并在此基础上完成研制。

在月球车硬件产品研制出来后，必须对实物产品进行性能试验和环境模拟试验，要在模拟月面尽可能真实的环境条件（高真空、高低温、太阳光照、宇宙辐射、低重力、月球表面地形地貌等）下，进行程序操作和运动特性等试验，不能单纯相信计算机仿真的结果，必要时需创造条件进行飞行演示试验。试验条件越逼真越好。还包括在热真空环境下的月球车行走试验：验证运动副材料的匹配性，验证热胀冷缩对运动机构传动及其稳定性的影响，以及对整个车体的影响。

严格的质量管理

月球车"麻雀虽小，五脏俱全"，其研制管理是一项系统工程；月球车同样是属于不可维修的"上天"产品，对质量和可靠性要求非常高。因此，在进入工程研制后，应参照航天系统多年来通过各种卫星研制管理实践所积累的一整套行之有效的系统工程与质量管理制度和方法，加强质量控制。

综上所述，月球车是一项技术复杂，要求严格的研究开发任务，开发者除了要突破、掌握同机器人相关的轻型机械、机构、遥操作、自主导航、机械臂等技术外，更重要

的是要在按航天器的规范与标准研制管理上多下工夫。

早在 2005 年 3 月 15 日，欧阳自远院士就对媒体披露，有关部门将根据"嫦娥工程"用月球车的技术参数和需要完成的科研任务，在全国公开竞争，用竞争方式打造"中国版"月球车，为"嫦娥登月"选出最精良的"坐骑"。一时间，"嫦娥"还没上路，一场赛车大战就打响了。

2008 年底，在激烈的造车大比拼中，造车竞争终于"尘埃落定"，最终，由"嫦娥一号"卫星的研制单位，中国航天科技集团公司中国空间技术研究院作为我国月球车研制的总体单位，联手国内一些具有雄厚技术实力的单位共同打造中国第一台月球车。

我国科技人员通过对月球车巡视探测任务的研究，借鉴国外月球车系统的划分方法，结合我国航天器系统划分方法，考虑到我国航天器研制的实际情况，很快拿出了我国月球车的总体方案，将研制的月球车原理样机分为九个分系统。即移动分系统、结构与机构分系统、导航与控制分系统、综合电子分系统、电源分系统、热控分系统、测控数传分系统、机械臂分系统、科学仪器分系统等组成。

初步确定的关键技术包括：月球车总体方案及优化技术；月球车移动技术；导航定位、路径规划与运动控制技术；同位素温差电源及其相关技术；新型热控技术；测控通信技术；仿真与地面验证技术。此外，还应重点解决机构的锁紧、重复展开、防冷焊、设备的防尘、防静电、抗辐照、材料的高低温适应性以及低重力影响等问题。

集中国内优势打造的中国月球车的工作目前进展顺利，已经取得了多项技术的突破。据了解，我国月球车原理样机采用摇臂悬架构型，轮式行走装置，独立驱动；控制模式分为遥控操作和遥操作加半自主控制两种；采用立体视觉完成周围环境识别；根据环境信息，结合样机性能和运动需求，实现安全路径规划；利用机械臂和研磨器实现就位探测；利用测月雷达探测土壤厚度和分层等信息。

着陆器着陆后，月球车在着陆器协助下，进行系统检查，启动月球车的程控，切断与着陆器的连接，沿滑轨移动至月面。月球车缓缓进入月面后，展开太阳电池阵、全景/导航相机，测试与地面的通信联系，建立工作模式。月球车开始运动，绕着陆器一周，拍摄周围环境开始巡视勘察。

考虑到月面环境、月球车能源等方面的限制，我国的月球车主要工作模式分为三类：行走、探测、通信。三种模式相互独立，串行进行。即在地面选择好下一个停留点和路径后，让月球车在指令下到达预定地点，停下来后再启动仪器，开始科学探测。除部分科学仪器始终工作外，大部分科学仪器只在探测模式下工作，月球车在月面停留，利用全景相机和导航敏感器建立环境信息，下传到地面，地面控制站根据环境信息、月球车状态确定任务指令，并注入到月球车的计算机上。月球车按照指令工作，到达目标后，各种科学仪器开始工作，存储探测数据，然后科学仪器停止工作，定向天线对地定向，传输探测数据和导航信息。有关过程重复进行。

在月夜到来，月面的光照和温度环境不能满足月球车的工作需求时，月球车进入休眠模式，只保证和地面必须的遥测联系，大部分科学探测仪器关闭，电源和热控系

统负责提供仪器的储存温度条件。待下一个月球白天到来，光照和温度条件达到要求，由地面根据遥测信息发送指令唤醒月面巡视探测器进入新一轮工作。

通过对国外月球车科学仪器质量与整车质量的分析，初步确定我国月球车科学仪器质量与整车的质量比在 20% 左右。在不同的发射任务中，月球车可以承载不同的科学仪器。

根据对科学目标和科学仪器情况的分析，并考虑月球车的复杂性和月面环境的特殊性，月球车的工作寿命至少需要 3 个月。为了尽可能降低月夜无光照条件下的能量问题，月球车在月夜除维持生存所必须工作的设备外，其他仪器、设备进入休眠模式。由于月夜长达 14 个地球日，根据国外的经验，采用同位素温差电源提供热量和电能，以满足月夜休眠状态月面巡视探测器热控、通信能量的需求。参考国外月球车的移动距离，月球车初步确定最短行走路程为 10 千米。

为了对月球车的移动能力、导航与控制能力进行充分试验，科技人员在北京航天城建设了月球车试验场。该试验场面积近 600 平方米，利用火山灰实现对月壤的模拟，同时构建了典型月表地形地貌，并模拟了着陆区的背景星空和光照条件。还将研制地面力学实验设备和六分之一重力模拟装置。原理样机可以在试验场开展移动性、通过性、稳定性、局部定位、路径规划、运动控制以及遥控操作等试验。

为了进一步考察月球车原理样机在野外自然环境的移动和环境感知能力，科技人

员在宁夏、甘肃交界处建设了月球车野外试验场，科技人员将利用这里的沙漠地貌，试验考核对月球车实施远距离遥操作控制能力。

中国月球车样机还开进珠海国际航空航天博览会上，接受了党和国家领导人的检阅。这辆月球车引起了参观者的极大兴趣，不少人驻足在月球车前，仔细观看研制情况介绍的录像片后，饶有兴趣地观看技术人员进行远距离遥控操作。

在"嫦娥一号"和"嫦娥二号"卫星发射成功后，这辆月球车样机还走进了中央电视台的演播大厅，人们在看嫦娥奔月的实况转播时，也目睹了这台月球车样机的风采。

可以相信，由中国人自己打造的月球车，将大大推动我国月球车研制技术的进步，为我国成功实施月球软着陆就位探测与自动巡视勘查奠定坚实的技术基础，保证二期工程和以后开展月球探测活动的进行。

在珠海航展上，美丽空姐也爱月球车

月球 人类的另一个定居地?

月亮学说

　　月球上的环境十分恶劣，呈现在眼前的是一个没有任何生机的世界，这不能不给人类实现月球安家的梦想来了个下马威。向月球移民，到月球安家是人类的憧憬，如果月球上真的能供地球人居住，那么，就不怕地球上人满为患了，也更不怕外来星球毁灭地球文明了，在外来星球毁灭地球文明的时候，至少可以留下人类的种子。因此，人类正在为实现月球安家的梦想而孜孜不倦地奋斗着。

　　水是生命之源，生命之本。实现月球安家的梦想，最大的障碍是月球上没有水。如果在月球的两极真的存在着水冰的话，开发月球两极的水冰，不仅可以解决宇航员的生活和在月球上种庄稼、蔬菜的水的问题，而且可以通过分解水获得氢，氢与丰富的氧化钛铁作用，又可以生成水，水又可以分解成氢和氧。如果用氢把月土中含有的氧的一部分分解出来，再稀释氮，便可以形成月球大气，那样月球就有望成为人类可以生存的第二个星球，它可以自给自主，独立于地球之外，一旦地球文明遭受彗星撞击或由于核战争而毁灭，月球则可以供人类继续生存下去，使人类的文明和历史继续延续下去。

　　月球的学问很深，对月球的憧憬，对月球的研究，形成了博大精深的月球学说。一般来说，关于月亮的学问，涉及月球学和月亮学两大部分。月球学的重点是研究月球的成分、结构、运动（包括月震）、月貌，以及月球的形成过程。月亮学的重点则是研究月亮与地球的关系，特别是月亮对地球生物和人类文化的作用与影响。

　　具体来说，月亮学可以分为月亮地貌学、月亮生物学、月亮文化学。

　　所谓月亮地貌学，主要研究月亮的存在，对地球地形地貌（包括气象气候）的影响和作用，其中最突出的作用是地球上的海洋潮汐现象，此外还有地壳潮汐现象、大气潮汐现象等。

　　所谓月亮生物学，主要研究月亮对地球生物的作用和影响，其中突出的现象是许多地球生物的生存周期（包括生理周期），明显地受到月球引力及其效应（包括潮汐现象）的作用，例如海洋生物特别是近海生物对潮汐非常敏感，人类女性的月经周期（尚需要进一步的证明），某些鸟类根据月亮进行导航。

　　所谓月亮文化学，主要研究人类文化与月亮的关系。这是一个非常有趣的问题，而且涉及人类文化生活的诸多方面，比如，关于月球的诗篇、习俗，传说，还有开展月球探测活动所形成的探月文化等。

　　月亮的存在，应当被看成是大自然对人类的特殊眷恋。这是因为，地球这样大的行星有月球这样大的卫星，在太阳系里是绝无仅有的情况，在银河系里可能也是非常罕见的。更巧合的是，从地球上看，月亮的视角与太阳的视角几乎完全相等，即月亮与太阳一样大，而且月亮、太阳和地球基本上都在一个运动平面上，因此才会有日食、

月食以及月亮圆缺的周期变化。有鉴于此，我们有理由认为月亮的这种存在，乃是促进人类大脑思维发展的一个重要因素；甚至可以说人类的智慧启蒙，一半来自月亮。中秋佳节，这应当成为中秋赏月问月的重要内容之一。

月亮围绕地球的周期运动，以及月亮表面明暗的周期变化，直接促进了人类历法的形成和应用，以及相应的星宿文化。根据月亮运动和周期变化制定的历法称之为阴历（月亮在中国阴阳文化中代表阴），根据太阳周期运动制定的历法称之为阳历（太阳在中国阴阳文化中代表阳），综合阴历、阳历的历法称之为阴阳合历，我国的农历即阴阳合历（例如闰月属于阴历，24节气属于阳历）。

中国人制定或使用阴历，至少在殷商时期，甲骨文中已经有"既生霸"等文字记载，详细描述了月亮圆缺的周期变化。与此同时，殷商时期的地理文献《山海经 大荒四经》也明确记有："有女子方浴月，帝俊妻常羲，生月十有二，此始浴之。"帝俊为殷商民族始祖，所谓常羲浴月，实际上是说常羲发明或制定了一年十二个月的历法，而"浴之"则是这种历法的演示，属于天文巫术性质。

给月亮上的地点命名，也是一个学问。月球地名是传递月球相关信息的载体。没有月球地名，无法记录月球地理实体科学探测成果，无法交流和表达月球有关的信息。

嫦娥女神在召唤。"嫦娥工程"是我国深空探测的开始。在中国古老的神话中，不但有嫦娥女神，还有一位逐日的夸父，中国人不会停止追逐光明的步伐，我国将以海纳百川的胸怀，与世界各国一起走向更远的深空。

科学家认为，目前人类还不知道怎样建造一个脱离地球的自然环境和能让人修养生息的生态环境，在现在的科学技术条件下，月球安家是一个遥远的目标，地球仍然是人类唯一的家园。虽然人类目前还不知道怎样在月球上生存，但是，却在孜孜不倦地为此而奋斗，同时，关于月球属于谁，怎样在法律框架的约束下开发利用月球的问题，却已经凸显了出来。

月球，归谁所有

现在，在重返月球的呼声里，围绕着月球的"所有权"问题，许多国家和国家组织正在为月球的和平开发而奔走呼吁。

2006 年夏天，伴随着京城扑面而来的滚滚热浪，第八届国际月球探测与利用大会在北京举行。全球探月科学家首次聚集北京，共同研究月球探测的新构想。参加会议的有 17 个国家航天局、200 多名科学家，发表了 127 篇相关论文，和平开发利用月球，反对霸权主义，成为与会科学家的一致呼声。

国际月球探测工作组秘书长弗英说，联合国关于外太空的公约，涉及对月球的开发和研究。月球属于每一个人，不属于任何一国政府，我们只能和平开发月球，各国应该在这一公约的框架内，开发月球资源，这样才能够可持续地进行开发。

弗英说，这一公约已经有超过 30 年的历史了。那个时候，世界上只有两个国家拥有发展月球计划的能力，就是美国和苏联。现在已有超过 150 个成员国一致同意这一公约，即月球不是某个国家的私有财产，而是整个人类可以共同利用的公共资源。

弗英承认，有些国家认为，开发月球应该为全人类的共同利益而去做，如果有人探月，由此而获得的好处不应只属于他们自己，而应该属于全球所有国家；而另一些国家对此持异议，认为如果一国为了月球探测付出了大量的投资，那么就应该为此得到相关利益，双方的争论还比较激烈。为此，弗英呼吁，各国应该在联合国公约内实

施月球探测计划。

　　弗英说，探测月球需要很高的科技水平，也需要很尖端的人才。前者可能只存在于发达国家，但后者在不发达国家也可能找到。从这个意义上说，智慧精英是被全世界各个国家共同分享的，不是被某个国家垄断的。"月球探测应该可以让发达国家先走第一步，然后把这些经验和成果分享给不发达国家。""每个成员国都必须遵守联合国公约，如果有成员不遵守，其他成员国都可以予以指责或谴责。"我们还可以通过监督这些国家的月球开发，比如是否影响了月球的环境，是否在进行与武器有关的项目，来起到一定的制约作用。"

　　一个不容忽视的事实是，目前有能力实施月球探测的国家，都是在科技上占优势的大国。国际月球探测工作组主席班达瑞说，迄今为止，对月球的开发都是和平的，还没有不和平的事情发生。"重要的一点是，我们的研究人员不应该滥用我们的星球，应该维护它的清洁和可持续性。我们可以开发，但前提是不能破坏。""虽然现在还没有产生霸权主义的迹象，但未来也许会发生。"

　　中国国家航天局局长孙来燕说，中国政府一贯主张以和平的目的探索月球和外层空间，扩展和深化对地球和宇宙的认识，一贯主张和平利用月球资源和外空资源，促进人类文明和社会发展，造福全人类。中国作为发展中国家，根本任务是发展经济，提高人民生活水平，推进国家现代化建设。中国的探月活动，是为了提高自主创新能力，促进科技发展，推动社会进步。

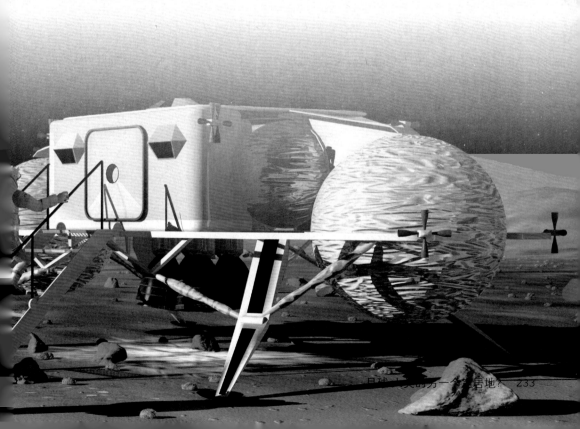

飞离月球

航天国家的月球约定

在开垦探测月球的扑面浪潮中，为了进一步规范对月球的探测活动，合理开发和利用月球资源，1966 年 12 月 19 日联合国大会通过《关于各国探索和利用包括月球和其他天体的外层空间活动所应遵守原则的条约》（简称《外层空间条约》），1967 年 1 月 27 日在伦敦、莫斯科和华盛顿三地开放供签署，同年 10 月 10 日生效，到 1985 年 6 月 30 日止已有 84 个缔约国和 30 个签署国。

《外层空间条约》是 1963 年联合国大会通过的《各国探索与利用外层空间活动的法律原则的宣言》的补充和发展，故又被称为《外层空间宪章》或简称《外空条约》，是有关外层空间的基本法，又号称"空间宪法"。

《外层空间条约》规定对外层空间的探索和利用应为了全人类的共同利益。所有国家都可按照国际法自由进入外层空间，并享有进行科学考察的自由。各国不得通过主权要求，使用或占领等方法将外层空间据为己有。外空活动应遵守国际法和联合国宪章，以维护国际和平与安全，促进国际合作和了解。禁止在围绕地球轨道、天体和外层空间放置载有核武器或其他类型的大规模毁灭性武器。外层空间必须绝对用于和平目的。缔约国对其在外层空间的活动要承担国际责任。外空活动应避免使外层空间和天体遭受有害的污染，也应避免地球以外的物质使地球环境发生不利变化。

《外层空间条约》规定了从事航天活动所应遵守的 10 项基本原则。

（1）共同利益的原则：探索和利用外层空间应为所有国家谋福利，而无论其经济或科学发展的程度如何；

（2）自由探索和利用原则：各国应在平等的基础上，根据国际法自由地探索和利用外层空间，自由进入天体的一切区域；

（3）不得据为己有原则：不得通过提出主权要求，使用、占领或以其他任何方式把外层空间据为己有；

（4）限制军事化原则：不在绕地球轨道及天体外放置或部署核武器或任何其他大规模毁灭性武器；

（5）援救宇航员的原则：在宇航员发生意外事故、遇险或紧急降落时，应给予他们一切可能的援助，并将他们迅速安全地交还给发射国；

（6）国家责任原则：各国应对其航天活动承担国际责任，不管这种活动是由政府部门还是由非政府部门进行的；

（7）对空间物体的管辖权和控制权原则：射入外空的空间物体登记国对其在外空的物体仍保持管辖权和控制权；

（8）外空物体登记原则：凡进行航天活动的国家同意在最大可能和实际可行的范围内将活动的状况、地点及结果通知联合国秘书长；

（9）保护空间环境原则：航天活动应避免使外空遭受有害的污染，防止地外物质的引入使地球环境发生不利的变化；

（10）国际合作原则：各国从事外空活动应进行合作互助。

与此相关的还有一个协定，即《关于援救宇航员，送回宇航员及送回射入外空之物体之协定》。协定的内容是：各缔约国，鉴于关于各国探测及使用外空包括月球与其他天体之活动所应遵守原则之条约极关重要，该约规定遇宇航员有意外事故、危难或紧急降落之情形，应给予一切可能协助，迅速并安全送回宇航员，及送回射入外空之物体，亟欲发展并进一步具体表示此种义务，深愿促进外空和平探测及使用之国际合作，益以人道精神驱使，议定条款如下：

第一条 缔约国于获悉或发现外空机人员遭遇意外事故，或正遭受危难情况，或已在缔约国管辖领域内，在公海上，或在不属任何国家管辖之任何其他地点作紧急或非出于本意之降落时，应立即：

（甲）通知发射当局，或于不能查明发射当局并立即与之通讯时，立即以其可以使用之一切适当通讯工具公开宣告；

（乙）通知联合国秘书长，由秘书长以其可以使用之一切适当通讯工具传播此项消息，毋稍稽延。

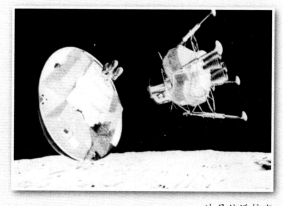

地月往返航班

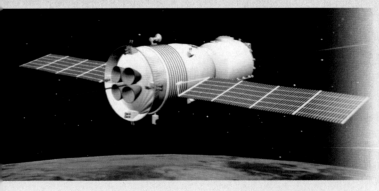

神舟七号载人飞船

第二条　如因意外事故、危难、紧急或非出于本意降落之结果，外空机人员在一缔约国管辖领域内降落，该缔约国应立即采取一切可能步骤援救此种人员，并提供一切必要协助，该缔约国应将所采步骤及其进展情形通知发射当局及联合国秘书长。

如发射当局之协助有助于实现迅速援救，或对搜寻及援救行动之效力大有贡献，发射当局应与该缔约国合作，以求有效进行搜寻及援救行动。此项行动应受该缔约国指挥管制，该缔约国应与发射当局密切并不断会商行事。

第三条　如获悉或发现外空机人员已下降于公海上或不属任何国家管辖之任何其他地点，能提供协助之各缔约国应于必要时对搜寻及援救此种人员之行动提供协助，以确保其迅速获救。各该国应将其所采步骤及其进展情形通知发射当局及联合国秘书长。

第四条　如因意外事故、危难、紧急或非出于本意降落之结果，外空机人员在一缔约国管辖领域内降落，或在公海上或不属任何国家管辖之任何其他地点发现，应将此种人员安全并迅速送交发射当局代表。

第五条

一、缔约国于获悉或发现外空物体或其构成部分已于其管辖领域内，或在公海上，或在不属任何国家管辖之任何其他地点返回地球时，应通知发射当局及联合国秘书长。

二、缔约国对发现外空物体或其构成部分之领域有管辖权者，如经发射当局请求并获得该当局如经请求而提出之协助，应采取其认为可行之步骤，寻获该物体或其构成部分。

三、如经发射当局请求，在发射当局领域范围以外发现之射入外空物体或其构成部分应送还发射当局代表或留待发射当局代表处置；如经请求，在送还之前，该当局应先提出证明资料。

四、虽有本条第二项及第三项之规定，缔约国有理由相信在其管辖领域内发现或其于别处寻获之外空物体或其构成部分具为危险或毒害性质时，得将此情形通知发射当局，发射当局应立即采取有效步骤，于该缔约国指挥及管制下，消除可能之损害危险。

五、为履行本条第二项及第三项下关于寻获及送还外空物体或其构成部分之义务所支付之费用应由发射当局承担。

第六条　本协定称"发射当局"谓负发射责任之国家或遇国际政府间组织负发射责任时，则指该组织，但该组织必须宣布接受本协定所规定之权利与义务，且该组织之多数会员国为本协定及关于各国探测及使用外空包括月球与其他天体之活动所应遵守原则之条约之缔约国。

第七条　一、本协定应听由所有国家签署。凡在本协定依本条第三项发生效力前尚未签署之任何国家得随时加入本协定。

二、本协定应由签署国批准，批准文件及加入文件应送交美利坚合众国，大不列颠及北爱尔兰联合王国及苏维埃社会主义共和国联盟政府存放，为此指定各该国政府为保管政府。

三、本协定应于五国政府，包括经本协定指定为保管政府之各国政府，交存批准文件后发生效力。

四、对于在本协定发生效力后交存批准或加入文件之国家，本协定应于其交存批准或加入文件之日发生效力。

五、保管政府应将每一签署之日期，每一批准及加入本协定之文件存放日期，本协定发生效力日期及其他通知，迅速知照所有签署及加入国家。

六、本协定应由保管政府遵照联合国宪章第一百零二条规定办理登记。

第八条　本协定任何当事国得对本协定提出修正。修正对于接受修正之每一当事国，应于多数当事国接受时发生效力，嗣后对于其余每一当事国应于其接受之日发生效力。

第九条　本协定任何当事国得在本协定生效 1 年后以书面通知保管政府退出协定。退出应自接获此项通知之日起 1 年后发生效力。

第十条　本协定应存放保管政府档库，其英文、俄文、法文、西班牙文及中文各本同一作准。保管政府应将本协定正式副本分送各签署及加入国政府。

为此，下列代表，各秉正式授予之权，谨签字于本条约，以昭信守。

本条约共缮 3 份，于公历 1968 年 4 月 22 日订于华盛顿、伦敦及莫斯科。

作为国际空间法之一，《指导各国在月球和其他天体上活动的协定》（简称为《月球协定》），1979 年 12 月 5 日由第 34 届联合国大会未经投票通过，1979 年 12 月 18 日开放供签署，1984 年 7 月 11 日正式生效。

协定包括序言和 21 项条款，内容涉及探索和利用月球，自由进行科学研究，矿物样品的取样和保护，设立月球登陆基地以及向月球发射航行站等问题。

协定宣布月球及其自然资源是"全体人类的共同财产"，"月球不得由任何国家依据主权要求，通过利用或占领，或以任何其他方法据为己有"。"在月球上使用武力或以武力相威胁，或从事任何其他敌对行为或以敌对行为相威胁，均在禁止之列。""禁止在月球上建立军事基地，军事装置及防御工事，试验任何类型的武器及举行军事演

习。"协定规定"月球应供全体缔约国专为和平目的而加以利用",并强调,"月球的探索和利用应是全体人类之事,并应为一切国家谋福利,不问它们的经济或科学发展程度如何"。

《月球协定》的主要内容为:

(1)月球(包括绕月、飞向及飞绕月球的轨道)应只用于和平目的;禁止在月球上使用武力或以武力相威胁;禁止在月球上设置核武器或任何大规模毁灭性武器;禁止在月球上设立军事基地及军事装置、试验武器及举行军事演习;

(2)月球探索和利用应为全人类谋福利,不问其经济或科学发展程度;各国都应平等地、不受歧视地按照国际法自由探索和利用月球;

(3)探索和利用月球时应采取措施,防止月球的现有平衡遭到破坏,防止地球因地外物质的进入受到不利的影响;

(4)各国可在月球的表面或表面之下的任何地点进行探索和利用;

(5)月球及其自然资源均为人类共同继承财产,任何国家不得依据主权要求或通过利用、占领或其他任何方式据为己有;

(6)将建立国际制度,以便有序、合理地开发、利用和管理月球资源;各国应公平分享资源所带来的惠益,并对发展中国家和为开发月球作出贡献的国家给予特别照顾;

(7)各国对其在月球上的一切航天器、装备、设施和站所等应保持管辖权和控制权,同时应对缔约国开放,以便接受对其活动是否符合月球协定规定的检查。

《月球协定》涉及月球资源的开发、利用和分享等与各国切身利益密切相关的问题,各国均持慎重态度。

随着人类探测月球活动的发展,如何保护月球环境已经成为近年来学者以及相关政府和国际研究的热点问题。对此问题的研究主要集中在现行有关月球环境保护法律制度的充分性及如何进一步完善方面。

大多数学者认为,尽管《外空条约》和《月球协定》有一些保护空间环境和月球环境的规定,但这些规定大多数是一些原则性的规定。虽然当前一些有关月球环境保护的国际文件规定了有关保护月球生态的情形,但缺乏司法性质,也没有明确规定禁止在月球上抛弃空间物体(空间碎片)的条款,更为重要的是没有关于损害月球环境的国际责任。一些国际机构虽然规定了月球环境和开发月球的一些行为准则,但这些准则不具有法律效力,也缺乏国际制裁来保障。因此,保护月球环境,防止在月球开发中出现污染再治理的局面,国际社会需要加以关注。对此学者提出,在未来月球资源开发中,既需要考虑开发月球的经济利益,也要考虑月球环境的保护。在现行的《外空条约》和《月球协定》规定不充分的情况下,建议制定新的法律制度或国际法律文件来平衡商业利益与月球环境保护的关系,建立一个专门的月球资源开发管理机构管理月球、月球环境和资源开发,防止月球资源开发对月球环境的损害。

世界呼唤月球立法

正因为月球巨大的军事战略价值，美国早在 20 世纪 50 年代末就打算在月球上建立一个军事基地。尽管《外空条约》中明确规定"任何国家不得在月球及其他天体上建立军事基地"，但美国的作战计划事实上已经突破了这一条约。2003 年上半年，布什曾宣布了一个独霸太空的计划，其重要内容之一就是要控制从地球到月球之间的"近地太空"，从而限制和剥夺他国、特别是"敌性国家"在"近地太空"活动的自由。人们已经从这些情况中嗅出月球上弥漫出来的来自地球的火药味了。

太空是 21 世纪的战略制高点，随着太空军事活动日益增多，太空法律战将成为太空领域军事斗争的一种重要形式。太空面临的法律问题主要涉及太空主权、太空资源、太空环境、太空运输、太空责任、太空军备控制、太空遥感和空间站等。这些都与各国的利益和人类社会的发展息息相关，因而也是太空法律战的重要领域。伴随着月球探测的热潮，人们正在呼吁进一步深入开展月球的立法，太空法律战呼之欲出。

太空法的主体部分是联合国和平利用太空委员会颁布的五个国际条约，即《外空条约》、《营救协定》、《责任公约》、《登记公约》和《月球协定》。这五个条约，特别是《外空条约》确立了太空法的国际法律地位和重要作用。世界各国太空政策在国际太空事务中的协调与影响，必然会渗透和反映到有关太空协议、太空协定和太空条约中，这对太空法的形成具有重要的作用。现代太空活动的法律问题一直带有政治性或政策性，在国际军事航天舞台上尤其是这样。如太空主权问题涉及国家和意识形态方面的政治与政策，太空军备控制涉及国家的重要外交政策和军事政策等。因此，各航天发展国家太空政策的决策者都注意考虑联合国的太空法律制度。

专家认为，在太空立法中，太空商业法不容忽视。太空商业法是太空法的组成部分，同时也是太空立法的扩展和延伸，因而也是太空法律战的重要内容。从长远着眼，从现实着手，在国际和国内两个层次上，系统、持续地开展与太空立法相关的先期性政策研究，为太空立法做好基础工作，是一道急迫的战略课题。

嫦娥三期工程返回火箭从月球上起飞

我国正在向月球大步走去

我国月球探测三期工程的内容是发射月球软着陆器，在开展月球探测的同时，进行首次月球样品自动取样并安全返回地球，在地球上对样品进行分析研究。计划于2017年前后实施。

为做好我国月球探测三期工程的论证工作，国防科技工业局成立了以总工程师吴伟仁为组长，戚发轫院士、叶培建院士等著名专家组成的论证组，开展了深入的论证工作，初步提出了工程的科学目标和需要解决的关键技术问题。

我国月球探测三期工程的科学目标和工程目标

我国月球探测三期工程将充分利用二期工程已建立的测控通信系统和着陆探测器平台，研制返回器来完成预定任务。将发射带有由着陆器和返回器组成的探测器在月面软着陆。

目前，我国科技工作者已经进行了我国月球探测三期工程可能的科学目标和工程目标的研究工作。主要科学目标大致为：进行着陆区的探测与研究；采集月球样品返回地面，对样品进行系统的岩石学、矿物学同位素月质和月球化学研究，结合月面物质成分的分析数据，深化月球和地月系统的起源和演化的研究；深化对地月系统的起源与演化的认识。

主要工程目标大致为：发展新型月球巡视车；发展小型采样返回舱、月表钻岩机、月面采样器、机器臂等；在现场分析取样的基础上，采集样品返回地球；对着陆区进行考察，为载人登月探测、建立月球前哨站的选址提供数据。

月球样品自动采样返回探测关键技术

月球探测三期工程的任务目标是采集月球样品并返回地球，用于开展进一步的科学研究。月球探测器三期工程可充分借鉴二期工程的着陆技术，同时需要攻克下列关键技术。

（1）采样器的设计与控制。为获取月壤，需要利用采样器。采样器需要具备研磨、钻取月壤和输送月壤的能力。在月球的特殊环境条件下，如何保证采样器的功能是必须解决的问题。

（2）月球至地球飞行技术。包括月面起飞技术、月地返回轨道的设计与制导导航与控制技术、高速地球再入技术、回收技术等。

（3）高精度月球采样分析技术。在月球探测中，月球尘是一个特殊环境，需要对月球尘的静电吸附特性机理开展研究，并开展材料、元器件等的评价试验；

从工程的角度讲，环境问题研究需要开展的工作包括：月球热流模拟器的研制、太阳模拟器与月球热流模拟器的联合试验方法的研究，真空环境下重力模拟器的研制，月面形貌模拟实验室等，在大型试验中，是否建造月球运动模拟器，还需要进一步开展研究。

2009 年 11 月 13 日，中国航天科技集团公司举行"嫦娥三号"卫星探测器系统设计方案转初样评审会，经过近 20 个月的奋战，月球探测二期工程的重头戏"嫦娥三号"卫星探测器系统方案设计和关键技术攻关工作已全部完成，月面就位探测关键技术实现了重大突破，顺利进入工程研制阶段。

根据我国月球探测工程"三步走"的计划，在实施嫦娥二期工程中，将于 2013 年前发射"嫦娥三号"卫星，实施探测器在月面上软着陆，对月面实施就位探测，而研制"嫦娥三号"卫星探测器系统，突破月面软着陆就位探测关键技术是"嫦娥"二期工程的重要环节。

中国未来月球基地构想图

"嫦娥三号"卫星探测器系统包括月球软着陆探测器和月面巡视探测器两个系统,其使命是在实施月面就位探测的同时,为任务实施过程提供技术支持。其任务实施过程是:月球软着陆探测器经过地月转移段、环月段和移动下降段的飞行,在月表预定区域实施软着陆,实施就位探测,月面巡视探测器开展巡视勘查,并把探测数据传回地面。该系统涉及多项我国从未研制过的关键技术,同时,对系统设备的小型化、可靠性、温度工作状况控制等都有极其特殊的要求,属全新型航天器。

在没有成熟型号和平台可以借鉴的情况下,研制队伍按照充分设计,确保设计结果满足工程要求;一体化集成设计,实现功能复用,达到总体最优目标;提高任务可靠性和加强技术创新,突破关键技术的原则,协同有关单位集智攻关,围绕方案设计和关键技术攻关两大主线并行开展攻关,完成了大系统要求和接口的确定、任务分析、指标分配、方案比较、地面试验验证方法的确定与仿真分析等工作。

月球软着陆探测器部分涉及可重复展开太阳翼、着陆缓冲机构、着陆导航敏感器等13项关键技术。两年来,月球软着陆探测器研制队伍进行了大量的设计和分析工作,主要完成了分系统初步方案设计、环境影响分析、软着陆过程分析等12项工作,突破了所有13项关键技术的攻关工作;进行了124项系统和单机试验,解决了影响工程进展的关键技术,验证了方案设计的正确性和可靠性,此外,还开展了环境影响分析,多方案比较优化,确定了初样研制要求和流程。

月面巡视探测器部分涉及地面试验验证方法、导航控制敏感器研制、移动系统等11项关键技术,研制队伍开展了环境分析、多方案比较优化,按方案阶段的研制技术流程进行了大量的设计分析工作。主要完成了飞行程序设计分析、移动性能分析等9项大的工作,突破了所涉及的11项关键技术。同时,配合攻关验证投产3个先行件,进行了61项地面试验,其中6项专项试验验证,此外,完成了方案阶段投产了3台(套)先行件,配合导航控制技术关键,完成了导航与控制分系统联合试验任务;配合月面工作机构技术攻关,完成了结构与机构联合力学试验;同时,配合月面生存热控技术攻关,对流体管路顶板预埋工艺进行了提前验证;配合桅杆子系统完成了力学试验。

目前,我国科学家正在进行实施月球探测三期工程之后,中国月球探测未来发展战略的研究论证工作。把宇航员送入月球,既是世界月球探测未来的走向,也是中国月球探测工程论证的焦点。也许再过20年,中国的人就要站在高高的月亮之上,俯瞰人类的生身之母——地球,让我们期待这一天的早日到来。

"国际俱乐部"联手奔月宫

在航天领域开展广泛的国际合作，是中国政府一贯的立场。

当今世界在重大航天工程中开展国际合作，已经成为一种趋势，最为典型的要属国际空间站了，这个太空庞然大物是由16个国家联合开展的，如今仍在有声有色地工作着。在月球探测工程中，开展国际合作，实现优势互补，也是一个大趋势。一个时期以来，关于中国在月球探测工程中，能否开展国际合作，特别是与美国开展合作，中美在月球上握手，引起了国际社会的广泛关注和众多学者的阵阵议论。

中国政府认为，外层空间是全人类的共同财富，世界各国都享有自由探索、开发和利用外层空间及其天体的平等权利；世界各国开展外空活动，应有助于各国经济发展和社会进步，应有助于人类的安全、生存与发展，应有助于各国人民友好合作。同时，中国政府也坚持这样的立场，这就是国际空间合作应遵循联合国《关于开展探索和利用外层空间的国际合作，促进所有国家的福利和利益，并特别要考虑到发展中国家的需求的宣言》（《国际空间合作宣言》）中提出的基本原则，在平等互利、和平利用、共同发展的原则基础上，加强空间领域的国际交流与合作。

中国政府在开展国际空间交流与合作中，坚持独立自主的方针，并根据国家现代化建设的需要，统筹考虑合理利用国内外两个市场和两种资源，开展积极、务实的国际合作；支持联合国系统内开展和平利用外层空间的各项活动；支持政府或非政府间空间组织为促进空间技术、空间应用和空间科学的发展所开展的各项活动；重视亚太地区的区域性空间合作，支持世界其他区域性空间合作；加强与发展中国家的空间合作，重视与发达国家的空间合作；鼓励和支持国内科研机构、工业企业、高等院校和社会团体，在国家有关政策和法规的指导下，开展多层次、多形式的国际空间交流与合作。

实际上，近年来，中国已与许多国家开展双边国际空间合作，先后与13个国家、空间机构和国际组织签署了16项国际空间合作协定或谅解备忘录；推动了亚太地区空间技术及其应用领域的多边合作及该地区空间合作组织化进程；参与了联合国及相关国际组织开展的有关活动；支持国际空间商业活动，取得了积极成果。

中国积极参加了联合国和平利用外层空间委员会（简称联合国外空委）及其下属的科技小组委员会和法律小组委员会各项活动，加入了联合国制定的《外空条约》、《营救协定》、《责任公约》和《登记公约》，严格履行有关责任和义务。中国积极参与联合国外空委为落实联合国第三次外空会议的各项建议所开展的有关活动，特别是与加拿大和法国一起作为共同主席国，推动了由40个联合国外空委成员国和15个国际组织参加的"利用天基系统进行减灾和灾害管理行动组（第七行动组）"的工作，并积极参与了联合国外空委"研究建立减灾和灾害管理协调机制可行性特设专家组"的工作。中国已加入由多个国家空间机构组成的《在重大自然或技术灾害中协调利用空间设施的合作宪章》减灾机制。中国与联合国合作，在中国举办了"联合国 / 欧空局 / 中国基础空间科学讲习班"和"联合国 / 中国亚太地区发展远程医疗讲习班"，多次与亚太空间多边合作秘书处和联合国亚洲及太平洋经济社会委员会（简称联合国亚太经社会）等合作，在中国举办了有关空间技术应用的培训班和研讨会，为这些活动提供了资金支持。中国参与了联合国亚太经社会组织实施的亚洲及太平洋地区空间应用与可持续发展计划。

中国积极参与机构间空间碎片协调委员会的各项活动，启动中国"空间碎片行动计划"，加强空间碎片研究领域的国际交流与合作。参与了国际对地观测卫星委员会的相关活动，并作为东道国于 2004 年 11 月在北京举行了"国际对地观测卫星委员会十八届全会及二十周年庆典"。2005 年 5 月中国正式成为国际对地观测组织成员，并进入执行委员会。2006 年 7 月在中国北京举办了"第三十六届世界空间科学大会"，还成功举办了"第八届国际月球探测与利用大会"。中国还参与了国际电信联盟、世界气象组织、国际宇航联合会、国际空间研究委员会等空间组织的有关活动。

科学技术是没有国界的，推进全人类科学技术的发展，是每一个国家的责任，中国已经和期待着与世界各国开展航天领域广泛的合作。未来对月球的探测在范围不断扩大，领域不断加深；坚持"多、快、好、省"的指导原则；以低成本、高技术密度的探测器为主，探测方式多样化；大量新技术新得到发展和应用的同时，国际合作将进一步加大。由于月球探测和月球科学研究涉及面广，规模大，技术难度高，需要经费多的特点，因此，多国联合进行月球探测将成为未来的趋势。多国共同承担经费，联合研制，实现数据交换，资源共享，优势互补等，将是主要合作形式。

愿世界航天国家携起手来，探索包括月球在内的更为广阔的宇宙空间，把人类的梦想放飞得更高、更远。

后 记

　　"嫦娥工程"是我国深空探测的开始，中国人不会停止追逐月球的步伐。普及月球知识，揭示月球的奥秘，了解月球探测技术的发展，让更多的人参与到航天事业中去，是航天科技工作者、科普工作者一项十分重要的使命。

　　编著一本关于月球知识和月球探测技术发展的书籍，展示月球的奥秘，展示人类月球探测和月球科学研究取得的成果，是我多年来的宿愿。源于此，多年来，我密切跟踪人类月球探测活动的开展，阅读学习了大量的关于月球的书籍，拜读了许多专家的文献，频频拜访月球科学研究和航天技术研究方面的专家，细细品味关于月球的奥秘和其中的科学内涵，从中学习了解关于月球的知识。由于自己才疏学浅，书中的疏漏之处在所难免，在此，恳请专家和广大读者见谅。

　　在《奔向月宫》一书出版发行的时候，感谢中国空间技术研究院和企业文化部的领导对本书编著的大力支持；感谢本书的主编田如森先生给予的诸多帮助；感谢"嫦娥工程"以及"嫦娥一号"、"嫦娥二号"卫星专家的指导和有关人员提供的资料，他们的名字恕我不能一一例举。感谢广西人民出版社的编辑在本书编辑中所做的创造性的工作。

作者

2010 年 12 月 10 日于北京

思考题

1. 从 18 世纪以来，科学家们就对月球起源提出了种种说法。归纳起来可以分为三类，即 _____、_____ 和 _____。

2.1959 年 1 月 2 日，_____ 发射的人类第一颗月球探测器 _____ 卫星向遥远的月球飞去。

3.1970 年 11 月 10 日，_____ 发射 _____ 探测器，17 日，探测器在月面的"雨海"平原软着陆，向月球上释放了人类到达月球的 _____。

4.1969 年 7 月 20 日，"土星 5 号"火箭发射的 _____，载着 3 名宇航员在月球着陆，_____ 和 _____ 跨出登月舱，踏上月球的陆地，成为人类历史上最早拜访另一个星球的使者。

5. 月球不仅形状像鸡蛋，它的内部结构也像鸡蛋一样，包括 _____（蛋壳）、_____（蛋清）和 _____（蛋黄）三个部分。

6. 月球白天太阳光照射的地方最高温度可达零上 _____ 摄氏度左右，晚上没有太阳的时候，最低温度可达零下 _____ 摄氏度左右。

7.2004 年初，我国政府正式宣布启动绕月探测一期工程，并命名为 _____，第一颗绕月卫星被命名为 _____。

8. 我国"嫦娥工程"将分为"_____、_____、_____"三步走的发展目标，一期工程为 _____，二期工程为 _____、三期工程为采样 _____。

9. 我国开展"嫦娥工程"的根本目的是：_____，开展月球科学探测和应用研究，参与月球资源的开发利用，维护我国的 _____，为我国和人类可持续发展作出应有贡献。

10. 我国月球探测一期航天工程系统，由 _____、_____、_____、_____ 和 _____ 五大部分组成。

11.2007 年 10 月 24 日，_____ 卫星于西昌卫星发射中心顺利发射升空；2009 年 3 月 1 日，卫星在地面的自主控制下，降落在月面上。

12.2010 年 11 月 8 日上午，探月工程 _____ 月面虹湾局部影像图揭幕仪式在北京国防科技工业局举行。中共中央政治局常委、国务院总理温家宝出席揭幕仪式并为影像图揭幕。

13. 月球车也称 _____，是一种能够在月球表面移动，完成探测、采样、运载等任务高度集成的航天器，具有 _____、_____、_____ 和 _____ 等四个特点，是在月球上完成零距离科学探测任务的重要平台。

14. 月球车在月面上行驶主要有 _____、_____ 和 _____ 三种方式。

15. 1 9 6 6 年 1 2 月 1 9 日联合国大会通过《关于各国探索和利用包括月球和其他天体的外层空间活动所应遵守原则的条约》，简称 _____，又被称为 _____，是有关外层空间的基本法，又号称 _____。